下一站火星

MARS

马斯克、贝佐斯与太空争夺战

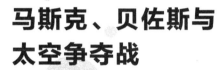

［美］克里斯蒂安·达文波特 著

王文煌 译

U0194305

Christian Davenport

湖南科学技术出版社　博集天卷　CS-BOOKY

献给 海瑟

思考，就是看见可见之物，可见之物能让你看到未见之物，而这未见之物又让你看见了不可见之物。

——诺曼·麦克林恩《大河恋》

目 录
Contents

导言
着陆

人们第一眼看到这枚火箭时，它刚降到离地 25000 英尺（1 英尺 =0.3048 米，约 7620 米，即 7.62 千米），仍在快速下落。一般人看到如炮弹般坠落的火箭总是惊恐的，但有这么 400 多号人却不一样，他们聚在西雅图郊区蓝色起源（Blue Origin）公司总部的员工休息室，个个都激动无比地看着火箭垂直落向地球。

"10 秒后引擎启动。"航管员说道。

这些员工大多是工程师，聚在巨幕之前观看火箭自由落体。有些人捂着嘴；有些则坐着，身体前倾，握紧拳头。大部分人都一语不发，等着看接下来事态将会如何发展。

"引擎启动，"航管员说，"反向推力供给。"

人群中顿时暴发一阵欢呼。那是在 2015 年，还有 3 天就是感恩节了。当天早上，也就是这一幕发生几分钟前，这台引擎才将火箭从蓝色起源在得克萨斯州西部实验基地的发射台送上天空，并使其以超声速越过了离地 62 英里（1 英里 =1.609344 千米，约 100 千米）处的卡拉曼线 [1]。可火箭这会儿却要落回地球了，原本的推力现在要起"反作用"：为火箭减速，防止火箭猛烈触地并爆炸。

很快，火箭降到了海拔 2000 英尺处。

接着，1000 英尺。

---

1 划分地球大气层和外太空的官方界线，位于地表上方 100 千米（62 英里）处。

500 英尺。

荧幕里可以看见地表了，引擎冒出的火焰激起柱状的尘土。聚在蓝色起源的员工们不约而同地站了起来。火箭情况正常，不疾不徐地下降，像个即将着陆的热气球。

"150 英尺。"航管员叫道。

"70 英尺。"

"50 英尺。速度平稳。"

烟尘之中能看到引擎闪过最后一道亮橘色的光。接着，它熄了火。

"成功着陆。"

整个房间顿时热闹起来，员工们热情欢呼，相互拥抱、击掌。整个火箭助推器落在降落场中央，犹如一座巨大的奖杯。

杰夫·贝佐斯在他位于得克萨斯州西部发射场的控制室里看了整个过程。"这是我人生中最棒的时刻之一，"他说道，"我都热泪盈眶了。"

28 天后，另一枚火箭也从天际归来。这次的助推器更大，飞行速度也更高，不仅能飞过太空界线，还能将火箭有效载荷送入地球卫星轨道。此次落地尝试，成功的概率扑朔迷离，远小于失败的可能。

点火升空后 10 分钟，在佛罗里达州卡纳维拉尔角上方的夜空里，火箭引擎的火光突然出现了，好似远眺时望见的路灯，又像微光闪烁、朦胧缥缈的灯塔，从云间落下。

SpaceX（美国太空探索技术公司）的员工们在洛杉矶外的公司总部借着电视屏幕看着这一切，明天就是 2015 年圣诞节了。和对手蓝色起源一样，SpaceX 的员工们也在欢呼着，还有他们的总裁——

埃隆·马斯克在室外的堤道上看到了重新出现的火箭。他马上冲回控制室，就看到屏幕上显示着，火箭正骄傲地立在降落场上。和贝佐斯一样，他也说了这是他一生中最棒的时刻之一。他还说这是一个"革命性的时刻"，这个时刻"极大地增强了我的自信，让我相信在火星殖民是可能的"。

自太空时代到来已有五十余年，还没人能让火箭飞入太空又垂直落地。而今不足一个月，这样的事就发生了两次。

几代人以来，航天领域为人津津乐道的总是升空；而着陆让人想起的，却是尼尔·阿姆斯特朗及巴兹·奥尔德林在登月舱里落到月球表面，或者是"好奇"号探测车（Curiosity）着陆火星时的"生死7分钟"。矗立于大地之上的火箭虽外表焦污，却显示着得胜之姿，不仅让人生出一股归来之感，还让人期待起下一个"阿波罗"11号出现的时刻——我们翘首以盼却仍未到来的下一个"一大步"。

让人更惊讶的是，这两次着陆实验都不是由国家完成，而是私人企业，甚至NASA（美国国家航空航天局）都没能做到如此壮举。实验背后是亿万富翁的资助，他们意图开发可重复使用的火箭，他们追求的目标可谓至高无上又难以达成——一项可能极大降低太空旅行成本的技术。

几十年来，火箭的第一级在为上层负载供能升空之后，总是直接坠入海洋。对马斯克和贝佐斯来说，这简直是极大的浪费，就好比从纽约坐飞机到洛杉矶，坐完把飞机扔了一样。现在他们证明了，火箭不仅能向上飞，还能飞回来，并指定落点。此举可谓以一种几十年间绝无仅有的方式重新引起了人类对太空旅行的兴趣。

为这两次着陆欢欣鼓舞的不只是蓝色起源和SpaceX，还有两家公司与日俱增的坚实拥趸，他们观看了两家发布的视频，现已流行全网，点击量逾百万。20世纪60年代的盛况再次来临了，只不过这回太空粉丝们并没有聚在卡纳维拉尔角的可可比奇纵情狂欢，而是转到了YouTube和Reddit上。怀着极高的热情，他们为这崭新的太空时代欢呼，正如他们的父辈为约翰·格伦这位首次进入地球轨道的美国人喝彩一样。当时，报道风格一贯冷静、客观的沃尔特·克朗凯特[1]也十分激动，在电视直播中说道："去吧！宝贝！"——火箭正升空，在天上撕开了一个洞，

---

1 沃尔特·克朗凯特，美国知名新闻主持人，曾主持美国哥伦比亚广播公司（CBS）《晚间新闻》栏目。

扬长而去。

马斯克和贝佐斯是重启该太空项目的领头羊。两位都是亿万富翁，但行事风格、个人秉性却大不相同。马斯克勇敢无畏、志存高远，成败都要轰轰烈烈，要站在舞台中央。贝佐斯则冷静低调，他神秘的火箭计划一直藏得很深。

其他人也对探索太空踌躇满志——像贝佐斯一样，理查德·布兰森曾有望将游客送上太空，一睹地球全貌，并体验短短几分钟的失重感。微软创始人之一保罗·艾伦也曾出资投建第一艘商用宇宙飞船，现在他正建造世上最大的飞机，比霍华德·休斯的"云杉之鹅"[1]还要大，并能够在 35000 英尺高空处发射火箭。整个项目正在秘密开发中，机名"黑冰"，甚至能成为新的航天飞机。

几位太空巨擘也各自执掌着当今世界最著名的几大公司，如亚马逊、微软、维珍航空、特斯拉、PayPal 等，所涉行业从零售、信用卡到航空一应俱全。现如今，他们全都豪掷大量财产，以使过去总是专属于政府的太空航行走向普通大众。

他们激烈抗争以开拓太空的故事听起来令人难以置信，充满了艰难险阻和惊人冒险。曾发生过让一名试飞员丧生的坠毁事件，一次火箭爆炸，也曾发生过多次疑似暗中被对手妨碍的事情。还有一起官司，一个失败的暴发户将美国军工复合体[2]告上法庭，作为一场政治斗争一路闹到了白宫。当然也有将人类送上月球、送去火星的雄心壮志，以及史无前例、贝佐斯称之为新"太空探索黄金时代"

---

1 即休斯 H-4 大力神（Hughes H-4 Hercules）飞机，别称"云杉之鹅"（Spruce Goose），是美国休斯航空公司在 20 世纪 40 年代末生产的一架巨型水上运输机。这架飞机实际上大部分使用白桦木而不是云杉制造，至今还保持着最大翼展的世界纪录。

2 军工复合体，是指一国之军队与军事工业因相关的政治经济利益而紧密结合而成的共生关系。于此关系中，军队过分仰赖私有产业提供武器及军需，私有的国防工业企图以政治游说国会议员（如为地方创造就业机会）等手段来确保政府提供相关预算，甚至鼓动政府高层发动战争或代为对外销武器等。这个名词最常见于美国，是由第 34 任美国总统德怀特·戴维·艾森豪威尔在演说中首创的。

的两次着陆。

但故事的重头戏，还是这两位新太空运动的领军人物间方兴未艾的竞争。他们之间的紧张拉锯既反映在诉讼摘要，也能在推特上看见。两人就谁的着陆项目更有意义有过争执，对各自的火箭推力几何有过异议，甚至连发射场的事都有过分歧。相比之下，马斯克更像是冒进的野兔，所过之处留下印记，成为他人追随的道路；贝佐斯则是按兵不动、神神秘秘的乌龟，更喜欢按部就班。而两者之间的这场比赛，才刚刚开始。

时 间 线

2000 年 9 月　杰夫·贝佐斯成立蓝色运营有限责任公司，即蓝色起源的前身。

2002 年 3 月　埃隆·马斯克合并了太空探索技术公司（SpaceX）。

2003 年 12 月　"太空船 1 号"首次动力飞行。

2003 年 12 月　马斯克将"猎鹰 1 号"火箭带去了华盛顿。

2004 年 9 月　理查德·布兰森收购了"太空船 1 号"的专利技术，并宣誓将在 2007 年建立世界上首个太空航线。

2004 年 10 月　"太空船 1 号"赢得安萨里 X 大奖（Ansari X Prize）。

2005 年 3 月　蓝色起源试飞其首艘测试火箭"卡戎号"，爬升至 316 英尺。

2006 年 3 月　SpaceX 试图发射"猎鹰 1 号"，但以失败告终。

2006 年 8 月　NASA 与 SpaceX 签订价值 2.78 亿美元的合同，作为其商业轨道运输服务（Commercial Orbital Transportation Services）项目的一部分。

2006 年 11 月　蓝色起源发射"戈达德号"测试火箭，爬升至 285 英尺。

2008 年 9 月　SpaceX 的"猎鹰 1 号"首次成功进入太空轨道。

2008 年 12 月　NASA 与 SpaceX 签订价值 16 亿美元的合同，以将货物送入国际空间站。

2010 年 1 月　　总统奥巴马发布了 NASA 的预算提案，终结了小布什时代的星座计划。

2010 年 4 月　　奥巴马在肯尼迪航空中心做了演讲，并拜访了在 40 号发射台上的马斯克。

2010 年 6 月　　"猎鹰 9 号"发射成功。

2011 年 7 月　　NASA 的航天飞机进行最后一次试飞，美国再无别的办法将宇航员送入太空。

2011 年 8 月　　蓝色起源的 PM-2 测试火箭在得克萨斯州西部坠毁。

2011 年 12 月　　保罗·艾伦发表建造平流层发射系统，以及将使用火箭进行"空中发射"的史上最大的飞机。

2012 年 5 月　　SpaceX 的"龙飞船"成为首个到达国际空间站的飞行器。

2013 年 3 月　　SpaceX 和蓝色起源两家公司因 39A 发射台而竞争越发激烈。马斯克称自己让"独角兽在火焰中舞蹈"的可能性比贝佐斯建造一艘 NASA 规格的、能进入轨道的火箭要大。

2014 年 4 月　　SpaceX 状告美国空军，期望能公平竞争五角大楼的发射合同。

2014 年 9 月　　Space X 和波音公司赢得了将 NASA 宇航员送入国际空间站的合同。SpaceX 的合同价值 26 亿美元，波音则是 42 亿。

2014 年 10 月　　维珍银河的"太空船 2 号"在莫哈韦沙漠坠毁。

2015 年 4 月　　蓝色起源成功发射"新谢泼德号"，并首次跨过太空边界。

2015 年 6 月　　"猎鹰 9 号"火箭在为国际空间站运送货物的发射中爆炸。

2015 年 9 月　　贝佐斯宣布，蓝色起源将会在卡纳维拉尔角的 36 号发射台上发射新的轨道火箭。

2015 年 11 月　"新谢泼德号"首次成功着陆。

2015 年 12 月　"猎鹰 9 号"首次成功着陆。

2016 年 2 月　理查德·布兰森为其新的"太空船 2 号"航天器揭幕。

2016 年 9 月　"猎鹰 9 号"在补充燃料过程中于发射台上爆炸。

2016 年 9 月　马斯克在国际宇航大会的演讲上公布了其前往火星的计划。

2016 年 10 月　在连续五次起飞又降落之后，蓝色起源的"谢泼德号"一级助推器退役。

2017 年 1 月　蓝色起源在 NASA 的一项运送货物到月球表面的计划中中标。

2017 年 2 月　马斯克宣布将两位付费的乘客送上月球的计划。

2017 年 9 月　马斯克宣布建造月球营地的计划。

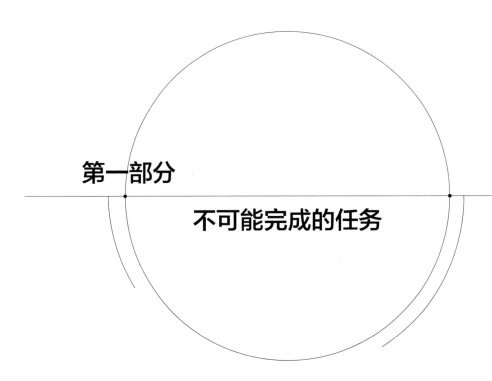

第一部分

不可能完成的任务

下一站　火星：马斯克、贝佐斯与太空争夺战

T h e　S p a c e　B a r o n s

1
"这么死真是太蠢了"

2003 年 5 月 6 日

杰夫·贝佐斯可不想就这么死了。

他坐在一架宝石红色直升机的乘客席上，同乘的都是些怪咖：有牛仔，有律师，还有一个绰号叫"骗子"的飞行员。这个飞行员最出名的事迹，就是曾经被人用枪指着脑袋、把飞机开到了新墨西哥州州立监狱里，就为了救三个犯人。刚过早上十点没多久，太阳蒸干了早晨的最后一丝清凉，最近天气也是热得越来越快了。一阵微风正费劲地将满载四位乘客的直升机向上带，他们要飞出的这个峡谷在得州西部靠近教堂山的位置，海拔很高、空气稀薄、温度不低。

直升机没有向上飞，反而在空旷区域的平地上一直打圈圈，开得是越来越快了，却没法爬升到林木线以上。

"糟了！""骗子"喊道。

后座的牛仔叫泰·霍兰，是贝佐斯在这个山区的导游，正查阅着研究已久的地形图。贝佐斯坐在正后方的客座上，他的律师兼首席助理伊丽莎白·克蕾尔就坐在霍兰旁边，正对着飞行员的位置。"骗子"愁眉苦脸地推着操纵杆，据贝佐斯回忆，当时"骗子"正"在树林里穿进穿出，躲来躲去"。

霍兰早就开始担心了。这个时节吹起的风都是从干枯死寂的沙漠来的，风滚草也被吹得零零落落，随之而起的还有漫天的沙尘。但在靠近教堂山的沙漠、地面上方 5000 英尺处，这风却来得尤为糟糕。这片贫瘠的沙地从平坦处向上延伸成一个高耸而陡峭的高岗，从远处看就像一头大象。但让他们陷入如此窘境的不全然是风，他们的重量、海拔、温热而稀薄的大气，都是形成阻碍的原因。

就在几分钟前，霍兰还催促他们赶紧前往下一站。但当时贝佐斯想要在周围散散步，再好好看看这个墨西哥边境 80 公里外的地方。得克萨斯州空旷寂寥的沙漠想必给了贝佐斯这类大忙人极大的慰藉。这里从山腰延伸出去，就是荒凉的沙漠平原，举目是一片死气沉沉的黄褐色，和他家乡西雅图的人来人往、葱葱郁郁可不同。笼罩整个大地的寂静越发深广了。早晨的时候，贝佐斯还说起了他的童年，说起他当时在得州南部祖父家的农场时光。可见他确实对这粗犷、贫瘠的地界青睐有加。

除了知道他是个亿万富翁，霍兰并不十分清楚贝佐斯具体是做什么的，也不太清楚他实际上是通过一个叫亚马逊的网站卖书和其他乱七八糟的东西来赚钱的。他还知道，贝佐斯在教堂山脚下享受的安宁时刻被打断了。因为当时起风了，风穿过杉树林，扬起一阵不祥之声，霍兰紧张不已。

"我们得指望这风才能离开这儿，"他说，"这风可带不起你的直升机。"

现在直升机陷入麻烦了。飞行员正焦急地努力控制飞机，抓着操纵杆的架势就像在马术比赛中控制一匹雄性野马。但实际上他也无计可施了。顶多也就是拉紧缰绳，准备硬着陆了，霍兰心想。直升机重重地拍在地上，一侧的着陆橇撞上了一个小土堆，整个机身旋即翻转过来，旋翼在地上摔得粉碎，而这些尖锐的碎片随时有可能插进机舱里。

机舱外边，直升机摔了个四仰八叉，还刚好掉进一条名叫"灾难"的溪流里。机舱里边，几个乘客也跟着飞机翻滚的方向如弹珠般被摔来摔去，然后顺着舱体最后倾倒的方向挤到了一边。

直升机机舱有一部分浸到了浅浅的溪流里，水开始往里涌。不知怎的，霍兰呛了一大口水。他可不想刚从恐怖的空难中死里逃生就因溺水丧命。他绝望地扯着身上的安全带，但坠机的余波和因恐慌而激增的肾上腺素却让他怎么也扯不开。刚刚救了他一命的安全带现在几乎让他快要窒息，锁着他胸口、臀部的力道甚至更大了。

贝佐斯朝直升机的后部望了一眼，以确保克蕾尔平安无事——但她却不见了踪影。

"伊丽莎白呢？"他问道，整个人快要发疯了。

可没人回答他。紧接着，他们看到一只手从霍兰脚下的水里伸了出来。坠机的时候，霍兰把她挤到了水底下，他自己都不知道原来他压着她了。他们赶紧爬了过去，给她解开安全带，把人从水下拉了上来。她一出水面就大口喘息起来。她后背下半部非常疼，不过好歹是活下来了。所有人都活着，简直是奇迹。

他们一个接一个地从直升机里爬出来，站在河岸边，开始查看损伤情况。贝佐斯和"骗子"的头部在仪表板上撞出了豁口和挫伤，克蕾尔摔伤了脊椎下部，霍兰的肩膀和手臂更是伤得一团糟，一定是在坠机的时候撕裂了肌肉，要不然就是扯安全带的时候弄伤的。

看着坠毁的直升机，他们才意识到自己有多幸运。直升机后方的尾桨折断了，旋翼顺势倒在溪水里，旋翼的转子也坏了。虽然克蕾尔差点就被淹死，而且燃料洒得到处都是，但幸好是落在了水里，直升机没有起火。环顾四周，支离破碎的树木仿佛被园丁的大剪子胡乱修过，地上土壤四溅，整个景象和不久前贝佐斯享受的宁静氛围大相径庭。

"真是太可怕了。我们非常幸运，"贝佐斯后来如此说道，"我简直不敢相信我们都能活下来。"

一开始，霍兰就觉得坐直升机是个馊主意。他会这么想，并不是因为他从没坐过，或者他们要飞往的是个崎岖又贫瘠的地方，而是因为他认为坐在马背上是游历边远地区风景的最佳方式，也是他喜欢的旅游方式。"在马背上，你能更好地认识这个地方，而不是坐这该死的直升机。"他想。

但贝佐斯和他的律师"非常赶"，霍兰回忆到。骑马可能要花上几天，他们却只有几小时的时间。

霍兰给这次短途旅行当导游，是为了帮一个房地产代理商朋友的忙。贝佐斯想买一个农场，这个代理商就让霍兰带他去看看。没人像他这么了解这儿了，他也是欣然领命。在霍兰的印象里，贝佐斯这个三十九岁的男人，不过是想找个周末放松的地方，假装自己是个牛仔，赶几头牛，借此重温儿时夏季在得州南部祖父农场里的时光。

霍兰连台电脑都没有，更别说上网了。"我压根就不知道他是谁，也不知道亚马逊、互联网或者其他类似的玩意。"他说。

大约十年前，贝佐斯辞了华尔街的工作，开始在网上卖书，亚马逊初见雏形。2002 年 1 月，亚马逊公开其第一季度收益，达到了 500 万美元。这个数字还一直在上涨，除了书，网站也卖起了别的东西，音像制品、玩具、衣服、厨房用品和电器一应俱全。网上购物能让消费者买到几乎任何东西，用这个网站也让他们感觉越来越舒适方便。2000 年，亚马逊卖出了 40 万本当年新出的"哈利·波特"系列。四年后，系列的下一部《哈利·波特与凤凰社》更是在亚马逊卖出140 万本。

亚马逊兴旺发达之时，也是无数所谓的网络公司在股票市场崩盘之时。

"我们见过股票跌得最厉害的时候。"一位分析师对《华盛顿邮报》说，当时是 2003 年年初，亚马逊又公开了利润收入，几个月后才发生了坠机事件，"现在，一些庞然大物已经初见端倪。"

亚马逊的战略是"迅速壮大"，靠网络的便捷及低廉的价格吸引客户，网站也因此闻名。不同于许多新兴互联网公司求快求富的发展战略，亚马逊选择了稳步缓行的方式。即使有评论称这种方式并不会奏效，亚马逊仍将价格维持在低水平，还免运费。

20 世纪 90 年代后期的各大媒体头条中，《商业周刊》嘲讽地称"亚马逊死定了"，《巴伦周刊》则称其为"亚马逊·炸弹"，还配上贝佐斯本人的照片，贝佐斯曾经和一位观众说："我妈讨厌死这张照片了。"

但在 2003 年年初，亚马逊的每个销售门类涨幅都达到了两位数，贝佐斯对公司的战略从未如此自信过。"行得通，"他说，"这个投资投对了，长远来看对我们的顾客和股东都好。"

虽然距离 iPhone 初次亮相还有四年时间，但他确信互联网行业仍处于起步阶段。在得州西部坠机事件几周前的一个 TED 演讲中，他还将这一行业的现状与过去电力行业做对比。他认为 2003 年的互联网和 1908 年的电力行业处境相同，当时还没有发明插座，但家用电器却要有它才能使用。

"如果你相信互联网真的、真的尚处雏形，"他强调说，"那你真的非常乐观。而我本人就相信这一点。"

亚马逊迅速壮大，贝佐斯的身价也跟着水涨船高。2003 年，《财富》杂志报道，亚马逊的股价涨了两倍，贝佐斯的净资产也跟着涨了 30 亿美元，总数达 51 亿之巨。他一跃而上，跻身全美富人排行榜第 32 名，领先纽约媒体大亨迈克尔·布隆伯格和拥有制造业及投资帝国的科赫兄弟。

2003 年 3 月是投资房地产的好时候。即使他很少提及，这也是个好机会，能让他日后放任自由、拥抱自己真正的激情所在。

贝佐斯从没说过他为什么想买得州的这块隐蔽的土地，这儿除了响尾蛇、骡鹿、大角羊，再无其他。霍兰这个憨厚老实、说话细声细气的牧场工和羊待在一起的时间比人都多，他没问。贝佐斯给他的印象更像"一只与众不同的猫"，是他完全陌生的东西。

让霍兰心存疑虑的，是那架直升机。飞机的驾驶员查尔斯·贝拉也让他心生警惕。这人在他的家乡埃尔帕索有点名气，蓄着两撇八字胡，爱打拳击，嘴里时常不干不净。他的绰号叫"骗子"，源自他赛车时的经历：悲愤的败方指控贝拉作弊，这绰号也因此而生。"这可是个褒奖，"他在 2009 年对一个杂志媒体说。他曾受雇于好莱坞，在几部电影里开过飞机，比如《第一滴血 3》[1]和查克·诺里斯主演的《独

1　《第一滴血》系列电影共四部，为美国心理惊悚动作片，改编自大卫·莫瑞尔在 1972 年出版的同名小说。由西尔维斯特·史泰龙担任共同编剧和主演。

行侠野狼》。除了当飞行员，他还在家里养了一堆奇怪的动物，有熊、北美林狼、美洲狮，还有鳄鱼。当地的狩猎治安官时不时就要找他帮忙，这位治安官曾告诉《埃尔帕索时报》："'骗子'对动物很有一套。只要他走进笼子，受伤的美洲狮也会变成温驯的小奶猫。"

但他最出名的事迹，还是那次越狱。1988 年，他开着他的小羚羊直升机[1]——凑巧的是，跟《第一滴血 3》里开的是同一款——冲进监狱里，带出了三个囚犯。两小时后，他落网了，之后被以同谋罪起诉。但曾为辛普森[2]辩护的著名刑事律师 F. 李·贝利接手了他的案子，发起了有力的辩护，最终让他无罪释放。

"骗子"回忆越狱的那天早上，一个女人雇他去看几处房产，就像贝佐斯一样。这个女人穿一条亮红色的裤子和一件印花衬衫。那天早上，她从她室友那儿拿了几把枪，还给她室友留了一张字条，写道："凯蒂，我把你的枪拿走了，因为我比你更需要它们。"

他们坐上飞机，刚起飞，她就拿出一把点 357 麦格农左轮手枪，指着"骗子"的脑袋，要他把飞机开到牢里，救出她男朋友和另两个朋友。她男友因谋杀罪被判 60 年终身监禁。

她非常胖，"骗子"回忆到，体重可能有 250 磅（1 磅约为 0.454 千克，大约 227 斤）。"我觉得我真的是踩到屎了。这婊子如果觉得监狱里那家伙真的爱她，就没什么能阻挡她了，因为照她这样不可能再找着爱她的人了。"几年后他告诉《得州月报》。

他还说，他曾试着把枪抢过来，但他的手因为前几天打了拳击，很疼，所以没办法把枪夺过来。他们降落在了监狱的棒球场，靠近一垒的位置，三个囚犯正在那儿等着。三人连滚带爬地要上直升机，狱警在监狱塔上朝他们开枪的时候还有个人挂在着陆橇上。"骗子"不知如何是好。

---

1 一种五人座军民两用直升机，使用涡轮发动机，由法国南方飞机公司开发与制造，是世界上最多国家军队使用的直升机。
2 O.J. 辛普森，美国橄榄球运动员，曾因杀妻案轰动一时。

"她男朋友用枪狠狠地敲我脑袋，威胁我说如果我不干的话，就一枪崩了我的头。"他回忆道，"当时引擎已经开到最大了。我一直在温度范围内拉动它。它本该爆炸的。最后他们把挂在着陆橇上的那家伙踢了下去。直升机上的两人中的一个跳了下去，跟着直升机跑了一段，快起飞的时候又爬了上来。"

直升机刚好能飞过围墙，接着他们飞了出去。紧接着另一个更严重的问题又迎头而来。联邦调查员乘着一架黑鹰直升机紧紧追了他们两小时，直到他们无处可逃。最终"骗子"在阿布奎基机场降落了。

而现在，他的直升机坏了，跌在水里，他又陷进了另一桩麻烦事。他和世界巨富之一一同坠落在这个边远山区。

贝佐斯一行人全身湿透、孤立无援，在这个不毛之地手机连信号都收不到，遑论求救了。情况本来可能更糟的。他们总算还活着，站在"灾难之溪"边，心中不禁泛起一丝宽慰。贝佐斯看着霍兰，笑了笑。

"可能你是对的，"他对这个牛仔说道，"在这种边远地区旅游，还是得骑马。"这个刚刚从死神手下偷生的男人随即发出了一阵古怪而压抑的笑声，在这峡谷间回荡。

"他发出了一阵愚蠢的笑声，"霍兰说，"他觉得这真好笑。但我可不这么觉得。"

"骗子"打开了直升机的发射应答器，希望救援队能收到信号。而霍兰则开始步行到几公里外的一间房屋求救。

他们并没有等太久。很快，美国边境巡逻队的直升机就飞到了他们头顶上，紧接着布鲁斯特县的副警长和一支野外救援队也现身了。

罗尼·道森警长调查了现场——直升机的残躯倒在河里，地面也被直升机的转子刨得伤痕累累，加之这奇怪的四人组。作为一个执法者，臭名昭著的"骗子"贝拉对警长来说是老面孔了，他也认得霍兰，认得他是当地的牧场工人。但那个矮个儿、看着有些古怪的家伙他却并不熟悉。这家伙就是贝佐斯，道森不知道他是谁。

直到坐着小货车赶到现场的急救队员之一在坠机现场惊讶地认出了这个 1999 年《时代》周刊的年度人物，道森才对这人有了点头绪。

"你知道他是谁吗？"一个急救队员对一头雾水的警长说，"他可是亚马逊的创立者呀。"

亚马逊？道森确实听说过，但从来没用过。

"我几乎没怎么接触过亚马逊，"好几年后，他说，"我以为亚马逊只卖书，我又不读书，干吗去看它呢？"

急救队把贝佐斯和克蕾尔送到了医院，处理了贝佐斯的轻微割伤和克蕾尔的脊椎损伤，随后两人都出了院。霍兰的手臂还是因为当时撕扯安全带而疼痛。"自那以后手臂一直很疼，我就知道肯定是出了问题。"他说。医生说他需要去找专科医生再看看。但他受够这一天了。

"我穿上衬衫就走了，"他说，"然后去了酒吧。"

坠机的消息马上甚嚣尘上，亚马逊对此却是轻描淡写，对外的回应不过是说贝佐斯"没有大碍。我们还是照常运转"。几年后，贝佐斯将会承认，这场事故极其严重，但他的死里逃生并非全无意义。

"人们总是说生活眨眼即逝，"2004 年时，他向《快公司》杂志的记者说道，"但这次事故却足够慢，我们能缓出几秒来反思。"

他开始大笑，发出他标志性的、疯狂的笑声："不得不说，那几秒我脑子里还真没闪过什么特别深刻的东西。我脑子里只有一句话，'就这么死真是太蠢了'。"

"从各种意义上来讲，这都没有改变我的人生，"他接着说道，"我恐怕只是在策略上学到了一课。最大的教训就是：可能的话别坐直升机。直升机没有固定翼飞机那么可靠。"

坠机事故过去没多久，罗纳德·斯特斯尼的电话就响了起来。电话里，代理人既礼貌又周全，同时还很坚定。每个月伊丽莎白·克蕾尔都会代表一位她拒绝提及姓名的神秘客户打这个电话，而每次斯特斯尼的回答都是一样的：不卖。他不想把牧场卖了。

牧场的厨房窗口是远眺得州地势最高点瓜达卢普峰的绝佳位置，牧场四周环绕着得州西部各大山脉，代阿布洛、贝勒、阿帕奇和特拉华如护卫般戍守着牧场。牧场有32000英亩（1英亩约为4046.86平方米）大，是鹌鹑、鸽子和美洲狮的家。这里的骡鹿体形硕大、数量多，一只只巨大的鹿角像无叶的树枝，它们以当地富含蛋白质的植物为食。从老旧的金银矿井到印第安人的手工艺品，斯特斯尼的孙子们在这片得州平原的土地上探寻着广袤无际的秘密，也留下了毕生难忘的回忆。

不卖，他不会卖的，尤其不会卖给一个西雅图来的律师和她背后的神秘买家。这牧场是他的避难所，一个远离圣安东尼奥城市生活的地方，在那儿他自己就是个律师。这牧场是他和妻子退休后要待的地方。

牧场上的这所老房子能追溯到20世纪20年代，这块地在过去也和当时全得州最大的牧场之一——二号牧场息息相关。1881年，得克萨斯骑警队在此和阿帕奇人打了他们最后几场战役。这块地后来传给了詹姆斯·麦迪逊·多尔蒂，得州牧场主的几位奠基人之一，和来自休斯敦的富家子小詹姆斯·马里昂·"银圆吉姆"·韦斯特。这个富家子有个嗜好，上街的时候喜欢朝人群扔银币。

斯特斯尼在这处房产上投资良多，为房子装了暖气和空调。遭了一场夹雹的暴风雨后，房子的屋顶简直千疮百孔。他本想把房顶换了，但屋顶修理工力劝他不要，还说"现在已经没人生产这种金属板的屋顶了"。他还为牧场引进了灌溉系统，清理了一些原本只能骑马经过、通往边远地区的路径。猎人们也非常感激他能让他们进入这片土地，十年如一日地让他们在外出狩猎骡鹿之前待在马厩后面的简易棚屋里。

但克蕾尔这位西雅图的律师却决不放弃。她的匿名客户对这块土地十分感兴趣。而后来，斯特斯尼才知道，这伙人招揽的地主可不止他一个。克蕾尔和与他相邻的几户牧场主取得了联系，表明了购买意向。有人想一口气把这里所有的牧场都买下来，而从代理律师打电话的频率来看，这人还很急着买。就这样，他的邻居被一个接一个地拿下了。

最后斯特斯尼也卖了。2004 年年初，在圣诞节假期和家人讨论了这件事之后，他接受了这桩交易。开的价实在太好，再买一个农场用来退休养老还会剩很多。虽然他签了一份保密协议，不能透露具体价格，但据称是以 750 万美元成交的。

这位神秘买家正大批囤积购来的牧场，他的真实身份掩盖在几家名字有些奇怪的公司实体之下：朱丽叶控股、卡博特集团、詹姆斯·库克和威廉·克拉克有限合伙企业及科罗纳多合资企业。公司的名字都是曾经开疆拓土的探险家，足迹遍布美洲西部、新西兰、大堡礁、墨西哥和加拿大。这些公司都和一家名不见经传的企业有联系，这家企业通过西雅图邮局的 94314 信箱进行商业活动，企业名字听起来简直不像是地球上会有的：泽弗拉姆有限责任公司。

买家究竟是谁，买地意欲何为，从这名字上倒能看出一些眉目。泽弗拉姆·科克伦是《星际迷航》中的虚构角色，建造了人类第一艘能以曲速航行的太空船，比光速快上不少。他是另一种意义上的开拓者，是未来的虚构人物，他曾说过，曲速引擎"将能让人类勇踏前人未至之境"。

在临近的小城范霍恩，流言已经传开：有人把克伯森县和哈德珀斯县的地给买光了。拉里·辛普森对于买家的身份却已经了然于胸。

辛普森是《范霍恩倡导者报》的所有者，也是编辑。这份周报虽是在他的办公室运营，却在整个范霍恩镇 2100 个店面都有售，记者也非常多。辛普森还在镇机场有兼职。那里传出风声，贝佐斯带着手底下的一位房地产代理，坐着私人飞机来到了这儿。直升机坠毁事件也让人们浮想联翩，但这亿万富翁究竟为何买地，却无人知晓，只能猜测。

辛普森没多想。"我并没有那么着急，不像那些大城市的媒体那样。"他对《西雅图时报》说道。但在 2005 年 1 月的一个周一，贝佐斯却亲自造访他的办公室，说道："我们想给你一条新闻。"来人亲切随和，穿着牛仔裤和靴子，也没带太多随行人员，只有一位声音温和的先生跟着，说话的主要还是贝佐斯。

为《范霍恩倡导者报》和它上千的销量，贝佐斯带来了一条独家新闻：他大肆购地是为了他的航空公司，公司少有人知，名字叫蓝色起源，坐落于西雅图郊区。公司于 2000 年成立，自此便被贝佐斯奉为机密，谁也不知道这家公司的计划是什么。公司也没加进城市电话簿里，内部雇员也只向周围的人透露了工作内容是科学研究。公司的一位行业官员向《经济学人》杂志透露："我认识的但凡知道一些消息的人都不允许谈论这件事情。还有，千万、千万不要说是我告诉你的。"

布拉德·斯通，一位《新闻周刊》的年轻记者，在报道了这起直升机事故之后对贝佐斯究竟意欲何为产生了兴趣。在他为亚马逊立传、写作《一网打尽》[1]一书时，他查阅了华盛顿州立档案中关于蓝色运行有限责任公司的部分，并在一个夜晚亲自造访了一间西雅图工业区的仓库。在库房外待了一小时后，他在一个垃圾箱里翻出了一摞文件，其中有一份沾了咖啡渍的任务说明。据斯通称，这份说明意在创造"一个太空中永恒的存在"。

斯通随即联系了贝佐斯，询问他的意见。但在这篇名为《太空中的贝佐斯》的文章中，贝佐斯却不愿就蓝色起源的目标多说些什么。

"蓝色起源还尚处雏形，要说什么意见还太早，因为我们还没做出什么值得评论的东西。"贝佐斯在一封电邮中写道。但他却对一桩误解做了澄清：有人认为他这么做是因为对 NASA 不满——后者常被批评在阿波罗计划后一直在开倒车。

"NASA 是国家的财富，任何人说对 NASA 失望了，都是瞎扯。"他写道，"我对太空感兴趣的唯一原因，是在我五岁的时候得到了 NASA 的启发。你想想，有几个政府官员能影响到五岁的小孩？"尼尔·阿姆斯特朗和巴兹·奥尔德林于 1969 年登月时，贝佐斯才五岁。

---

1 《一网打尽：贝佐斯与亚马逊时代》（*The Everything Store: Jeff Bezos and the Age of Amazon*），中信出版社，2014 年版。

有很长一段时间，这家公司的唯一雇员都是贝佐斯的朋友尼尔·斯蒂芬森，一位科幻作家。20世纪90年代中期，他们在一次晚餐派对上相遇，派对上他们开始谈论火箭。当"整桌人都觉得这两人无聊极了"时，斯蒂芬森说，他们两个却一拍即合。"毫无疑问，他知道很多。"

随着他们友谊的发展，他们开始在西雅图能够俯瞰华盛顿湖的马格努森公园试射火箭模型。有一次，火箭模型在下落的时候，降落伞缠在了一棵树上。"在我反应过来之前，他就爬上那棵树，爬到了一根枝干上。"斯蒂芬森回忆道。树枝不是特别粗，所以贝佐斯试着"用自己的体重摇晃树枝"。他的妻子麦肯齐正在求他赶紧下来，当时正好有一个遛狗的人走过，用手里的棍子帮他把火箭弄了下来。

1999年，贝佐斯和斯蒂芬森一起去看了电影《十月的天空》的下午场，电影讲的是荷默·希坎姆这位作家及NASA工程师的故事。贝佐斯把花生酱三明治藏在夹克里，带进了电影院，看完电影后，在一家咖啡馆里，他说，他一直想创建一家太空公司。

"于是我说：'你为何不现在就开始呢？'"斯蒂芬森回忆道。

为何不现在就开始呢？他在等待什么？在他的整个人生里，他都对太空十分着迷，现在他终于有能力做些什么了。

"自那开始，一切事务飞速开展起来。"斯蒂芬森说。

斯蒂芬森是第一个雇员，他向贝佐斯介绍了几个朋友，贝佐斯也一一雇用了。他们是那种"非常擅长鼓捣古怪应用物理学想法并对之进行评估的人"。斯蒂芬森说。他们的头衔也非常简单，且平等一致："成员，技术人员。"斯蒂芬森则扮演多重角色。"工作平凡无奇，接接以太网，开开磨石机，钝化火箭零件（意思就是保证零件没有多余的会和过氧化氢反应的碎屑）。"他在自己的网站上写道。

贝佐斯在西雅图工业区的南内华达大街13号买下了一栋大楼，在那儿组建了一个研究太空的智库。斯蒂芬森兼任两职，早上写作，下午就到大楼里办公。贝佐斯密切关注这个小组，经常询问情况，每月的一个周六还会来参加会议。他们的首个目标就是探索化学火箭之外还能进入太空的方式。化学火箭这项技术在过去四十年都毫无进步。"刚开始那三年，我们殚精竭虑地找化学火箭的替代方案，甚至发明了一些之前没人想到的替代方法。"贝佐斯说。

要开发一项完整的新技术，他们必须考虑到任何可能性，无论那听起来有多疯狂。"当你进行头脑风暴时，你必须接受那些狂野的想法。"贝佐斯说。

当时最狂野的想法是造一个牛鞭。这是一项老技术了，却依然很棒：想象一条几米长的牛鞭，当原本绕成圆圈握在手里的鞭子挥舞出去时，圆圈会产生极高的速率，甚至能打破声障。

"你怎么能只用手臂就让一样东西跑得比声音快呢，这当然是因为动量守恒。"贝佐斯之后说道。动量即质量乘以速度。鞭子挥出，从手柄到尖端逐渐变细，其质量减少，意味着为了保持动量，速度将不得不增加。归根到底，鞭子标志性的响声是一种声爆。

"所以我们就说：'为什么我们不造个大的呢？'"贝佐斯接着说道，"我们造个大的牛鞭，你把想要投到太空轨道上的东西放到'鞭'的一端，比如太空舱、其他有效载荷，或者随便什么你想放在那一端上的东西。"

无论你往太空里投什么，你都需要一个火箭引擎，这样才能提供进入轨道所需的速率。但甩"鞭"获得的速率能让航天器负载更多，飞得更远。这个"鞭子"肯定得造得很大——"得用货运火车来拉这个大家伙，"他解释道，"施行的各方面都有问题。这类想法一开始都是很棒的，但你分析几小时，就会放弃它了。就我们所知，还没人考虑建这玩意。"

所以，他们开始研究贝佐斯说的"更严肃、更靠谱的东西"。

比如激光。

地面将会建起一个激光场，在火箭发射升空时，这个场能向火箭持续提供光束照射，加热液化氢推进剂，使其产生高比率脉冲或高功率。公司对此非常认真，请了一位名叫约尔丁·卡雷的咨询顾问，准备进行研究。问题的症结在于，要产生必要的能量，需要建一个极大的激光场。"所以，从成本上来讲，这个方案就不太可行了。"贝佐斯说。

但理论上来说,是可以的。可能当以后激光技术成熟了,会有激光制导火箭进入太空。但现在还不行。

如果激光不行,那么太空炮可能有戏——"造各式各样的弹药筒,走弹道学的路子。"贝佐斯说,像凡尔纳的小说里写的那样,把物体喷入太空。但这显然不是个好办法。"对人类来说更是如此,因为重力太大了。"贝佐斯说。但这个办法"能把东西送上太空"。

所以他们探寻了轨道炮技术,这项技术由五角大楼着手研究,用于武器开发,能射出七马赫[1]速度的导弹,也就是声速的七倍(相比之下,地狱火导弹的速度仅为一马赫)。轨道炮使用的不是火药,而是电磁脉冲,导弹要获得这样的冲力不必携带炸药。

经过了三年的研究,贝佐斯和他的小团队最终决定"化学火箭仍然是最好的选择"。贝佐斯说:"这不仅是最好的选择,还是最棒的发射解决方案。"

但还有一点要注意:火箭必须能循环使用。目前的火箭大部分都是消耗品。一级火箭将有效载荷送上太空后即与之分离,然后落回地球,大多是落到海里,不会再被使用了。每次发射都要备一个全新的火箭和火箭引擎,并为每次发射精心设计。这些火箭就像蜜蜂一样,使用毒针的荣耀时刻一生只有一次,用完就要献出生命。两者最终都要走向死亡。但如果火箭无须如此呢?如果火箭能像飞机一样,一飞再飞,而无须在使用过后坠入深海,任其腐蚀浪费呢?

贝佐斯认为,这就是他们一直在找的解决方案。

"当公司决定坚持这个更为行之有效的方案时,"斯蒂芬森写道,"我发现了其他让我变得稍微有用些的方式,主要是在弹道分析的领域,直到2006年晚些时候,我才决定友好地退出这个公司。"

在他的小说《七夏娃》中,他甚至将蓝色起源和牛鞭计划的概念加入了情节

1　用于表示飞机、导弹、火箭的飞行速度,一马赫即一倍声速。

之中，"致杰夫"也被加进该书的致谢名单里。

　　开始那几年，贝佐斯几乎没有公开讲过关于蓝色起源的任何实质性内容，直到他突然造访《范霍恩倡导者报》。贝佐斯坐在编辑辛普森的对面，把公司的计划铺陈开来。2005 年 1 月 13 日，新闻由"倡导者"发出，标题是《蓝色起源太空基地选址克伯森县》。

　　"蓝色起源这家总部位于西雅图的公司今日宣布了它的计划，在范霍恩北部科恩牧场投建并运营私人供资的航空测试及操作中心。"辛普森由此展开了他的报道。这篇头版文章旁边就是一幅宣传第 56 届本县年度畜牧展的广告。

　　文章引了一句贝佐斯谈这家企业的陈词滥调，说得克萨斯"在航天产业方面一直都是领导者，而我们也非常开心能够有机会在此落成计划"。

　　但辛普森的文章也表达了一些他对蓝色起源目标的看法，特别是其意欲开发"能帮助人类长时间在太空停留的手段和技术"这一点。蓝色起源想要造出能够经由小轨道飞行进入太空边界且载客量达到三名或更多的火箭。整个报道没有用到"太空旅行"这个说法，但这就是贝佐斯言之所向、心之所想。

　　蓝色起源的火箭还会有一些不同——会做一些其他火箭从没做过的事。从发射平台点火升空之后，它们还会如辛普森写到的那样"垂直着陆"。

　　可循环利用的火箭长期以来都是太空领域的一个梦想。政府试过，但是失败了。政府的这枚德尔塔"三角快帆"试验火箭，或称 DC-X 火箭，在 20 世纪 90 年代就飞了很多次，在缓慢着陆之前飞了几百英尺，但从来没有飞到太空然后降落的。

　　斯蒂芬森确信这是可以做到的。"情况从 1960 年到 2000 年有什么不同？什么发生了改变？"他说，"可能引擎略微变好了，但它们仍然是化学火箭的引擎。不同的是计算机感应器、摄像机和软件。垂直着陆这样的问题，恰恰是那种 1960 年没有但 2000 年却已存在的技术能解决的问题。所以这个报道是从这个水平开始叙述的。"

　　在《范霍恩倡导者报》的访谈中，贝佐斯清清楚楚地说道："这个项目可能还要好几年才能上轨道。"但他的团队很耐心，并雇用了美国最好的工程师，其中几位甚至曾经参加过 DC-X 项目和其他失败了的航空项目。他还强调，这个项目的资金都是他自掏腰包，没用纳税人的钱。

"这是一个私人投资，而非政府支持的公司。"他对辛普森说。

现在贝佐斯的身家是 170 亿美元，这让他在《福布斯》的富人榜上位置更高了。早些时候，加州理工学院的科学家们曾经邀请贝佐斯和斯蒂芬森参加他们的午餐会，这是筹款活动的一部分，意在筹集资金兴建一台新的望远镜。但他们没能说服贝佐斯慷慨解囊。

"很显然，贝佐斯的钱投在了蓝色起源上。"理查德·埃利斯说道。这位加州理工的科学家也曾参加那次午餐会，而且就和蓝色起源的员工们坐在一起，"那些人希望能推行人类太空旅行的概念，他们说：'如果我们能解放思想，我们就能掀起一场革命。'"

这场革命将会在得州西部开始。根据购地概率，贝佐斯最后将会在那儿买到 331859 英亩的地。这几乎是半个罗德岛的面积了。"你要造火箭，还要发射火箭，那多留点缓冲地带还是蛮好的。"有一次贝佐斯向一位电视台主持人查理·罗斯说道。

现在他买的地不光够用，甚至更多：他为家人买了一片牧场，像他祖父在得州南部的那片一样，他曾在那里度过了夏天，并知道了相信自己的价值；还有一片供火箭发射、着陆的地方，足够大，大到能盛下最大的梦想；还有一个地方，在那里能触到繁星。

2
"赌博"

钱包深、脑子浅、钱又多，自己没牌技却把扑克当娱乐而非正经行当的傻瓜，到了拉斯维加斯后都会被专职牌客当成待宰的大鱼。简直是又肥又美的目标，更是大捞一笔的好机会。所以当这样的人毫不迟疑地蹚进这池满是鲨鱼的水，消息就不胫而走了。

2001 年年初，安迪·比尔下榻百乐宫酒店。拉斯维加斯从没见过像他这样的大鱼。他身材高大，眼神明亮，脸上挂着微笑。他在一张高额得州扑克的赌桌前坐下，手边是一摞高高的筹码，已经迫不及待地想要玩上几把。这桌的盲注是 80 美元和 160 美元，也就是说下一注最少要 160 美元。加了几轮注以后，总额随随便便就能过几千。

比尔玩了几手，就觉得无聊了。他从达拉斯飞来，就是想玩大的，并且已经心痒难耐，想有所行动了。"这里没人玩大的吗？"他问。

话音刚落，他这条大鱼算是人尽皆知。百乐宫有待宰的肉！第二天，职业玩家已经等着他上场了，其中有些人参加过世界扑克大赛。一开始，他们玩的一注最少要下 2000 美元，玩了半小时，比尔开始不耐烦了。

"能再玩大点吗？"他问。

于是他们把注提到 6000 美元。宾主尽欢了一阵子，比尔又要抬高赌注，这次升到了 8000 美元。

牌桌上的珍妮弗·哈曼开始出汗了。她是一名职业玩家，赢过两届世界扑克大赛，但从来没玩过这么大的。这条大鱼可谓攻击性十足，牌风随心所欲，而且从不弃牌，每轮都把赌注拉得越来越高。眼见着赌注水涨船高，场内人压力也陡增，连几位赌场老手都快要坚持不住了。

"那场赌博的各个玩家都不好受，"哈曼此后回忆道，"因为没人见过这么高的赌注。"

这条大鱼既聪明，又狡猾，而且还冷酷无情。他手里握着的一大优势是他的万贯家财，牌桌上每个人手里的筹码越来越少，赌池里的钱高得离谱。场上的人开始寻思，这人说不定不是条大鱼了。

事实上，他是个亿万富翁，这位房地产投资者手里那家位于得克萨斯的银行是全国最赚钱的银行之一。比尔虽辍学了，但是个天才，他对数论有所涉猎，是个业余的数学家。他研究过费马大定理这一自 1637 年始就困扰数学家的问题之后，也提出了自己的问题。数学家们也因这问题的复杂性而给予了重视，并将其称为"比尔猜想"，同时也对这位从没接受过正规训练却能提出如此问题的人感到大为震惊。（该猜想为：当 $A^x + B^y = C^z$，A、B、C、x、y 和 z 为正整数，且 x、y、z 均大于 2 时，A、B、C 肯定有相同的质因数。）

"十分令人惊讶，时不时就会有独自研究且和数学圈毫无关系的人提出极其靠近现今研究活动前沿的问题。"R. 丹尼尔·莫尔丁这位北得克萨斯大学的数学教授如此写道。

1997 年，美国数学学会赞助了一场比赛。比赛专为该问题而设，只要能解出，谁都能参加，而比尔为此出了 5000 美元的奖金。奖金池涨到了 10000 美元，后来又涨到了 15000 美元，比尔要求每年上涨 5000 美元，问题仍然无人能解，奖金已经涨到了 50000 美元。在 2013 年，这个问题仍然没有解开，比尔将奖金提高到 100 万美元。

在百乐宫与比尔对垒的一方中不乏扑克界鼎鼎大名的人物，如多伊尔·布朗森和特德·弗雷斯特。他们下了决断，要和比尔对玩，就得携起手来把各自的筹码汇到一起，然后和这个达拉斯来的银行家打车轮战。几个人组了个团，自称"集团"。但第一轮里比尔就把他们杀了个痛快，赢了500万美元。

"我们破产了，"布朗森说，"恭喜你了。回得州去吧。下次再来，我们到时候说不定能有点钱再陪你玩。"

但比尔可不想回家。他来拉斯维加斯就是要玩的。

输了500万以后，大部人可能就想着收手了。但这个"集团"里的人都是靠赌博吃饭的，他们可做不到对翻盘的可能性视若无睹。和各自的熟人联络之后，他们很快借来了一大笔钱，都是那些觉得他们是行家里手的人借的。就在一小时内，100万美元被送到了百乐宫酒店的高额得州扑克间。这一回，"集团"可算发挥正常了，对比尔的牌技、牌风和节奏都有了了解。这场堪称史诗的赌局打了一整晚，"集团"赢回了自己的500万。

几年以来，比尔一次又一次地去拉斯维加斯，和"集团"的人在赌桌上交锋，其中有几场也成为拉斯维加斯赌场历史上最具传奇色彩的赌局。2004年那次，比尔赢了1170万美元。另一次，他从对家那儿赢了1360万美元，但之后又在一次对决中输了1660万美元。

"集团"中的人不知道的是，这一次次的赌局其实是比尔宣泄压力的一种形式，是对更大损失的一种慰藉，这损失可要比赌注高上太多，意义也更为重大。比尔最近创办了一家航空公司，但他在航空航天、工程设计或火箭科学上都没有经验。一些爱泼冷水的人说他疯了，还说从无到有创办一家航空公司是不可能的，还说他豪掷家财所图的不过是中年危机。

只有国家才出得起钱来弄太空项目。因此，一个商业机构若想成功，要走的路几乎远如从地球到火星。但比尔毫不在意。无论前人是否做过，他都笃信自己能凭借一己之力、不靠国家拨款创建一家太空公司。他也不管太空领域是不是政府独家，或者业余爱好者出资的私营公司能否涉足。因为他知道，就像在拉斯维加斯一样，机会越渺茫，回报就越丰厚。

在赌桌上，人人都有可能摸到一手好牌，走上一次好运。但太空行业则需要精打细算，步步为营。这个行业容不得错误，业内的朋友告诉他。太空行业吸引了各式各样的梦想家，他们璀璨的梦想最终也都于此化为尘埃。他们还告诉他，业界流行着这样一个笑话：

在太空领域，变成百万富翁最快的方法是什么？

从亿万富翁开始做起。

1997 年，比尔航天（Beal Aerospace）创立不久，比尔就接手了一个坐落于得州麦格雷戈的前军事试射场。这个地方曾被称为矢车菊军械库（Bluebonnet Ordnance Plant），是以得州州花命名的。这片形状极不规则的旧址曾在"二战"时期专事生产军火，所造的炮弹规格从 100 到 2000 磅不等。当时的麦格雷戈不过是一个夹在圣菲和美国南部产棉地带铁路中间的沉睡小镇，却因战时该军械库的扩张而复苏。

"整座城市都以矢车菊军械库为中心，配套了生活区、安保及防火装置、商店、商人、娱乐区、公交服务和车间报纸。"当地的一段历史如此写道。

战后，美国空军随即接管此处，将原址扩建，并用以测试固态火箭推进剂，及置于飞行器外部以期提供额外推力的火箭。长期以来，军方还会在这里测试导弹的发动机。截至关闭，它已经为五角大楼和 NASA 制造了超过 30 万台火箭发动机。

在比尔航天来到这里寻找试射地点之前，整个场地都处于闲置状态。不管别人怎么唱衰他，比尔的宏图伟志都是建造出比"阿波罗"时代送宇航员登月的那枚还要强劲的火箭引擎。作为一个机会主义者，他在长期被 NASA 和美国军方控制的太空行业上看到了商机，而这个行业的业态却在政府死气沉沉的垄断之下日渐僵硬。就跟他之后说的那样，这意味着，"这是个好机会。提升的空间还大得很"。

创办比尔航天之时，他的计划非常简单："造出一架发射成本在 2 亿美元以内的火箭。"这样他就能极大地节约成本并在市场中抢占先机，率先影响这个正要冉冉上升的行业。

自 20 世纪 60 年代，他还是个 11 岁的孩子时，就开始用这个方法了。当时他和舅舅丹尼从救世军组织那里花 1 美元买来坏了的电视机，舅舅曾教过他怎么修，修好以后两人就以 40 美元卖出去。他 19 岁的时候，在密歇根州他的家乡兰辛市花 6500 美元买了一间房子，又以每月 119 美元租了出去。读完高中后，他另花了一年的时间进行房地产投资。

后来他去读了密歇根州立大学，主要是为了安抚他的母亲，她总是希望儿子的过人才智能进正规学府打磨一番。但比尔迫不及待地想要进入社会，他的一颗心已经全都扑在了自己不断发展的事业上。没多久，他就积累了 15 处房产，翻新后租了出去。

他翘了太多的课，缺席太多导致学分也没修够，最后彻底离开了学校。事实证明，这是最具效益的选择。他刚 20 多岁的时候，从政府拍卖上花了 217500 美元买了一栋位于得州韦科的公寓大楼。当时他从没亲眼见过这栋建筑，也从没去过得州。三年后，也就是 1979 年，他把楼卖了，赚了 100 万美元。短短几年，他买进又转手一处处房地产，几桩买卖过后自己就成了百万富翁。

20 世纪 80 年代储蓄和贷款危机时，他也找到了赚钱的方法。他花了自己的 300 万美元办了一家银行，低价买进贷款。"如果每个人都要破产了，这就意味着你的竞争对手都退场了。"他于 2000 年对一家达拉斯的杂志说道。

比尔银行成为全国盈利最多的银行之一，在 20 世纪 90 年代中期就有了 10 亿资产。现在他已经足够富有，能够追逐自己远在地球之外的志趣。

比尔学习航天知识的方式和他这辈子学其他东西的方式一样：自学。他读了火箭科学、引擎力学和推进力学方面的几乎每本书。带着大幅削减太空旅行成本的目标，他和不同的工程师及科学家交谈，而后创办了比尔航天。

他与洛克希德·马丁和波音这些树大根深的生产商成了竞争对手。这些生产商开拓业务的方式是和联邦政府冗余复杂的官僚主义打交道，在这上面花的力气和开发创新技术一样多。他看到了卫星技术大跃进的到来，这个新的市场需要的将会是那些能够更快更经济地将事物送上太空轨道的公司。

但他选择这个行业还有另一个原因，在保守的得州银行圈和地产业，这样的原因可能会让人耸起眉头。他对人类的未来感到恐惧。某种意义上，地球极有可能遭到小行星撞击，那时人类就会像恐龙一样灭绝。在他的观念里，人类要想继续生存，就需要在太阳系找到另一颗可以安居的行星。

"我倒没有为这事辗转难眠，"他谈到小行星撞击时如此说道，"因为真要发生，可能也是百万年、千万年或者上亿年以后的事了。但事实上，它也有可能在 20 年后就发生。那么我们要在何种程度上加快对外星的殖民——你完全不知道这些努力会带来什么样的影响……所有知识，所有对我们甚至不知如何提出的未知问题的解答，都能够因我们现在所做的事情而更进一步。"

比尔雇的几个工程师是全国最好的，他把这些人从洛克希德、波音和轨道科学公司挖了过来。他们开始建造巨大的重型火箭，代号为 BA-2，所装载的引擎要比"阿波罗"时代为 NASA 研发的"土星 5 号"提供动力的 F-1 引擎还要大。这个三级火箭高达 236 英尺，并且能够把将近 20 吨的载荷送上地球轨道。

2000 年早些时候，公司成功测试了其二级火箭的引擎，给这个位于麦格雷戈的基地带来了一次洗礼。这是自"阿波罗"项目以来最大的液体燃料引擎。它在 200 多人面前发出一阵巨吼，像活过来了一样，在短短 21 秒内，就燃掉了 63000 吨推进剂，发出了火焰喷射。

但随着公司的发展，比尔却开始担心公司的前途。根据当时的报告，他在这项事业上花了自己的两亿美元，没有花政府、NASA 或者军队从纳税人那儿收来的一分钱。让他担忧的不是设计如此巨大的火箭所带来的工程学挑战或者太空中的种种危险，而是联邦政府在这个产业上加诸的限制。

NASA、五角大楼和行业中坚如洛克希德和波音的合作项目有许多，而且也没有特别的兴趣想要把合同给比尔航天这样不靠谱的暴发户公司。比尔认为和美国政府资助的公司竞争是很不公平的。

他将他的担忧带到了华盛顿，在 1999 年的一场参议院听证会上陈述道："在公平的竞技场上，我们对自己的能力有自信。但我们面临的最大风险之一，就是政府可能会出于好心对场内的竞技者或奖或惩，这可能会不恰当地使市场倾斜，本质上这是内定了谁胜谁负。"

联邦政府应该参与的是从各公司购买服务，而非帮助它们建造火箭，他说。这些政府的大项目花了几十甚至上百亿美元，可能对那几个造火箭的地区确实有好处，但这完全违背了自由市场的原则，并且也不会有任何结果，他警告道。

"拜托，拜托你们不要再把我们纳税人成千上万的钱给那些公司来做实验玩了。"他在自己的证词中写道，并将证词交给了联邦委员会，"花了公款，能创造就业岗位，但绝对没办法从商业上低成本地进入太空。"

2000 年，公司成功测试了其中一台引擎。这一发强有力的试射结结实实地向 NASA 和其他航空公司证明了，比尔航天是有资质的。而这次成功试射仅仅过了几个月，NASA 出手了，比尔不幸言中了自己的担忧。NASA 宣布，将会开启一个百亿级项目，名为"太空着陆计划（Space Launch Initiative）"，旨在开发设计能代替航天飞机并可重复利用的太空工具。

比尔将之视为致命一击。要和政府资助的公司一较高下，根本不可能赢。他曾希望航空企业能成为真正的商业，政府不过是这个行业的其中一位顾客。但这一天的到来，还需要经年累月。

2000 年 10 月，比尔宣布公司将会"停止所有经营活动"，且即时生效。他大力赞许公司在技术上的勇气，"在低成本过氧化氢推进装置上取得了长足进展"。他提到，公司高层也"十分看好我们能够最终成功开发 BA-2C 火箭发射系统的能力"，并且还提到"这个由私人供资的大载量太空发射系统建设项目是前所未有的"。

但新闻稿读着更像一封预言，而非企业声明："只要 NASA 和美国政府还在选择并资助发射项目，私人发射公司就不可能存在。"

"政府，"他说，"需要让出道路，让自由市场起主导作用。NASA 的太空垄断终结之时，就是新太空经济腾飞之日。"

"我们在想，如果当初微软和康柏仍在初创时期，而美国政府决定选择资助一两家个人计算机系统，那今天的计算机行业会是什么样子。"他写道。

可能有一天 NASA 会向商界打开门路，可能他的努力给这行的天花板留下了一道裂痕，为下一个发展行业的好时候铺了路。但比尔的失败也表明，光掌握火箭科学的知识是不够的。下一个想要开创太空公司的人必须在华盛顿、在法庭、在舆论上掀起战争，对抗比尔无法击败的既得利益群体。看来，要创立一家成功的太空公司无异于痴人说梦、痴心妄想。

比尔发现他有两个选择：加入现有体系并像波音和洛克希德那样成为政府的承包商，或者把公司完全关掉。

孰优孰劣，比尔了如指掌。他决定关掉公司。

当比尔航天倒闭之后，麦格雷戈失去了一位宝贵的租户，也失去了当地财政的一大来源。这座城市突然间空出来上百英亩的工业用地，但没人来租，前景黯淡。谁会想接手一块只适合拿来试射火箭的地方呢？谁又会想开一家火箭公司？比尔这位身家百亿的数学天才试了，也输了。他的经历也成了一则警世故事，证明那些怀疑论者是对的。

麦格雷戈的这块地是他这场豪赌留下的一份证明，象征着关于私人太空业崭新而令人激动的愿景。但几年过后，这处闲置的土地成了蛇和蝎子的家。灌木丛生，测试台也开始爬上锈迹。这块地象征着遭弃的梦想，这一处废土看起来注定要在得州灼热的阳光下进一步恶化下去。

紧接着，在 2002 年，麦格雷戈的市执行长接到了一个奇怪的来电，电话那头的人叫吉姆·坎特瑞尔，他正在为自己的上司物色土地。他已经看了莫哈韦沙漠和犹他州，想找无须担心环境因素就能进行操作的边远之处。但没有一处合适。然后坎特瑞尔想起了自己曾经看过一幅刊载于《太空新闻》上的图，随附的报道讲的是比尔试射其中一台引擎的事。他查阅这篇文章时，注意到了麦格雷戈的试射场。

这位市执行长为人和蔼亲切，说话带一口浓重的得州口音。

"我能为你做什么呢？"他问坎特瑞尔。

坎特瑞尔随即表示对比尔试射火箭的那块场地有兴趣，想知道应该找谁去说这件事。

"现在和你说话的这个人，就是这块地的地主。"这位市执行长说道。

坎特瑞尔告诉他，他的老板名叫埃隆·马斯克。这位老板从互联网上赚了很多钱，并且开了一家太空探索技术公司。"从没听说过这人，"这位市执行长说，"但任何对这块地产有兴趣的人，随时都能来这里参观，现在依然如此。"

他们乘着马斯克的私人飞机——一架达索猎鹰900运输机——来到了这里。马斯克看了一圈，然后马上下了决定。"这地方真是完美。"坎特瑞尔记得他是这么说的。马斯克签了租约，约定从2003年起，他拥有这片197英亩的土地、一个发射台和五幢大楼，每年的租金是45000美元。

从各方面来看，马斯克就是年轻版的比尔。马斯克童年时倒是没有维修倒卖过电视机，他当年做过最具企业家精神的事就是在16岁时想和他的哥哥金博一起在他们的家乡南非比勒陀利亚开一家电子游戏室。但由于城市规划的原因没能开成。"我们的父母完全不知道这回事，"金博说，"他们发现的时候简直气疯了，尤其是我的父亲。"

埃隆小时候不好过，和父亲的关系很紧张。在那个年纪，他是出类拔萃的，为此他母亲早早就把他送去了学校。他在班里个子最小，年纪也最小，就此成了霸凌的目标。"南非崇尚男子气概，"金博向《时尚先生》杂志说道，"南非有种男子气概文化。想想男子汉的样子——比这还要严重。那些孩子让埃隆十分不好过。而这影响到了他的一生。"

埃隆·马斯克一满17岁就逃也似的离开了南非。起初他去了加拿大的亲戚家，在那里念了皇后大学。然后他转学到了宾夕法尼亚大学，毕业时拿到了物理和经济学双学位。他曾计划到斯坦福大学继续深造，计划在那里研究双电层电容器背后的技术，希望能借此制造出更好的电池，并用在电动汽车上。

当时是1995年，网络时代刚刚开始。"我认为网络将会成为能从根本上改变人类天性的东西，"他在2012年的一次演讲中说道，"就像人类作为一个整体获得了神经系统。"他和教授商谈，看看能否延期入学，因为他想创办一家互联网公司。他的老师回答说："好吧，但是我觉得你不会回来了。"这是他们之间最后一次谈话。

他成立了一家叫 Zip2 的公司，主要业务是将纸媒的内容放上网络。很快，他们的客户就排成了长队，包括《纽约时报》和赫斯特国际集团[1]。马斯克在 1999 年以 3 亿美元的价格把公司卖给了康柏电脑[2]。他的下一家公司叫 X.com，这是一家网络银行，也是 PayPal 的前身。这家专事在线金融支付系统的公司发展迅速，两年内就有了百万用户，"我们都没有在广告上花一分钱"。在 2002 年，eBay 以 15 亿美元的价格买下 PayPal，马斯克从中净赚了 1.8 亿美元。当时他才 31 岁。

在出售公司之前，马斯克就在盘算着自己接下来要干什么了。他在想，自己能从人类的未来之中获利几何。比尔曾经说过，他想为人类登上并留在太空尽一份力。马斯克也一样，他也觉得要做些什么。

如果太阳燃烧殆尽了怎么办？小行星撞地球了又怎么办？

太空中的这类行星何其多，NASA 在 21 世纪第一个十年中间就曾发现一颗如大学足球场大小的。起初，从远处看这颗行星就像一团模模糊糊的斑点，但 NASA 的天文学家却对他们看到的结果不太满意。小行星所在的轨道离地球很近，近到可能会擦落轨道内的 DirecTV 和 XM-Radio 卫星，非常危险。而这很有可能在 2029 年发生。NASA 里较为警觉的科学家甚至估算出了日期：4 月 14 日。是的，这个因意外而发生的毁灭之日是在周五。

但这颗行星也有可能因为过近的距离而被地球引力吸引，改变行进轨道。虽然只是稍有变化，但这条路线却会在 7 年后、地球绕日运行时砸向地面。事情也不全然是坏的。这次不会和数百万年前小行星撞地球一样，毁灭掉当时的恐龙和近 75% 的物种。但它的威力将有如一枚核弹，在太平洋的某处引爆。考虑到陨石的大小和速度，天文学家估计它会直插入海面下 3 英里，激起 50 英尺高的海啸，

---

1 赫斯特国际集团（Hearst）是总部建在美国纽约市的出版界巨头，它的创始人是报业大亨威廉·赫斯特。集团在 1935 年达到鼎盛，在 9 座城市拥有 26 家日报、17 家周报、14 家杂志、3 家新闻社、2 家电影公司和 8 家电台。

2 康柏电脑（Compaq）是由罗德·肯尼恩、吉米·哈里斯和比利·默顿三位来自得州仪器公司的高级经理于 1982 年 2 月分别投资 1000 美元共同创建的。2002 年康柏公司被惠普公司收购。

向加州奔涌而去。

第一波海啸过了 50 秒后，水会自行退去，填满陨石冲击形成的巨坑。这会形成第二波海啸。这两波极具杀伤力且由行星撞击造成的海啸，其中第一波还不算糟，也就冲到海岸四分之一英里处。但它会把岸边所有精致的海景房连根拔起，那些带着甲板、能在上边就着落日喝鸡尾酒的漂亮餐馆也不能幸免，全都会被吸到海里去，在怒涛中化成碎片。紧接着，第二波海啸就来了，杀气腾腾，裹挟着锯齿般的碎屑，像一张巨大的砂纸，把挡在它面前的所有东西都磨得一干二净。

天文学家把这颗行星命名为阿波菲斯，埃及太阳神的希腊语名字。这位神祇是一条巨蛇，以"混沌之主"为人所知，象征着死亡与黑暗。

经过天文学家们的多年努力，他们现在已经能够更准确地解读并确定阿波菲斯的轨道弧线。这也让他们松了一口气，虽然它到来的时间近在 2029 年，但它还要 7 年才会撞上地球。所以现在还不用担心。

就算该行星的撞击是不可能事件，NASA 仍然给予高度重视，密切观测着宇宙，以防危机出现。甚至有一组人员专门负责这一事项，被称为行星防御协调办公室（Planetary Defense Coordination Office）。这称谓听起来像极了《奇爱博士》[1]里边的东西，但它每年会发现并编号约 1500 枚近地物体，每一个都有可能在撞击地球时带来巨大损伤。

在银河系的历史中，人类存在的时间极短，不过刹那。生命及智慧这一珍贵的馈赠自出现起就不能保证永远存续。天文学家总喜欢说，小行星不过是大自然问候的方式，它在问："你的太空计划怎么样了？"

马斯克开始严肃考虑这个问题，以及他称为"最终灭绝事件"发生的可能性。

1　《奇爱博士》（*Dr. Strangelove*）是一部于 1964 年出品的黑色幽默电影，由斯坦利·库布里克执导。该片还有一个较长的副题："我如何学会停止恐惧并爱上炸弹（How I Learned to Stop Worrying and Love the Bomb）"。此电影改编自彼得·乔治的小说《红色警报》，是斯坦利·库布里克最受欢迎的作品之一，亦是成功讽刺 20 世纪 60 年代冷战时期国际政局荒谬、不安氛围的喜剧经典。

解决方案是：找另一颗宜居的行星，让人类成为跨行星生存的物种，要是地球像台坏掉的电脑一样毁灭了，这些殖民星球就是人类的备份硬盘。金星的大气酸度太高，水星又离太阳太近。于是，他把宝押在了殖民火星上。

一天夜里，他从长岛的一个派对上离开，驱车返回纽约的家里，同行的是他的同事阿德奥·雷西。当时很晚了，后座的人都睡了，但是他们还在热烈地讨论着。

"我们都对太空感兴趣，但我们马上打消了这个想法。'天哪，这事真是又烧钱又复杂。'"雷西对《时尚先生》杂志说道，"然后我们开了两公里。'好吧，能有多贵、多复杂呢？'又开了两公里。'不可能这么贵、这么复杂啊。'照这个谈话的趋势，穿过城中隧道到达纽约市的时候，我们基本上已经决定了要环游世界，看看在太空这方面我们能做什么。"

那天晚上，马斯克回到宾馆，就浏览了 NASA 的网页，寻找登上火星的计划。

"当然了，计划肯定是有的，"他之后说道，"但我找不到。我觉得可能是我的问题。因为它一定在网页上的某个地方，就是藏得比较好。但最后我发现这个计划是不在网页上的。真让我震惊。"

这个计划不在网页上，是因为根本就没有这个计划。

NASA 虽然将机器人送上太阳系边缘，取得了巨大成功，但人类太空项目却遇到了瓶颈。缺乏资金，又受"9·11"和紧随其后的两场战争[1]影响，太空航行就退到了次要位置。尤金·塞尔南[2]成了 1972 年后唯一踏上月球的人类，NASA把人送上太空的距离再没超出我们所知的近地轨道。

马斯克是科幻小说的忠实读者，他希望能够在人生中的这个时刻，月球上就能有一个基地，并且"阿波罗"登月计划延伸出来的稳健的太空计划能够支持完成火星旅行。如果在 20 世纪 60 年代，美国政府只需要 10 年就能把人送上月球，

---

1 即阿富汗战争和伊拉克战争。
2 尤金·塞尔南（Eugene Cernan），NASA 宇航员。他曾三次执行太空任务："双子星座 9A 号"，"阿波罗 10 号"的登月舱驾驶员，以及"阿波罗 17 号"的指令长。由于"阿波罗 17 号"是迄今为止最后一次登月任务，塞尔南也就成了最后一个在月球上留下脚印的人。

肯定会有更多的伟大事迹来临。

马斯克战胜了被他称为"沮丧情绪"的东西。

"我不希望我们的最高水平就是阿波罗计划，"他说，"我不想要一个那样的未来，那时我只能和自己的子孙说这就是我们做过的最好的东西。从小到大，我一直希望人类能在月球上建设基地，并且我们一定能去火星。但恰恰相反，我们在退步，这才是最大的悲剧。"

他越了解人类太空计划的状况，内心就越感到沮丧。诚然，国际空间站是一个奇迹，但 NASA 将宇航员送上太空的方式在他眼里却有不小的瑕疵。航天飞机是架在火箭上的，就像婴儿趴在母亲背上，毫无自由、动弹不得。有翼航天飞机必须精确地进入轨道，重回大气层，因为"丝毫的偏差都会把机身撕得粉碎。又没有逃生系统，出了什么差错，你就死定了"。

另外就是造价。NASA 每年要在一个一年只飞几次的限定项目上花数十亿美元，大多只是飞到空间站，才 240 英里远。天文学家尼尔·德格拉斯·泰森对此评论道，这个航天飞机项目"沿着已经走了几百次的方向，还在鲁莽地往前走"。

马斯克曾学过物理和经济学，他将这一系列问题做了整体考量，这是一个只有通过创新思维才能应对的挑战，也是他找到的新宝藏。将阿波罗时代与我们隔开的是冷战，当然也有金钱和政治意愿的因素。阿波罗之后，NASA 一直在例行筹资。但太空再也不能吸引大众的注意了。太空飞船任务变成无聊的日常，除了悲剧，再没什么值得注意。

太空领域虽仍是政府一家独大，但也许能在这上面耍些把戏，足以重燃人们对太空的兴趣，吸引人们的注意力，并为 NASA 筹措更多资金。

马斯克打算来一个 P.T. 巴纳姆[1]式的把戏，他希望能够一举占领头条，重燃人

---

1 费尼尔司·泰勒·巴纳姆（Phineas Taylor Barnum），是美国马戏团经纪人兼演出者。1842 年在纽约开办"美国博物馆"（American Museum），以奢侈的广告和怪异的展品而闻名，1871 年建立了世界大马戏团，他把他的马戏团称作"世界上最棒的表演"（The Greatest Show on Earth），引起很大的轰动。他本人被称为"马戏之王"。

们对太空的兴趣。他买了一枚火箭，然后建了一间温室，在里面用营养凝胶种上各类种子，这些凝胶会在着陆火星表面时发生水合作用。他会在那个贫瘠的星球上建起生命支持系统，等到这毫无生机的红色地界升起盎然绿意，就把这幅图景传回地球。他将之称为"火星绿洲"，并估计只需 1500 万到 3000 万美元就能建成。

他在靠近洛杉矶机场的万豪酒店召开了一次会议，与会的是美国当时顶尖的航天专家。后来成了航天局局长的迈克尔·格里芬也在列，还有来自 NASA 著名喷气推进实验室的罗布·曼宁，他也是"火星探路者号"的首席工程师。他设计的这个 23 吨重的探测器在 1997 年登陆火星。迈克尔·伦贝克曾在数家航空公司工作过，他认为马斯克的计划所需资金要远超他的想象。他草拟了一个数字——1.8 亿美元，并把这张字条递给了曼宁。曼宁则刚把自己的数字调小了一些。

两个数字相差 1000 万美元以内。马斯克要想做成此事，可没这么便宜。火星条件太险恶，也太遥远。伦贝克在太空公司工作了很长时间，对整个计划存有疑虑，他说因为他见过"许多空有热情的家伙想要把预算降到商业范围内"，却忘了每个太空引擎背后被反复灌输的准则——"太空非常严峻"。

他估算，马斯克"离真正能做这件事还差至少一亿美元"。但马斯克"不想听到一个'不'字"。伦贝克说道。

无视所有坏消息，马斯克毫无畏惧地走出了会议室，宣布要推进。

但他在美国能找到的最便宜的火箭是"德尔塔 2 号"运载火箭，也要 5000 万美元。所以他去了俄罗斯三趟，想找翻修过的洲际弹道导弹。但那也非常贵，而且对他来说风险也太大了。看来买一枚火箭不是一件容易的事。

马斯克学得越多，就越意识到，在过去 40 年里火箭技术的进步微乎其微。美国和俄罗斯在 21 世纪初发射的火箭和"阿波罗"时代用的差别不大。这对一个白手起家的硅谷技术企业家来说简直不可置信。

"在 20 世纪 70 年代早期你能买到的电脑，大小要占掉一个房间，计算能力比现在的手机还低。"他在 2003 年斯坦福大学的一场演讲中说道，"每个领域的技术都在进步，为什么偏偏这个领域没有？所以，我要去一探究竟。"

他聚集了一群工程师，每周四与他们会面，以搞清楚"不只解决发射费用，还有发射可靠性的最佳途径"。

马斯克把相关领域他能找到的每本书都读了个遍，像比尔一样。并且他逐渐确信，无论他的朋友告诉他多少次他疯了，获得火箭的最佳途径就是自己亲手制造。在降低太空旅行费用方面，他和银行家比尔所见略同，而且他决定颠覆让洛克希德、波音、诺斯罗普·格鲁曼和其他公司长期以来享尽特权的政府主宰商业模型。

2002 年 3 月 14 日，马斯克创立了太空探索技术公司。他的好几位亲朋好友都觉得需要对此进行干预。即使像坎特瑞尔这样的早期顾问也犯了难。他十分钦佩马斯克，但他说："我实在不认为这件事能做成。"

马斯克想成功做成的是让许多国家都头疼的事。在太空时代伊始，也就是 1957 年到 1966 年间，美国曾试图向轨道发射 424 枚火箭。其中 343 枚成功了，这就意味着失败率接近 20%。当时，年平均失败数是 8——这八枚火箭几乎都爆炸了，烧成一团愤怒而炙烈的火球。1966 年之后，平均每年失败两到三枚，2000 年后，降到不足一枚。换句话说，政府的太空项目差不多花了 50 年，才基本达到安全可靠。

但依然很有可能造成灾难性后果。2003 年年初，"哥伦比亚号"航天飞机在重返地球大气层的时候解体，七名宇航员丧生。

一个对太空毫无经验的亿万富翁不可能开成火箭公司、做成载人航天项目。

问问安迪·比尔就知道了。

马斯克的公司名叫 SpaceX，坐落在埃尔塞贡多市东大街 1310 号的一处旧工厂，离洛杉矶机场不远。马斯克为他的首个设计画出了草图，一个基本款的火箭，只带一个引擎，目的明确，毫不花哨。如果其他公司把自己的火箭比作赛车，那马斯克觉得自己的火箭就是辆普通本田——实用、可靠、便宜。

"我拿 1000 块跟你赌，本田思域这种车，你买下来第一年绝对出不了问题。"

他向《快公司》杂志说道，"你可以买到便宜又可靠的车，在火箭方面道理也是一样的。"只需花600万美元，就能把如卫星这样1000磅的有效载荷送上近地轨道，仅仅比竞争者价格的三分之一稍多一点。

没过多久，公司的第一枚火箭"猎鹰1号"就组装完成了——"猎鹰"是向《星球大战》中的"千年隼号"飞船致敬，"1号"则表示火箭所装配的一级引擎数量。但即使马斯克在一年之内就造出了一枚火箭，NASA对此仍没有表示任何关注。

政府对马斯克的冷落和对比尔如出一辙。大型承包商、国会成员甚至NASA所组成的行业体系不过是将他当成又一个把开太空公司当儿戏的亿万富翁，这种玩票行为永远不会取得成功，几乎没人把马斯克当回事。

"一开始，我们不得不去求NASA关注我们。"SpaceX的战略关系副总裁劳伦斯·威廉姆斯如此说道。

2003年年底，马斯克决定，如果NASA不主动来找他，那他就主动去找NASA。当时，美国联邦航空管理局（FAA）正准备庆祝莱特兄弟首次进行动力飞行一百周年，要在美国国家航空航天博物馆举行一场派对，马斯克决定在派对上现身——还要带着火箭一起。

为此，SpaceX把这个七层楼高的火箭放到一辆定制的拖车上，跨过了整个美国，运到华盛顿。在警方护送之下，火箭沿着国家广场走过独立大道。这片神圣的土地见证过的壮景、游行和示威如恒河沙数，却从未见过这样的东西。

三十二岁的马斯克将他的火箭停在了航管局总部门前，当时天寒地冻，前往国家航空航天博物馆参观的旅客依然停在了路边，对这街边的展览瞠目结舌。原本摆热狗摊的地方，现在躺着一枚七层楼高的火箭，闪亮、洁白。一位出租车司机也停了下来，好奇地打探着消息，跟他一样的人排成了长队，占了整条街，还是在高峰期。这完全是硅谷式趾高气扬的宣传方式，就像苹果发布新产品那样，但当时史蒂夫·乔布斯那套把新玩意推销给大众的技术尚未完善。

这是马斯克炫耀他小小初创公司取得的成果的机会，向NASA、向那些只想喝免费饮料的议会职员，也向渴望一探究竟的媒体炫耀，而当时这火箭甚至都没飞过。

但这火箭能飞，也会飞。它在马路边的这场秀清楚明白，而且是经过精心计算的。博物馆内陈列的是 NASA 的辉煌过往——有登月车，有太空舱，还有"阿波罗号"的阵阵余音和因其而生却被独留下来的孤独梦想。博物馆外站着的是能开创新未来的男人——廉价可靠的太空飞行，全都奔着有朝一日能殖民火星的梦想。这是一个期许，这群年轻又稀奇古怪的人就是要让不可能变成可能。

他兜售的可不只是他的火箭，还有他展现出的疯狂想法——渺小的初创公司能够征服太空。比尔走得比所有人预想的要远，他在阻挡非传统玩家进入太空行业的墙上打开了一道绝佳的缝隙。但如果马斯克想要避免走比尔的老路，他要做的可不只是造出安全可靠的火箭，他还得把行业内根深蒂固的现有阶级整个颠覆掉。这仅靠精深的工程设计可不够，还要会唱空城计，有胆识才行。这种近乎疯狂的勇气可比受招而来、站上火箭、等着点火的宇航员们的勇气大得多。

关于独立大道上的这场秀，新闻稿里不只大肆鼓吹这枚新火箭"在进入太空的成本方面做了多大的一个突破"，还嘲笑了它的竞争对手——价格贵四倍，还这么不安全。SpaceX 还充分利用了 NASA 在导致七名宇航员丧生的"哥伦比亚号"航天飞机坠毁后长达十个月的停飞期。

"航天飞机的停飞，造成了漫游者项目的积压，我们现在迫切需要进入太空的新方式。"新闻如此说道，并暗示着"猎鹰 1 号"最终能实现循环利用。

到了晚上八点的接待时间，NASA 的官员和国会的员工在会场漫无目的地乱转着，马斯克抓住机会做了一个简短的讲话，声明 SpaceX 就是停滞不前的太空行业需要的答案。

"运载火箭发展的历史并不十分成功，如果将成功的标准定义在成本和有效性的显著差异上，可以说是没有任何成功。"他说，"但 SpaceX 还有机会，长期以来终于有的一次机会。"

他邀请了一小群外面的媒体，聚光灯打在火箭和事先设好的一个小台子上。"非常荣幸能够向大家展示这枚火箭，还是在华盛顿进行的首秀。"

这场开幕仪式上自封的主持人，还有更多的话要说。"猎鹰 1 号"不过是开始而已，他说。公司已经在着手研发"猎鹰 5 号"，这是一枚更加强大的火箭，能够装载五台一级引擎，而非一台。这枚火箭同样会凭借成本的优势打破竞争的僵局，他宣誓道："在每磅重量单位进入太空的成本上，我们将会创造新的世界纪录。和其他任何东西相比，这都是一次巨大的进步。"

"猎鹰 5 号"足够大，大到能让 SpaceX 进入利润丰厚但过去曾被大型政府承包商把持的大型卫星市场。因此，国家广场上的这场奇观不只是马斯克新火箭的首次亮相，它还是对洛克希德和波音这样的大公司的一次警告。虽然比尔没能打破它们对行业的控制，但马斯克的子弹已经上膛了，那就是他的新火箭和马上要投入其中的一大笔财富。

他找上门来了。

3
"幼年期"

马斯克在独立大道上堂而皇之地展示他的火箭后仅仅过了一个月，后来的 NASA 局长肖恩·奥基夫就收到了一份长达 21 页的报告，里面详尽描述了 SpaceX 的能力和前景。"还包含公司的隐秘数据。"第一页写着 2004 年 1 月 29 日，便开始了。"仅供阅读，请勿外传。"

NASA 里听说过 SpaceX 的人都没太把它当回事。但奥基夫却渐渐对马斯克和他的那一队火箭专家产生了兴趣，并且打算对此持开放态度。所以他派出了他的得力干将利亚姆·萨斯菲尔德，亦即今后的 NASA 首席工程师办公室高级职员，前往加州一探究竟，看看这家公司是来真的还是在重走失败的老路而已。

萨斯菲尔德是太空商业化的坚实拥趸，他写过一份报告，呼吁 NASA 给予私营部门更多关注。尽管他对 SpaceX 这样的公司出现早有期盼，但他仍然决定不带偏见地进行评估，并带去了一批资深同僚。他们这个四人小组进入马斯克的公司大门时，就成了史上第一个到访 SpaceX 埃尔塞贡多总部的 NASA 官员团队。

萨斯菲尔德觉得这家公司和他以前看过的火箭公司都不同，里面有员工们装的乒乓球、气垫球台，人人都骑着赛格威平衡车转来转去。马斯克则会开着他那辆价值百万的迈凯轮 F1 跑车穿过机棚大门，直接开到他在工厂里的办公室边上。但员工们也没有磨洋工，都在建造引擎，装配硬件。当萨斯菲尔德仔细观察这个只有 42 人且大部分都是工程师和技术人员的小团队时，他还看到了一些熟面孔，是他曾经在几家世界顶级航空公司见过的人。

"非常激进的雇用标准，"他在报告中写道，"高智商且经过精心挑选的队伍。"

最重要的是，他对马斯克印象深刻，这人对火箭知识、推进科学和引擎设计有惊人的透彻理解。马斯克极具热情，有超乎寻常的专注力和决心。

"他不是那种会认输的人。"萨斯菲尔德当时心里想。

一整天，马斯克带着萨斯菲尔德看"猎鹰1号"和"猎鹰5号"的实体模型、引擎设计和他如何计划制造能载人航行的宇宙飞船。反倒是马斯克问了萨斯菲尔德一堆问题，因为他想知道现在NASA境况如何，NASA又是怎么看待像他这样的公司的。他问了许多技术上的问题，甚至还深入讨论到细节，比如"底部热环境"问题，即火箭的喷流产生的热量会倒涌进引擎室装置。这对装载多个引擎的火箭来说是一个尤为突出的问题，而马斯克正盘算着要建造这样的火箭。

现在他有了个NASA来的朋友。马斯克在萨斯菲尔德来访后的几周里都准备了许多问题，用"奔涌不绝的电子邮件"和短信发给了他，萨斯菲尔德说。马斯克开玩笑地警告道，短信可是"核心竞争力"。

"他都是短信连发的。"萨斯菲尔德回忆道，"我发现他对面前的所有事物都十分着迷，并且非常急切地想要解决问题。这些特质，加上他每天要工作十八小时的这股劲儿，是此人将要成功的征兆。"

马斯克对国际空间站的对接通道十分感兴趣，他的团队正在设计的航天器正好能在其上接合。他想知道具体尺寸、插销设计，甚至是接合模式。萨斯菲尔德寄来的文件越多，马斯克问的问题也就越多。

"我们中的大多数都在和恐惧做斗争，"萨斯菲尔德说，"各种事情总让我们烦闷不已，因为恐惧而不能言语。但我发现埃隆在哪方面都是无所畏惧的。他不怕问那些别人会觉得他不懂行的问题……"

"我非常欣赏他急切地想要消化所有细节并解决问题的方式。对我来说，这样的人值得你在力所能及的范围内给予一切支持和帮助。"

萨斯菲尔德告诉他NASA的上司们，马斯克做得非常好。在他交给奥基夫的报告中，他预测道："'猎鹰1号'在进行一系列的初始发射之后将会取得成功——

虽然不是在第一次发射就成功。NASA 在这方面的投资是有保障的。"

但在 NASA 内部，质疑的声音显然更大。

"我敢说 NASA 95% 的人都觉得这肯定会失败。"萨斯菲尔德说，"我就跟他们说：'我知道你们的想法，而且埃隆会在这条路上遇到阻碍。但我可以跟你保证，这家伙绝对不会失败的。'"

萨斯菲尔德提交报告后一个月，马斯克又给他发邮件了。但这一次，语气不一样了。NASA 刚刚把一份价值 2.27 亿美元的独家供应合同给了另一家商业太空公司奇石乐（Kistler Aerospace）。马斯克想要知道的是，为什么 SpaceX——或者其他公司——没能一起参与竞标。

马斯克可能有他新筹的钱，但奇石乐在 NASA 和华盛顿有门路。这家公司由乔治·米勒领头，他是航天界的传奇，在"阿波罗"时代曾经领导载人航天办公室（Office of Manned Spaceflight）。他在 NASA 被视为英雄般的人物，和沃纳·冯·布劳恩一起在 20 世纪 60 年代末完成了肯尼迪总统将人类送上月球的梦想。

米勒后来帮助设计了第一个国际空间站，并且被视为"航天飞机之父"。在 1971 年，也就是马斯克出生那年，尼克松总统在白宫东厅的一场庆典上授予米勒美国国家科学奖章，"奖励其个人在'阿波罗'系统中做出的众多贡献"。

米勒在结束了政府生涯之后，转向了私营部门，在通用动力（General Dynamics）担任高级副总裁一职，而后转去一家小型初创企业奇石乐担任首席执行官。这家年轻的公司正处于水深火热之中，2003 年还申请了破产，欠债权人 6 亿美元。NASA 的合同会帮助这家公司继续运行下去。

马斯克极为愤怒，他觉得这份合同极不公平，甚至不合法。奇石乐岌岌可危了，萨斯菲尔德写信告诉他，还写到他们的总裁和 NASA 之间的长期关系，并提道："我担心的是，奇石乐的财政安排并不稳定（保守来说），但这些钱不过是些零头，你看看我们每年的花销就知道了。"

"SpaceX 不应担心，"萨斯菲尔德写道，"还会有别的合同，马上就要来了。"

但这反而让马斯克更愤怒了，同时也让他更坚定。和比尔一样，他认为 NASA 的角色不应当是拯救那些被选中的公司。只有通过竞争才能发展更好更安全的技术，成本也能更低。现在这张老一辈的关系网，他要么参与进去，要么一把打碎。

马斯克向 NASA 高层表示了他的不满，华盛顿 NASA 总部的一次会议上，他还威胁要在合同未竞标一事上走法律途径，并报告政府问责办公室（GAO）。同僚们曾警告过他，威胁一个能成就也能毁掉 SpaceX 的国家机构不是一个明智的商业决策。在会上，NASA 的官员们暗示到，打官司对 SpaceX 没有好处，如果马斯克上诉了，NASA 将不会再和他合作。

"每个人都告诉我，别告 NASA。"马斯克回忆道，"这场抗争中我的赢面低于百分之十，而且你绝不能告你未来的潜在客户。我的态度是，你看，'这简直一团糟，合同本该是竞争而得的，但没有'。"

这件事很简单，就是一件非黑即白的事，但这一套却不能安抚那些本该和 NASA 合作的高管。"作为客户关系人，我对此非常担忧。"格温·肖特维尔，后来的 SpaceX 总裁及首席运营官说道，"但埃隆是为正义而战。并且他说，如果有人因你为正义而战而觉得被冒犯了，那他们活该被冒犯。"

从一开始，SpaceX 的口头禅就是，"目标要够远大，近乎不可实现更好，不要听别人的劝阻。埋头苦干，辛苦耕耘。这可十分 SpaceX 了……就是这么回事"。

马斯克身上透着一股范儿，并且极其自信，这也感染了他的员工。"SpaceX 是个让你变得爱说话的地方。"肖特维尔说，"你要表达自己的观点，你必须加倍努力。"

劳伦斯·威廉姆斯是 SpaceX 里少数在华盛顿有些政府关系的人，他得到消息后，在 NASA 的会议上动摇了。他职业生涯的大部分都在华盛顿，在国会山作为众议院空间和科学技术委员会的助理人员工作。NASA 传来的消息非常清晰，他说："埃隆，如果你继续下去，你会失去并且永远也不能再和 NASA 合作了。"

但马斯克毫不动摇。"他眼都没眨，"威廉姆斯说，"不管人们再怎么严加劝阻，埃隆都毫不犹豫地要告NASA这个未来的大客户。我在华盛顿工作了二十年，从没见过有人能这么坚定，这么自信，在追寻自己信念的道路上遭遇风险也能毫不犹疑。"

埋头苦干，辛苦耕耘。

在诉讼中，SpaceX甚至用上了萨斯菲尔德的电子邮件，以证明这份合同是为了拯救奇石乐。"从这起官司就能看出埃隆的行事方式。"威廉姆斯说，"他起诉这份政府合同，其中竟然包括对利亚姆·萨斯菲尔德的电子邮件提出抗议，而他可是我们在NASA唯一的朋友了。而且这位朋友还说'这是为了救奇石乐，别担心，我们会做点别的来帮你上轨道的'。"

SpaceX得到了许多政府组织的帮助，比如"公民反对政府浪费"（Citizens Against Government Waste）。这个组织由汤姆·沙尔茨担任总裁，他说马斯克抓了NASA的现行。"NASA试图开绿灯，申请者资质评估方面也做得一塌糊涂，借此规避了本应全面且公开的竞争。"他说道，"为了给前员工一点好处就毫无根据地签独家合同，实在糟透了，这对NASA在私营化上所做的努力来说，是一个极糟的信号。"

马斯克甚至将他的抗议带到了国会山。2004年5月，他获邀在参议院委员会上做证，说明太空发射器的未来和私人企业应起的作用。但他毫不客气，并计划把观众当成他的优势。他准备的证词也意在一击即中，提醒国会在筹资失败方面的"悠久历史"。

"过去的几十年对新的人类太空交通体系的发展来说是一个黑暗年代，"他说，"一个接一个花销上百亿的政府项目失败了。事实上，它们在发射台上就失败了，更不要说上太空了……

"公众对太空越来越不关心，这种漠不关心的态度对一个如此开放的国度来说并非天生，而是来源自裹足不前和一再的失望。美国成功登月之时，我相信我们做出了承诺并让公众满怀梦想。因为技术革命的正常进程似乎让那些不是亿万富翁的人、那些并非生来要当'太空先锋 [1] '宇航员的人、那些只是普通人的人，也有机会从太空望向地球。"

他接着向国会提了三条可能促成此事的建议：为行业竞争提供更多奖励，对能够降低太空旅行成本的飞行器给予更多关注，确保政府合同公平公正。

他想在这里将他和奇石乐的合同之争放到聚光灯下，并引起国会的注意。他抗议道，SpaceX 和其他公司"并未得到在一个公平的竞技场上互相竞争的机会，并以此更好地服务广大纳税人"。他还给奇石乐泼了点脏水，写道："奇石乐的中标让人困惑，这家公司去年 7 月的破产，竟体现了'完美的企业管理'（请允许我这么说）。"

但他还没开始向委员会宣读他的陈词，路易斯安那州的一位民主党员、参议员约翰·布鲁就起身表示反对。他不想让马斯克在参议院听证会上对他的竞标提起诉讼，他说："在处理合同纠纷事宜上，另一方未出席的情况存在明显不公。"

但这无关紧要。马斯克一如既往地直言不讳，他想说的已经明明白白。并且他的律师还拿出了证明该合同绝不应未经竞标就授予他人的有说服力的案例。负责监督该项抗议的政府问责办公室（GAO）勒令 NASA 撤销该合同，这一次，SpaceX 胜了。

"这简直是大反转——你想象一下，就像在十对一的劣势下胜出一样，"几年之后马斯克说道，"人们完全没预料到。每个人都非常震惊，GAO 居然会站在 SpaceX 这边。GAO 仍有一群人是诚实而坚毅的。他们非常棒，因为他们顶着压力给我们下了判决。真的是巨大的压力。但这次胜利对 SpaceX 的未来来说十分重要。"

---

1 《太空先锋》（*RightStuff*），又译《征空先锋》《太空英雄》，是一部 1983 年正式上映的美国电影，基于美国新闻作家兼记者汤姆·沃尔夫所著的写实性小说《真材实料》所改编，该小说记叙了一群在爱德华兹空军基地从事高速飞行器研究的试飞员，以及他们中的一部分日后被挑选为"水星计划"的宇航员的故事。

也许马斯克在奇石乐合同一事上取得了巨大的法律胜利，但这场胜利却没给他带来任何友方。要说这起官司有什么效果的话，那就是，他想通过航空航天博物馆那场秀博得好感的那群华盛顿建制派，现在态度更冷淡了。

雪上加霜的是，2004 年年初，SpaceX 又卷进了和诺斯罗普·格鲁曼公司的争斗之中。诺斯罗普被五角大楼选中，负责监督 SpaceX 的火箭研发工作。五角大楼对这个干劲十足、一点就着的小公司越发地感兴趣，并且十分关注能够更快地发射卫星的新技术。

一位空军的高级官员将马斯克称为"开拓者"，并说："我们需要他的成功。"

但如果国防部要相信这家新公司，并且相信他们的非常规运营方式，那么肯定要对他们的建造流程、劳动力和引擎设计做深入的调查。出于预算的限制，五角大楼没有足够的人力，但是它能够将这项检查工作外包出去，交给它最信赖的合作者。

这就是格鲁曼公司的一群工程师会来到埃尔塞贡多 SpaceX 总部的原因。唯一的问题是，格鲁曼公司是对手，他们也帮助五角大楼建造火箭零件。两者之间注定有利益冲突。五角大楼宣称会尽最大努力解决这个问题——像格鲁曼这样的公司本该隔离相关领域的员工，确保他们不与另一家公司的同行有所接触。

"所有事情都是公开透明的。"为确保监管方在离开时不带走被监管方的任何机密，一位五角大楼的官员这样告诉《华尔街日报》。

但这个安排的作用微不足道。2004 年 2 月，SpaceX 的事业发展部部长格温·肖特维尔还是担心格鲁曼的团队正在利用职权之便为自己的公司谋私。她在一场会议上大发雷霆，要求知道格鲁曼小组里是否有人在自己的公司也是从事引擎开发的。据《华尔街日报》报道，八个组员里有五个都举了手。

空军随即撤掉了格鲁曼团队，换成来自航空航天公司（Aerospace Corporation）的一组工程师。但损失已经切实发生了。格鲁曼出其不意地先开了火，提起了诉讼，状告 SpaceX 使用了它们的火箭引擎设计。马斯克雇用了托马斯·米勒作为 SpaceX 的首席推进工程师。这位工程师之前供职于格鲁曼的一家子公司。

格鲁曼还声称，它的竞争对手拥有许多它们的内部文件，上面还印着"公司专有"字样。

SpaceX 拒不承认这项指控，并在一个月后反诉格鲁曼，指控其滥用监督职权，"暗中"进行企业间谍活动，并称格鲁曼未能"保管、保护和不滥用专利信息"。

最终，两家公司达成和解，撤销了诉讼。司法斗争劳神伤财，马斯克说。但对他的小公司来说，能勇敢地站在一家他认为在实施霸凌的公司对面是非常重要的。"格鲁曼没想到我们能打这么久。"他说。

在南非，马斯克还是个孩子时，总是被人欺负。有一次，他甚至被人从楼梯扔了下去，被打得特别厉害，最后进了医院。当时，书籍和电脑成了他的防空洞，他一读起书、玩起电子游戏来就是好几小时。

如果 SpaceX 想要成功，国家广场上的那场秀远远不够。他要打出自己的一片天地来，要以暴制暴。这次，他会一拳打回去。

"9·11"恐怖袭击后的好几年里，五角大楼和情报机构比以往更倚重太空了。轨道卫星扮演着日益重要的角色，为地面上常位于遥远地区的军队提供安全的交流措施。他们还将 GPS 制导系统运用到即将蜂拥进入伊拉克和阿富汗战场的武器上，诸如精准定位导弹和无人机。

让这些卫星更可靠地进入太空十分重要，也是一项重大的工程。NASA 虽然师出有名也德高望重，但当时真正要往太空投钱的还是五角大楼。几年来，国家安全的太空市场都被波音和洛克希德把持。根据法律，五角大楼被要求"确保能够进入太空"，这意味着五角大楼必须拥有至少两枚火箭，来发射军用和情报卫星。如果其中一个发射失败，还有另一个候补。理论上，各家公司也是要竞争的，这样能把价格降下来。

在 1998 年，五角大楼为价值数亿美元的发射合同招标。波音拔得头筹，拿下了 19 次发射，而洛克希德只拿下了 9 次。五角大楼的决定把洛克希德打蒙了，它们曾经还是五角大楼的卓越供应商。但联邦调查员随后确认，波音非法获取了上千页洛克希德的内部数据，使得波音在这场竞争中占了很大的便宜。

这个丑闻席卷了华盛顿，空军叫停了这家航空巨头，给予了《华尔街日报》称为"数十年来对任何五角大楼的主要合作商来说都是最重的惩罚"。五角大楼撤掉了价值 10 亿美元的生意，把其中 7 次发射的合同交给了洛克希德，还多给了它们 3 次作为补偿。

"我从没见过这种规模的案子。"美国空军部长彼得·蒂斯当时如此说道。

但在 2005 年，两家公司又和好了，或者说是不得不和好。这仅仅是因为现在没有这么多的生意能够让两家公司都继续生存下去，所以两家公司宣布将各自的太空发射业务合并成一家独立公司。这次合并造出了五角大楼从未见过的一头行业巨兽，名叫联合发射联盟（United Launch Alliance）。五角大楼的两大承包商合二为一，成了业务价值数十亿美元的寡头。

经由这次合并，两家公司在和五角大楼交涉时拥有了极大的话语权，五角大楼已经找不到其他能发射卫星的公司了。国防官员不但允许了这次合并，还同意为这家公司提供一份新合同，以覆盖公司所有的普通开支，价值数千万美元。

现在，马斯克和奇石乐打过，也和格鲁曼斗过了。他并不希望这种寡头的局面毫无阻碍地建立。合并给 SpaceX 带来的打击可谓是毁灭性的："联盟"公司马上就要拿到这份巨额合同的独家，这份合同会把他们的寡头地位至少延续到 2011年。所以 SpaceX 在 2005 年 10 月提起了诉讼，声明该公司使用了"高压手段"强迫五角大楼允许合并，并将独家合同交到他们手里，"完全摧毁了向政府出售火箭发射服务的竞争"。

"SpaceX 有力地撼动了波音和洛克希德的寡头地位。"诉讼如此陈述道，"它开发了新技术，建造了新模型，能够极大地降低进入太空的成本，并提高运载火箭的可靠性。SpaceX 开发的火箭定能表现得更好，价格也要比波音和洛克希德的更低。"

它指控两家公司以"抵制"迫使五角大楼就范，这将会导致"所有其他的竞争者，包括 SpaceX，都被逐出比赛"。

对一家还没发射过火箭的公司来说，这起诉讼可谓非同小可。洛克希德和波音否认了指控，SpaceX 的诉讼被驳回了。"联盟"公司就此诞生，并在国防发射领域维持了长达十年的寡头地位，从五角大楼那里赚了好几亿美元。

马斯克发誓他会继续抗争。但波音和洛克希德看起来并不那么担心马斯克，或者说他那咄咄逼人的"暴发户架势"。

SpaceX 在华盛顿的特工人员之一威廉姆斯回忆到，洛克希德的头号说客常常在国会山将 SpaceX 称为"小不点儿"，波音公司还嘲笑 SpaceX 的火箭是用"自行车零件"造的。

有马斯克的远见卓识和财力做后盾，SpaceX 诚然很脆弱，但也有无限可能。在航空航天界，闲言碎语最廉价。两家公司的人在国会山的私人会议上也极尽嘲讽之能事。

"SpaceX 需要证明自己，但到目前为止它还没能证明自己一位有力的竞争者。"一位洛克希德的发言人向《纽约时报》说道。

波音的说辞也很轻蔑："太空发射是一项极具挑战性也极其复杂的事业。像 SpaceX 这样被当成潜在竞争者的公司，至少得发射过一次吧。"

在麦格雷戈，他们确实在准备发射。马斯克组建了一个小队，正致力于在得州平原上进行引擎试射。这跟他之前做的事情都不一样。软件出了问题，就会导致 404 错误信息，或者硬盘崩溃。这些计算错误造成的爆炸会把人震得耳朵发聋，窗户咯吱作响，附近牧场的牛群也会为此惊慌而逃。失败不仅来得频繁，还来得大张旗鼓，以至于在麦格雷戈无处放松消遣的 SpaceX 员工们只得弄了个"懦夫摄像机"，把它们像鸟兽散般四处逃开的场景记录下来。

SpaceX 一反刚来此租地时的温暾节奏，开始越租越多——从 197 英亩租到 256 英亩，然后是 631 英亩，后来甚至超过了 1000 英亩。最后，整体面积约4000 英亩的设施都被 SpaceX 租了下来。这简直就是为日益频繁的噪声准备的巨大舞台，位置就在当地高中西侧 4 英里外。大型引擎的空间越来越大，烟火和噪声当然也越来越多。

在加州郊区的公司总部时，马斯克总是说："我告诉他们，如果想看点厉害的玩意，就去得州。那里才是我们点火的地方，我们最先进的引擎也在那儿。"

在最近的一处国家公园，护林员立了一块牌子，告诉不时听到巨响的旅客们这并非世界末日，而是 SpaceX 在试射引擎。"在尼芙大妈州立公园（Mother Neff State Park），你可能整天整夜都能听到'如雷般'的巨响。如果天气清凉，那就无须担心。因为这持续不断的巨响来自离公园 6 英里远的 SpaceX 火箭研发中心。"

得州总部，马斯克的工程师吵吵嚷嚷，阵势看起来就像马斯克雇来对付华盛顿建制派的律师们。马斯克上演了一场大戏，包括大张旗鼓的法律诉讼、警方保驾护航的独立大道游行、国会听证会还有作为重头戏的火箭试射，都是他这个硅谷新贵神童一手促成的。

公司目前还未有斩获，前景也不明朗。一开始，马斯克自己觉得成功率只有10%。但他一开始就火力全开的表现至少达成了其中一个早期目标，那就是重燃人们对太空的兴趣。

至少，他让人们开始感兴趣了。

向西 500 英里，贝佐斯在他悄悄买下的地皮上建了自己的火箭工厂。他推崇低调，他有多安静、多按部就班，马斯克就有多高调、多急于求成。当马斯克把他的火箭掷到独立大道的聚光灯下时，贝佐斯的公司在悄无声息地运作着。

马斯克听说了贝佐斯也开了一家火箭公司，并且对此很好奇，想进一步了解。"我觉得他可能是怕亚马逊的投资者会觉得他有点奇怪、有点分心。"马斯克后来回忆道。他还说，他们两人在 2004 年一起吃了顿晚餐。

"我们谈了谈火箭工程，"马斯克回忆道，"在技术上，他明显就搞错了，我当时还想尽可能地给他最好的建议……他们革新火箭工程的一些思路是不对的。"

马斯克说，贝佐斯提出的一些想法 SpaceX 已经测试过了。"哥们，我们试过了，完全行不通，所以我劝你别走我们的老路。"他回忆当时的说辞，"我确实尽力给了他好建议，但大部分他都无视了。"

和马斯克不同，贝佐斯完全不着急。即使路有人走过而且行不通，他也乐于尝试，敢于面对失败，并再试新的想法。贝佐斯非常有耐性。毕竟他是这样的一个男人，他曾在自己得州西部山里的一块地上建了一座万年钟，并写道："这是一个象征，是一个代表着沉思的圣像。"这钟"一百年走一格，一千年响一次"，一直走到一万年。

除了公司的羽毛标志外，蓝色起源还有一枚徽章，最后将会装在肯特、华盛顿和西雅图郊外的总部外墙上。这是一件极为复杂的艺术品，象征性十足，有地球、星星，有进入太空不同高度所需的速率，还有一个带着翅膀的沙漏，表示着人类的生死。

"时间正在流逝。"贝佐斯在一次参观机构的旅途中说道。抛开他看起来有多勤劳、多有耐心不谈，他有一种紧迫感和方向。他说："你只有一次一步，才能更快到达。"

公司的格言是"Gradatim　Ferociter"（不断前进，永不言退）。这句话就出现在徽章的底部。但是，徽章上的所有这些意象可能都没有其中向天上星辰前进的两只乌龟重要——这其实是向龟兔赛跑中的胜者致敬。

乌龟是蓝色起源的吉祥物，也体现了另一句贝佐斯喜欢的格言，来自美国海豹突击队的训练课程——"慢就是顺，顺就是快"——完全是 SpaceX 的"埋头苦干，辛苦耕耘"的反面。

马斯克和贝佐斯之间正上演着现代版的《伊索寓言》。野兔向前冲起，一路猛奔，身后扬起一阵尘埃，而乌龟却嘎吱嘎吱地慢慢走着，浑身上下缓缓透出一股"我能做到"的节奏：慢就是顺，顺就是快；慢就是顺，顺就是快；慢就是顺，顺就是快。

4
"完全在他处"

1957 年 10 月 9 日，苏联发射"斯普特尼克 1 号"这枚人类史上第一颗进入行星轨道的卫星后 5 天，德怀特·艾森豪威尔总统在他的行政办公楼迎来了一群来势汹汹、不同寻常的媒体。几天以来，他的领导班子一直试图轻描淡写地弱化苏联这项创举的重要性。但现在整个国家都十分惶恐不安，并且他需要对此做出回应了。

上午 10 点 31 分，艾森豪威尔进了房间，并且决定直奔主题，他问道："你们有什么想问我的？"

第一个问题来自合众国际社（United Press International），问得比以往直白多了："总统先生，苏联发射了一颗地球卫星。他们还宣称成功发射了一颗洲际弹道导弹，而这两项我们国家都没做到。因此我想问，我们应当如何应对？"

冷战期间，苏联的试射看起来咄咄逼人、不怀好意，透着一股子军事霸权的味道。曾供职于战略情报局（Office of Strategic Services）并任总统特别助理的查尔斯·道格拉斯·杰克逊曾写道，这是"一个极其重要的事件，并且是对我们不利的……这将会是他们首次在科技上超越我们。虽然明面上打着和平科研的旗号，言外之意却透露着军事威胁。到目前为止，明显后者的意味更重"。

如果苏联能够将卫星送上轨道，这就意味着他们占领了最终的高地，并可能如人们恐惧的那样从太空将导弹如雨点般砸向美国的各座城市。《生活》杂志将

"斯普特尼克 1 号"比作开向列克星敦和康科德的枪[1]，"像过去民兵组织曾做的那样敦促美国做出回应"。得州参议员林登·约翰逊为此烦闷不已："很快，他们就会像小孩从高速路架桥朝车子扔石头一样向美国扔导弹了。"

艾森豪威尔对记者尖锐提问的回答，简要来讲，就是国家正在这方面努力。对苏联的真正回应会在几个月之后。在他 1958 年的国情咨文中，他谈到国防部内新机构的创建，该机构将会"单独控制一部分我们最先进的开发项目"。该机构还会主导"反导弹和卫星技术"，因为"该类技术下生产的部分重要新武器并没有进入现存的服务体系中"。

苏联发射的"斯普特尼克 1 号"开创了一个新纪元——太空，"这带来了许多新的困难，就像半个世纪前人们面对飞机的出现一样。"他说。

这个新组织被称为高级研究计划局（ARPA）。ARPA 这个秘密组织自称诞生于"技术意外的创伤性经验"之中，并将成为五角大楼中一股特殊的精英力量，组员都是最好的、最聪明的科学家和工程师。但因为它凌驾于传统部门如海、陆、空军之上，所以在旧有的国防体系中受尽歧视。

艾森豪威尔并不在意。为了跟上苏联，美国必须跨过"极其有害的部门间敌对"，他说。

五角大楼的一些高级官员甚至成了 ARPA 选出来的顶级人才的下属，该机构在 1972 年重命名为 DARPA，多加的"D"（Defense）表示"国防"之义。成功的应征者不但需要聪明、高效，还要品德坚定、富有自信，并敢于和那些讨厌他们并将他们视为外人的陆军和空军上将叫板。

开拓边界是他们的首要目标，并且要造出未来的新技术，使得美国能够远超其他国家。

"在 20 世纪 60 年代，你真的可以做任何你想做的事情，只要不违法，并且符合道德规范。"查尔斯·赫兹菲尔德对《洛杉矶时报》说道。他在 1965 年至

---

1 列克星敦和康科德战役是美国独立战争的第一场战役。

1967 年间执掌 ARPA。

威尔弗雷德·麦克尼尔是五角大楼的审计官，帮助招聘顶级人才以运行该机构。他的备选人员中，有一人名叫劳伦斯·普雷斯顿·吉斯，是一位不苟言笑、兢兢业业的前海军上尉指挥官。他出生在得州，参加过"二战"。服役记录表明他曾经被指派到"纽恩泽号"驱逐舰（USS Neunzer）上，后来又转做行政工作。他还曾经在美国原子能委员会任职，从 1949 年开始，后来在 1955 年被提拔到副总干事的位置。

冷战如火如荼，吉斯发现自己参与到一个研发氢弹的机构之中。作为一名年轻的雇员，他参加了 1950 年的一场秘密会议，和机构里的一些高级官员商讨了开发原子弹一事，与会的有后来的主席戈登·迪恩。

吉斯对 ARPA 本身蕴藏的无限可能和它代表的尚处朝阳时期的太空时代大为动心。但他也感觉到了阻碍这个组织形成的日益增加的政治压力。因为要维持家庭开支，他做了一番未雨绸缪的打算，确保自己有个用来兜底的一官半职，以防这个实验性的机构做不成。

"可见这个机构在成立之前就已经极富争议了。"吉斯在 1975 年讲述 ARPA 历史时说道，"我和麦克尼尔商量了一下，我会过来处理这边的行政事务，但得保证这个机构如果有朝一日烟消云散，他要马上把我招进他的直属办公室，而且他确实为此准备了一个职位。但在当时，这也几乎是张空头支票。"

吉斯受到了该机构理事罗伊·约翰逊的敬重，后者为了 ARPA 放弃了在通用电气薪水丰厚的高管职位。他的目标是让美国赶超苏联，他把自己的大部分精力都用在了太空上。

"约翰逊相信，为达目的，他获得了由国务卿赋予的所有权限。"吉斯在他的讲述中说道，"他真的相信自己能够在这个太空项目上说了算……约翰逊认为 ARPA 的任务就是发射卫星。这个太空项目成了他最感兴趣的东西。"

在 ARPA 待了三年后，原子能委员会想挖吉斯这块墙角，给了他高层管理者的职位。但他仍然选择在这个机构工作，并着力统筹了"船帆座计划"（Vela

Project），通过高空卫星系统从太空侦测核爆。在给同僚的一条信息中，吉斯写道：
"ARPA 正紧急筹备一个项目，以使其具备侦测阿耳戈斯效应的能力。"这显然
是关于阿耳戈斯行动（Operation Argus）——1958 年南大西洋之上的高空试爆
了三枚原子弹。

吉斯一直为原子能委员会工作到 1968 年，当时他想关闭一家工厂，但一些政
客却想留着。最终政客们占了优势，吉斯自此退休，回到了得州南部的农场里。

他当时正值壮年，才五十三岁。但他却向往牧场生活。而且他还要照顾他的
外孙，一个有着大耳朵、灿烂微笑的引人注目的小男孩。男孩的中间名和他一样：
杰弗里·普雷斯顿·贝佐斯。

吉斯不仅是个高级国防官员，他对家庭也尽心尽力。贝佐斯的母亲杰姬怀孕
后，还受到了他的照顾。贝佐斯出生时，她才十七岁，刚和贝佐斯的父亲特德·约
根森结了婚。吉斯资助了他们一家，坐飞机送这对夫妻去墨西哥州结了婚，然后
在他们家主持了典礼。

他还为女婿付了新墨西哥州立大学的学费，但后来约根森辍学了。吉斯尽力
给他找一份警察局的工作，后来也没办成。

这段婚姻也失败了。这对年轻的夫妻很快离了婚，杰姬带着儿子搬回了阿布
奎基，和她父母住在一起。

杰姬后来在新墨西哥州立银行找到了一份工作，遇到了一个勤勉努力的男
人——米盖尔·贝佐斯，人们都叫他麦克，他刚从古巴逃来，为了躲避即将发生
的古巴导弹危机。他俩相爱了，然后在贝佐斯四岁时结了婚。麦克·贝佐斯将他
视如己出。吉斯还让约根森保证不来打扰。

"我从未对他有任何好奇。"谈到生父时，贝佐斯告诉《时代》周刊，"我
真正的父亲是这个养育我的人。"

贝佐斯对太空的热情始于 1969 年 7 月 20 日，他五岁的时候。当时，尼尔·阿
姆斯特朗和巴兹·奥尔德林成功登月了。虽然他还年幼，但他也知道，自己见证

了历史。

"对我来说，这真的是个意义非凡的时刻，"他说，"我记得我是在起居室的电视机上看到的，我父母和我祖父母都十分激动。小孩能够认得那种激动，知道有些非同寻常的事情发生了。这激励了现在的我。"

一家人先是住在新墨西哥，然后是得州，后来又搬到了佛罗里达。但每年学期结束，放假的时候，贝佐斯都会被送到牧场去，在那里度过从四岁到十六岁的每个夏天。

农场坐落在圣安东尼奥市南边 90 英里的小城科图拉，是个与世隔绝的乡下地区，贝佐斯在那儿从他外祖父身上学到了自力更生的价值。"老爹"——贝佐斯这样叫他——十分有耐心，也很温柔，并教导了外孙如何过一个牧民的生活，教他修风车、铺水管。贝佐斯学会了给牲口打疫苗、做阉割，并给它们带上农场"Lazy G"的标签。当那台巨大的 D-6 履带推土机坏了的时候，他还会和跃跃欲试的外孙造一个吊钩把这个庞然大物拖出来。

贝佐斯在接受成就学院（Academy of Achievement）的访问时回忆道，这些工作都不是图利的。"这真是非同寻常、无与伦比的体验。牧民和其他我能想到的在乡村地区工作的人，学会了如何自力更生。不管他们是务农还是干别的什么，都是靠的自己。"

贝佐斯和外祖父相处了很长一段时间，他说："即使我当时还是个孩子，我已经十分尊敬我的外祖父了。他常花很多时间跟我谈科技和太空，还有所有我感兴趣的东西。"

他的外祖父还是大篷车俱乐部的成员，成员们经常开着车穿越美国和加拿大，有时也会带上他们求知欲旺盛的孙辈一块儿出行。

"我们把清风牌房车挂在外祖父的车上，然后就出发，同行的还有 300 多个开着房车的探险者。"贝佐斯在 2001 年普林斯顿的毕业演讲上说道，"我尊敬并热爱我的外祖父母，而且我真的很期待这些旅行。"

他回忆起其中一次旅行，当时他大概有十岁了，在车后部的长凳车座上跃跃欲试。外祖父在前面开着车,外祖母玛蒂则和外祖父并排坐在前头,并像以往每次旅行一样抽着烟,车里的味道让贝佐斯快要受不了了。

贝佐斯记得他最近读到的一份禁烟运动广告上写着吸烟如何有害,吸一口就会废掉两分钟的生命。即使只有十岁,贝佐斯已经非常喜欢在脑内进行数学运算,估算一箱油能走多远,或者在杂货店会花多少钱。他的外祖母在车座上吞云吐雾,而望不到头的公路也和他开阔的头脑相得益彰,他决心开始玩数学。

"我估算着每天香烟的数量,估算着每根香烟吞吐的次数,等等。"他向一位普林斯顿的毕业生说道:"当我觉得满意的时候,我就会得到一个合理的数字。然后我就把自己的小脑袋伸到前座,拍拍我外祖母的肩膀,骄傲地大声宣布:'抽一口少活两分钟的话,你已经少活九年了!'"

他期待着外祖父母会被他的早熟吓到,并说:"杰夫,你真是太聪明了。你确实做了点滑头的估算,现在来算算一年有几分钟,然后再做点除法吧。"

但整个车厢内一片死寂,只听得到他外祖母抽泣的声音。

"当我的外祖母坐着哭的时候,刚刚还一直一言不发地开车的外祖父把车停在了高速路的路边。"贝佐斯说,"他下了车,然后绕过来开了我那侧的门,等着我下来。

"我惹麻烦了吗?我的外祖父是个智商极高但沉默寡言的男人。他从来没有跟我说过重话,那么现在是不是要说了?或者他可能会让我回到车里向外祖母道歉。在我和外祖父母待在一起的时光里,我从没遇到过这种事情,也无法预估这会有什么后果。

"我们在房车边停了下来。我的外祖父看着我,沉默了片刻,然后温柔而冷静地说道:'杰夫,有一天你会明白,善良永远比聪明困难。'"

贝佐斯会怀念农场的夏日时光,即使有时候高温常让他们不得不足不出户。他们会看肥皂剧,《我们的日子》是他们的最爱。他的外祖父母会提议玩些棋盘游戏,或者是读书。贝佐斯发现,县图书馆虽然还没有单间校舍大,却满是镇上居民捐来的科幻小说。

"图书馆可能有上百本科幻小说。全都是经典，"贝佐斯回忆道，"有一整个书架来装这些小说，好几个夏天我都在那里度过。"

造访图书馆"仿佛让我坠入爱河，与著名科幻作家如罗伯特·海因莱因和艾萨克·阿西莫夫难舍难分。这些著名的作家在今天仍然影响深远"。

能够远望宽广夜空的牧场也成了充满幻想的孩子梦想自己有朝一日成为宇航员并放纵自己科幻迷思的绝佳地方。

在佛罗里达的家里，贝佐斯花了很多时间看他最喜欢的《星际迷航》。但当他九岁，上四年级的时候，他发现了如何在学校的电脑上玩《星际迷航》的游戏。他就读的小学有一台连着声频调制解调器并装有电传打字机的主机。学校里没几个人会用。"但那儿有一摞操作指南，包括我在内的一群孩子在放学后留了下来，并学着用它来编程。"他回忆道，最后他们发现这台主机已经预编程了一套《星际迷航》的游戏。

"于是从那天开始，我们就沉迷于这个《星际迷航》游戏不可自拔了。"他说。

他甚至给他的小狗命名为坎帕拉，这是《星际迷航》里一个角色的名字。

当他上高中时，贝佐斯对太空的热情连同他超高的智商和惊人的好奇心一同迸发。高中时，他写了一篇题为《论零重力对常见家蝇老化率的影响》，靠这篇论文赢得了一个机会，参观 NASA 位于亚拉巴马州亨茨维尔市的马歇尔太空飞行中心。

他的想法是，测试太空中的失重环境如何降低身体系统的压力。贝佐斯想要以一个生命周期较短的生物，即常见家蝇，来开始他的实验，看看在航天器中的家蝇短时间内会发生怎样的生理变化，并和地球上的对照组进行对比。

他是决赛选手，而非最终赢家，所以 NASA 没有将他的实验带上太空。但他和他的物理学教授能够在马歇尔中心待上几天。这里不像佛罗里达州的肯尼迪太空中心，会有宇航员发射上天；也不像休斯敦的约翰逊航天中心，是宇航员训练的地方。这里是 NASA 造火箭的地方，集结了许多声名显赫的工程师和最聪明的大脑。

"当我非常年轻的时候，还想过当一名宇航员，"他说，"我在不同的时期，想做的事情也不同。我还曾想过当考古学家，当然不是因为印第安纳·琼斯[1]啦，当时我还不认识他。大多数小孩子想做的事情千奇百怪，但有一件我从没忘记过，就是对太空的着迷。然后我意识到，我并不想当一名宇航员，我事实上对工程设计方面更感兴趣。"

马歇尔是个完美的地方，对贝佐斯这样求知欲强的人来说更是如此。他对鼓捣小发明有极大的热忱，并曾说过："我们的车库基本上就是科学博览中心。"他母亲曾开玩笑说，光是买那些供他在车库里搞的小玩意，花的钱就够独立支撑起一家无线电广播室来。

"你能不能在我们去之前列个单子，搞清楚自己到底要买什么？"她曾经这样责备贝佐斯。"我一天最多能跑一趟无线电广播室。"他专注力极强，上蒙特梭利幼儿园时，他的老师不得不把他从椅子上抱起来，这样才能使他从一项又一项的任务中转移。

在火箭学之父沃纳·冯·布劳恩的带领下，NASA 在马歇尔太空飞行中心建造了曾为"土星 5 号"运载火箭登月提供动力的 F-1 火箭引擎。该引擎极大，有 20 英尺高、12 英尺宽，重达 18000 磅。它们是工程史上的丰碑，5 个一组的引擎能通过液氧和柴油推进器每秒烧掉超过 15 吨的燃料。引擎强大的动力、150 万磅的推力及嵌入了史上最强力液态燃料的复杂机制，都让贝佐斯震惊不已。

这趟旅程让他对太空的兴趣越来越浓。如果说小时候他只能靠狼吞虎咽书本中的科幻情节来满足自己，那现在他面前的就是货真价实的硬货——让太空梦成真的装备。

"他对此大加赞扬。"他高中的朋友约书亚·韦恩斯坦说道。

在迈阿密棕榈高中（Miami Palmetto High）读书时，他们班上的孩子都极其

---

1 一位虚构考古学家，电影《夺宝奇兵》系列主角。

聪慧，将来必能成人器。"在那个班上，要出彩是很难的，但杰夫做到了。"韦恩斯坦说道。学业上，贝佐斯确实如此，毕业时是班上第一。他非常享受学校时光，是个求知欲极强的阅读者，也想让老师开心。

"我父母要真正惩罚我是非常困难的，因为他们总是让我回房间。我一回房间就很开心，因为我会马上读起书来，"他说，有一次他笑得太大声了，因而失去了看书的特权，"这真是不方便极了。"

但他也非常狡黠，极具叛逆精神，整个屋子都是他用来恶作剧的小陷阱。"我觉得我有时候会为我父母担心，怕他们有一天开门的时候会有一袋30磅重的钉子或者别的什么东西掉在他们的脑袋上。"他说。

韦恩斯坦还记得一个叫比尔·亨德森的严厉的老师责备他的时候，他是怎么大声回嘴的。

"贝佐斯先生！"这位老师吼道。

"你只能叫我杰夫，"贝佐斯吼了回去，"因为只有我的朋友才能叫我贝佐斯先生！"

整个教室，连同老师，哄笑作一团。

作为毕业生代表，他在毕业典礼上的讲话就是关于太空的。对一个聪明绝顶的十八岁孩子来说，这依然过于遥远，是他对未来的想象。他谈到了殖民太空的计划，谈到建造太空旅馆一样的栖息地，还谈到有一天数百万的人类一定能搬离地球，与群星为伴。地球的资源毕竟有限，所以他的想法是，让人类，至少是大部分的人类，能够离开地球表面，进入太空，这也是保护地球的一种方式。

"我的全部想法都是在保护地球。"他曾告诉《迈阿密先驱报》，还说地球应被当成国家公园。

太空才是人类的未来，他为此做了许多思考，读了很多东西。

"他说人类的未来并不在地球上，因为我们可能被流星或者陨石击中，所以最好先备下太空船。"鲁道夫·沃纳，贝佐斯高中时的女朋友的父亲告诉《连线》杂志。

讲话里谈到的配备了游乐园和游艇的太空旅馆和在太空轨道之上、能够容纳200 万到 300 万人的殖民地（建造目的是保护地球），都不是一个高中生的毕业演讲中常见的元素。这些元素是贝佐斯这位"格里的孩子"如科幻小说般的迷思。

"格里的孩子"是杰瑞德·欧尼尔[1]的拥护者，这位普林斯顿的物理学教授还是一位太空梦想家，他曾写过一本名叫《高边疆》（*The High Frontier*）的书，启发了一代如贝佐斯的太空爱好者。

在贝佐斯发表他的毕业演讲前好几年，这位教授就因他殖民太空的计划获得了广泛的关注。1974 年，《纽约时报》报道了在普林斯顿由欧尼尔主持的一个会议。会议集结了全美顶尖的工程师。报道发出时，后"阿波罗"时代只剩些余韵未了，NASA 的预算紧巴巴的，对太空也意兴阑珊。但这份报道的题目却引来一阵喧哗：《人类殖民太空提案，科学家称现已可行》。这让欧尼尔和他的理念出了名。

"最开始的目标，是沿着月球轨道选一个地方，建造能够容纳约 2000 人的小型殖民地，即 L-5 拉格朗日点。"文章写道。它还引用了欧尼尔的说法，最"脏"的工业能够移到太空，这将会使得地球得以保全，最终变成一个"世界公园，一个供人度过美好假期的美丽地方"——这个说法在几年后贝佐斯做的毕业演讲中也得到了呼应。

1977 年，《高边疆》一书出版，欧尼尔上了约翰尼·卡森的《今夜秀》，谈论太空殖民的可能性。同年，丹·拉瑟也在新闻节目《六十分钟》里报道了欧尼尔，将这位教授称为下一个太空时代之父。

"现在有些严肃的科学家正在谈论全面太空殖民的问题，"拉瑟在他的开场白中说道，"并不是在月球、火星或者木星上，而是在人造星球之上。殖民不单只由科学家和宇航员来完成，还有成百上千饱受能源、水和清洁空气短缺之苦，想方设法逃离日渐拥挤的地球的普通百姓。

"遥不可及？这是我们二十年前谈论月球漫步时所用的词。今天，没有什么

---

1 杰瑞德·基特切恩·"格里"·欧尼尔（Gerard Kitchen "Gerry" O'Neill）是一位美国物理学家与天文学家，曾经提出质量投射器的构想，并积极提倡太空殖民的概念。

是遥不可及的。"

欧尼尔在这个资源有限的绝望年代给人们带来了一个特别的期望。他的想法简直异想天开，让人难以置信，并被大家嘲弄。太空殖民听起来荒谬绝伦。但欧尼尔告诉人们，这能够实现。他做了数学计算，起草了设计方案，甚至还把这些纳入了教学课程之中。

在大学里，欧尼尔是很有人气的教授，很受学生的爱戴和欢迎。要说有什么不一样的地方，就是他那齐刘海和棱角分明的瘦削脸庞，让他看起来有点像《星际迷航》里贝佐斯最喜欢的角色之一——斯波克。欧尼尔在他的首次课程讲座纪要中写到，他努力想让自己的基础入门课程——物理学——能够对"现阶段（你人生中的）问题"有帮助。"不是回顾物理学的历史，而是看重物理和当今文明的关联。"

对欧尼尔来说，没有什么问题比让文明进入太空更重要。他将自己的职业生涯都扑在这个挑战智商并且他和他的学生愿意与之角力的问题上。所以，他出的考试题，要么是让学生算出火星的卫星火卫一的逃逸速度，要么是问如何将小行星变成栖息地，或者是太空殖民的能源需求：

"假设一个 5000 人的小型殖民地坐落在小行星带上，和太阳的距离是和地球距离的 2.7 倍。那么，殖民地使用的抛物面反射器的半径要有多长，才能给 3×10^5 平方米的土地面积等同于地球晴朗天气的日照强度？"

即使贝佐斯在 1982 年秋季就到了普林斯顿，并且想要主修物理学，他也从没上过欧尼尔的基础课程。贝佐斯从一开始上的就是高级班。他修过量子力学以后，就转到了计算机科学和电子工程专业，因为他知道自己"永远也不可能成为一名出色的物理学家"。他说："那个班里，只有三四个人，大脑结构显然和我们不一样，他们能够理解这种高度抽象的概念。"

但在普林斯顿，他对太空的兴趣前所未有的强烈，并且他时常参加欧尼尔的研讨会。研讨会对所有学生都开放。"他也欢迎学有余力且对普通课程提不起兴趣的学生参加额外的研讨会，关注如何将物理学应用到大型项目之中，以造福人类。"欧尼尔的朋友莫里斯·霍尔尼克回忆道。

在那些研讨会上,欧尼尔会把一个尖锐的问题丢给学生:"地球表面真的适合一个科技扩张的文明吗?"

阿波罗之后,许多人都认为火星是我们的下一个目的地,并且人类不应该再陶醉于像跨国公路旅行一样的太阳系内行星探索。但欧尼尔却不同意。

"我们习惯于生活在行星表面了,稍微考虑一下在另一个地点继续我们的人类活动,都会让我们经历背井离乡之痛。"他在《高边疆》中写道。

核心问题是:"对一个正在持续发展的高度工业化社会来说,最佳的地点是地球、月球、火星、另一些星球,或者是完全在其他地方。令人惊讶的是,回答不可避免地指向了最后一个:最佳地点'完全在其他地方'。"

当时,贝佐斯已经是个高年级生,他成了普林斯顿某学生组织的主席,组织名叫宇宙探索及开发学生联盟(Students for Exploration and Development of Space),即 SEDS。众所周知,这是几年前由麻省理工的彼得·戴尔曼迪斯创立的,他想要提升人们对太空的注意力,最终成立了安萨里 X 大奖——一个 2004 年举办的比赛,由私营企业之间进行竞争,谁先发射第一个商用火箭进入太空,谁就能赢。

在普林斯顿,SEDS 是一个小型的较边缘的组织。《星球大战》几年前上映了,人气也很高,但人们对太空的兴趣仍然不大。对太空感兴趣的都是些非常铁杆的极客,而在这所美国等级森严的贵族学校之一里,他们并不总是能够很好地融入。

卡尔·斯塔普菲尔德,后来也成了该组织的主席,他在普林斯顿比贝佐斯大两届,还记得贝佐斯是个"有趣而忠实的 SEDS 成员"。小组成员们每个月会聚上一到两次,为博物馆的实地考察筹资。

"我们聚在一起,看航天飞机发射,每个人都围在电视机前。"斯塔普菲尔德回忆道,"我总是喜欢说我们相当于 NASA 的预备人才训练团了。我们每个人或多或少地都很喜欢参与到太空项目中。"

斯塔普菲尔德确实做到了。在获得加州理工的博士学位后，他最终成了NASA 的系外行星探索计划（Exoplanet Exploration Program）的首席科学家。

SEDS 持续传达出的那种极具前瞻性且正面的信息，吸引了凯文·波尔克。他在普林斯顿比贝佐斯小一届，是个求知欲强且颇具思考能力的学生，也是欧尼尔和科幻作家罗伯特·海因莱因的忠实拥趸。

"在我看来，人类在太空有着广袤无际的未来。"他说。

当波尔克在 1985 年春天出席 SEDS 的会议时，贝佐斯成了这个组织的主席，并且看到了波尔克身上对太空的热情。

"杰夫和另外两个人看了看彼此，就说：'太好了，你就是副主席。'"

波尔克想要通过调动其他成员的兴趣，并扩大参与者人群来证明他自己。他有个插画家朋友，为 SEDS 该学年的首个会议设计了宣传海报。海报上画了普林斯顿最神圣威严的行政建筑纳索堂，画了这幢建筑直插入太空的样子，海报的显眼位置是手舞足蹈的吉祥物普林斯顿虎。

对一个学生组织来说，这些宣传单可谓是"大张旗鼓"地往外发，波尔克回忆到。而且贝佐斯对此非常感动，插画师留下的字条上面还说，希望能帮到他们。

"他张了张嘴，然后说：'你的朋友可真有服务精神。'"波尔克说道。

海报起了作用。超过三十人参加了会议。贝佐斯非常开心能够坐在房间最前面主持会议，并激动地跟大家谈到 SEDS 的使命和欧尼尔主义者们的信条——让普通大众进入太空。多年来阅读科幻小说的积累全都倾注到这次开场白中，内容甚至比他的高中毕业演讲更匪夷所思。

"一个殖民太空的方法，"他说，"就是将小行星转换成栖息地。""是的，"他说，"人们能够挖空巨大的岩体，然后栖居其内。""所有你需要做的，"他解释道，"就是使用太阳反射镜将小行星熔解、软化，等它成为熔岩状后，你就能将一条巨大的钨质导管插入中心，然后往里注水。"

"接触到熔化的核心之后，水会马上变成蒸汽，然后把这个小行星像气球一样吹大——然后，你看，这就是你的栖息地了。自未来主义者丹德里奇·科尔在

20 世纪 50 年代写到将小行星转换为栖息地起，这个想法出现了许多次。"但随着贝佐斯的讲述，一个坐在教室后排的学生愤怒地跳起脚来，打断了他。

"你怎么能强暴宇宙呢！"她叫喊道，随即大发雷霆。紧接着所有的人都将目光落到了贝佐斯身上，他一个字都没落下，听了个明明白白。

"我没听错吧？"他说，"她刚刚是不是捍卫了一块毫无生命的石头的基本'石'权？"

欧尼尔在 1992 年逝世，再也不能看到他的设想如此接近现实的时刻。但他通过给予希望带来了一场运动，他的朋友莫里斯·霍尔尼克在他的追悼会上回忆道：

"那个巨大的、几乎跟地球一样的殖民地能够靠着太空中永续不止的物质和能源建造起来。这是不言自明的，而且，就像他曾说的：'人类现在站立在一个新边疆的门槛上，富饶程度比过去 500 年西方世界的 1000 倍还多。'"

随后，贝佐斯离开了普林斯顿，去了纽约，在金融界工作。他最终在一个总部在曼哈顿的对冲基金公司 D. E. Shaw & Co. 找了一份工作。身在华尔街尔虞我诈的世界里，他没有多少时间去思考太空，也没有时间继续他欧尼尔主义者的梦想。

但在 1993 年，他 29 岁的时候，他参加了一场苏富比的拍卖，竞拍的是俄罗斯太空项目的人工制品。当时亚马逊还不存在，贝佐斯没法和那些被苏富比吸引而来的钱包满满的收藏家竞拍。但他仍然注意到一套能在零重力环境下使用的象棋。商品目录里关于这套象棋的描述是："专门设计的航天用机械（非磁力）象棋"，曾参与过 1968 年和 1969 年的苏联太空任务。苏富比的期望价格在 1500 美元到 2000 美元之间。

它和目录里的其他物件比，价格相对较低。目录第一页的那套太空用餐具，卖到了 6900 美元；三个一组的月球岩石卖到了 442500 美元；而一个太空舱则直接拍到了 170 万美元。

贝佐斯竞拍了那组象棋，但输给了一位还拍下许多其他藏品的匿名买家。还有一件东西吸引了贝佐斯的目光——那是一个锤子，根据目录所讲，是为"锤头部分不会反弹而设计，这在太空失重环境中极为重要"。

"那真的是一件非常棒的东西，"贝佐斯之后说道，"因为他们的锤子是中空的，锤头里放了很多金属物件，这样锤子才能在锤下去之后不会反弹。"

但他同样没拍到这件物品。贝佐斯就是没有那么多钱来跟上其他竞标者的节奏。太空，甚至和它相关的物件，从来没有像今天一样离他这么遥远。

在研究了增长停滞的互联网之后，贝佐斯离开了纽约，为创办亚马逊来到了西雅图。公司的成功就像中了彩票一样，至少在贝佐斯看来是这样的。他像打闪电战一般在《财富》杂志的富豪榜上占据了高位，现在他能追逐几乎任何东西了。对那些了解他的人来说，毫无疑问，开一家太空公司比其他想做的事情都要更优先。

但他很少谈及此事。即使是他的高中同学约书亚·韦恩斯坦，也对蓝色起源一无所知，直到 2004 年在报纸上读到它。这很奇怪。因为他刚刚在华盛顿的国家航空航天博物馆和他的老伙计贝佐斯度过了一个下午，但关于对太空的野心，贝佐斯一个字也没说。

非常凑巧，贝佐斯和韦恩斯坦同时访问了首都。他们都在迈阿密郊区长大，两个人的家就隔着一个街区。"我们是一起长大的。"韦恩斯坦说道。但现在他们住在两片完全不同的海滩上——贝佐斯在西雅图，运营着亚马逊网站；韦恩斯坦则在缅因，是《波特兰新闻先驱报》的记者。

贝佐斯这一辈子都对太空极具热情，那天在博物馆里充当了导游的角色也非常自然。

"他已经知道了所有东西。"韦恩斯坦说道。

韦恩斯坦等着人们认出他的伙伴来。他既有钱，又出名，五年前还被《时代》杂志评为年度人物。但令人惊讶的是，没人认出他来。或者说人们认出来了，但决定不去打扰他，让他像个普通旅客一样在博物馆里漫步。

几年后，他的名声和财富都水涨船高，开始有安保人员跟在身边。这些人穿着西装，耳朵上弯弯绕绕戴着什么，亚马逊每年要在这方面花上 160 万美元来保证他的安全。但现在，他就混在周三的人群中，安静而谦虚，无人认得他。

展品有为"土星 5 号"运载火箭登月供能的大型 F-1 引擎、阿波罗月球车，还有一系列的俄罗斯太空用品——是那位十年前在那套象棋的竞标上赢了贝佐斯的匿名买家捐赠的。

现在，其中几件手工制品被捐到了博物馆，捐赠者也揭晓了自己的身份：前总统候选人罗斯·佩罗。"我当时一件都没拍赢他。"贝佐斯多年后说道。几年后，苏富比又拿到了另一件无反冲力安全锤。这一次，拍卖行直接把它当作礼物送给了贝佐斯。

在博物馆游览时，贝佐斯只字未提他竞拍太空古董时的失败，也没提他创建了一家太空公司。他保密极严，在得州西部买地时也悄不作声。

蓝色起源的网页在当时也非常低调，透露出的东西极少。贝佐斯没有出现在网页上的任何地方，但这网页确实表示了公司的目标是像欧尼尔所说的那样，"让人类在太空存续"。

2004 年年中，公司的设计小组规模翻了一倍，雇用了国内最佳的一批航空工程师，他们原本供职于奇石乐的航天飞机项目和政府试图建造起飞后能够着陆的火箭的 DC-X 项目。

"如果你对太空有诚挚的热情，并且会因建造太空硬件的前景而兴奋不已，那我们欢迎你的到来。"网页上写道。

但它的"工作"页面却显得不那么笑脸相迎，甚至有些不近人情了。申请者必须是能够满足以下要求的合格且高度投入的人才：

"你要对太空事业有纯粹的热情。若没有热情，你会发现我们的工作过于艰难。市面上有更轻松的工作。

"你必须有在小型公司工作的意愿。如果你在大型航空公司工作得很好，那你可能不适合这里。

"毫无疑问，我们的招聘标准很极端。我们在保持小规模团队方面有所坚持

（几十人），这意味着职位上的每个人在他／她的领域中都应该是出类拔萃的。

"我们要建造的是真正的硬件——不是PPT。你应该为此感到兴奋，你必须是一个建造者。"

多年来，贝佐斯一直都只能囿于一名梦想家的角色，迷失于科幻小说、欧尼尔的教学和外祖父的故事里。但现在，他终于可以看看自己能多大程度地把梦想变成现实。在一周的某天里，他会忙里偷闲地把自己从亚马逊的工作中解放出来，安静地沉浸在自己的另一项热情事业之中——蓝色起源。他的团队正在悄悄地为繁星建立交通网络而努力工作，创造起重设施，用铁路帮助开启美国西部的方式开启宇宙。

除了每年有限的几次试飞，人类航天可谓举步维艰。在贝佐斯的人生历程中，其进步也是微乎其微。他创建蓝色起源的目标，就是建造出最终能让人类触碰繁星的基础设施。

"一旦建成，我们就能看到杰瑞德·欧尼尔的想法开始成为现实，还有其他科幻小说中的设想也开始走进生活。"他在几年后的一次演讲中说道，"梦想家永远是第一位的。总是那些搞科幻的家伙，他们思考了万物的未来，然后建造者再来把这些想法变成现实。"

"但这需要时间。"

他很耐心，也很愿意慢慢来。"你必须有长远打算，"他告诉查理·罗斯，"那些在亚马逊上投了七年的钱就抱怨的人，对蓝色起源来说简直糟透了。"

在亚马逊，贝佐斯多年来一直想着如何保持一种初创企业的氛围，即使公司日渐成长，仍然要提醒员工把每时每刻都当作第一天。在1997年给股东们的一封信中，他写道："这是互联网行业的第一天，如果我们做得好的话，这也是亚马逊的第一天。"二十年过去了，"Day 1"成了亚马逊总部大楼的名字，而且仍然是公司的口号。"第二天意味着停滞不前，"他在2017年写道，"紧接着在业内就会变得无关紧要，再接着就会开始令人痛苦的衰退，最后是死亡。这就是我们要保持每一天都是第一天的原因。"

2004年6月12日，他为蓝色起源写了一封"Day 1"信——"蓝"的意思就是"淡蓝色的点"，代表地球；"起源"就是人类开始的地方——一个极具远见的表态，规划了引领公司的纲要：

"我们是一支致力于让人类在太空中存续的队伍，"他写道，"蓝色起源将会一步一步、耐心地达成这个长远目标。我们的工作会分成精细的阶段，每个阶段都很有意义。我们希望尽可能多地得到有用的副产品。每一步，即使是最早迈出的那一步，都将会极具挑战。并且每一步都将为我们的下一代打下坚实的技术和组织基础。"

"第一个亚轨道飞行器将会以'新谢泼德'命名，"他写道，"用以纪念第一位踏入太空的美国宇航员艾伦·谢泼德。"但在那时，贝佐斯就有着更大的野心。"在未来的某个时间点，蓝色起源会将注意力从"新谢泼德"转移到载人航天轨道飞行器项目上。轨道飞行器和亚轨道飞行器比起来要复杂得多，而转变到轨道系统之上将会拓宽蓝色起源的规模和能力。"

考虑到挑战之巨，"我们相信局部择优的爬山算法[1]是我们的最佳选择"。

因为要进入未知的领域，一个稳健的行事之道是必需的。他写道："我们被遗弃在一座未经探索的山上，没有地图，能见度很低。每隔一段时间，天气晴朗，足以让我们瞥见高峰，但极具干扰性的地形很大程度上仍然并不明晰。"

但是仍会有一些基本原则能够指导他们。"不要开始了之后又停止，要稳步攀登；要做龟兔赛跑里的龟，而不是兔；将支出保持在可持续水平；假设支出将会单调增加；不要毫无缘由地就觉得前路会越来越好走。"

贝佐斯既是一个梦想家，也是一位建造者，并且将蓝色起源打造成了一个实验室，将这两个角色合二为一。2005年，《时代》杂志的一位读者问他最近在读什么书。

他回答说，他刚刚读完了一部阿拉斯泰尔·雷诺兹的科幻小说，讲的是"地

1　一种局部择优的算法，采用启发式方法，利用反馈信息帮助生成决策，属于人工智能算法的一种。

球如何被纳米机器人破坏"。这是梦想家的回答。建筑师的角色则专注于另一件事：
"我一直在阅读关于开发火箭发动机的书。"

蓝色起源的第一架试验飞行器看起来非常奇特，像疯狂的科幻实验似的。这个飞行器的名字是卡戎，即冥王星卫星的名字。该飞行器装备了四台劳斯莱斯的Viper Mk.301 喷气发动机，都是公司从南非空军那里买来的。

"四台发动机都是老古董了，"贝佐斯说道，"看起来像 20 世纪 60 年代的引擎。我还记得，当引擎送到蓝色起源，然后我们的小组打开装着它们的木箱时，一群大蜘蛛跑了出来，超大的南非蜘蛛。我们的组员尖叫起来：'啊！！！'"

卡戎看起来像一只巨大的雄蜂，用四条腿站在地上，每条腿底部都装了个碟状的圆盘，以使其轻柔地着陆。发动机指向下方，而非指向侧面，是为了能垂直上升和着陆。

2005 年 3 月 5 日，在距离西雅图东部三小时车程的摩西湖，卡戎试飞了。它完全是自动的，这意味着软件已经预先编好程序，能让它自主飞翔。在盘旋上升到 100 多英尺后，卡戎落回了地面，且十分轻柔，但仍然扬起了一阵尘埃。

这是最初的一小步。但这也是第一次，蓝色起源离开了地球表面——然后再回来。

5
"太空船一分政府零分"

伯特·鲁坦小心翼翼地选了个日子——2003 年 12 月 17 日，莱特兄弟首次飞翔一百周年纪念日——来发出他所谋之事如何重要的信号。同一天，埃隆·马斯克带着他的"猎鹰 1 号"火箭沿着华盛顿的独立大道来了一场游行。鲁坦则做好了准备，进行他秘密建造的航天飞机的首次动力飞行。

有三名测试飞行员供他选择，每个人的背景和经验都不同，但相同的是对试飞的渴望。每个人都想在这场不同寻常的比赛中一试身手，以完成首个太空飞行的商业任务。

曾担任海军陆战队飞行员的布莱恩·比尼曾在 20 世纪 90 年代早期的波斯湾战争中在伊拉克执行战斗任务，并从两所常春藤联盟大学获得学位，他有着运动员般的身材，还有着即使在飞行中遇到棘手情况也能沉稳发声的性格。

迈克·梅尔维尔在很多方面都和比尼恰好相反。六十三岁的他正想着退休。作为一名南非人，他高中就已经辍学，飞行很大程度上也是自学的。但他是鲁坦的第一个员工，两人相识有几十年了。梅尔维尔天生就是开飞机的料。他在驾驶室里的直觉奇准，准到鲁坦可以完全信任他。

然后是年轻的 X 一代[1]彼得·西博尔德。他长着一张天真无邪的圆脸，看上去有点像成人版的比弗·克利弗——这个长着花栗鼠齿的男孩出演了 20 世纪 50 年

---

1 指出生在 20 世纪 60 年代中期至 70 年代末的一代人。

代的一部情景喜剧。但他雄心勃勃、聪慧无比，并将他的航天经验与他的工程背景相结合，开发了鲁坦最近一项发明中使用的模拟器——一种名为"太空船1号"的空间飞行器。

"这三个人再出众不过了，"鲁坦多年后回忆道，"我希望他们都能成为我的宇航员。"

这架外观奇特的飞行器被鲁坦用来竞争所谓的安萨里 X 大奖。这一奖项借鉴了奥提格奖（Orteig Prize），25000 美元的奖金在 1927 年由查尔斯·林德伯格因其史诗般的跨大西洋飞行而获得。这次穿越的可不是大海，安萨里 X 大奖的终点线将设在空中、高达 100 公里（62 英里）的地方——太空的边缘。

参赛者要想赢得1000万美元的奖金，就必须将一辆载人飞船送到这样的高度，然后安全着陆，并在两周内再次完成。另一个规则是，宇宙飞船必须用私人资金建造，而不是政府的资金。

安萨里 X 大奖的组织者希望，他们的比赛能像林德伯格那次引发了商业航空革命的飞行一般，激起新的商业太空运动，并最终结束政府对太空的垄断。

鲁坦的太空船设计当然是非常规的，他所有的飞机都是。鲁坦长着一张粗糙而古怪的脸，留着猫王一样的长鬓角。他于 1982 年在莫哈韦建立了名叫缩尺复合体（Scaled Composites）的新奇小公司。他的实验设计有多个机翼，有些机翼会伸出来，然后向上弯，形成一个 U 形。有时他们的机身不是一个，而是三个。好像他的灵感不只来自空气动力学的规律，还来自毕加索。鲁坦组建了一个由最具创新力的飞机工程师组成的团队，他们设计、测试和制造飞机，通常都在一年内完成。

"太空船1号"不是从发射台垂直发射的，而是嵌在已经飞到 5 万英尺高空的母舰之中。一旦到了这个高度，这个被称为"白骑士1号"的母舰将把这艘太空飞船抛下去，让它像一只刚从母巢中飞离的小鸟那样自杀式坠落。自由落体将持续几秒钟，直到飞行员点燃发动机，空间飞行器随即起飞。

这个被称为空中发射的概念已经存在多年，主要由军方使用。其中最有名的，可能要数查克·叶格[1]的 X-1 试验机，它由波音 B-29 飞机在空中发射。这比他 1947 年在莫哈韦沙漠成为第一个打破声障的人要早，而如今"太空船 1 号"也要在这里飞了。

但与其他空中发射的运载工具不同，鲁坦为"太空船 1 号"做了一个特殊的设计，这是他在某天半夜里想到的。总的来说，就是这架飞船的机翼能够脱离机身，并在他所谓的"羽毛"机动中向上折叠。直立的机翼就像羽毛球上的毛一样，通过重新进入地球大气层创造阻力，使飞机居中，从而消除了对隔热罩的需求。当"太空船 1 号"安全地返回大气密集的空气中，机翼就会复位，飞船将滑回地面。

这是一个非常精彩的革命性设计，让飞行器能够更安全地着陆地球。但是，如果机翼在错误的时间如太空飞机向上直冲时被解锁，就可能造成毁灭性的后果。

到底挑谁进行第一次动力飞行，鲁坦陷入了艰难的抉择。到目前为止，飞行员一直像开滑翔机一样开"太空船 1 号"，让它滑回地面。但是在这次飞行计划中，不仅要第一次点燃发动机，还要打破声障——鲁坦的运载工具最重要的测试之一。

鲁坦像一个棒球经理般决定谁应该在开幕当天上场。梅尔维尔是一位值得信赖的朋友，并且是一位成功的飞行员。西博尔德有智慧。但权衡之后，鲁坦选了比尼。选一位能把 F/A-18 大黄蜂战斗机停在航空母舰上的退役军人是绝对不会出错的。

试飞那天，莫哈韦沙漠迎来了一个美丽的早晨。空气安静而清新。比尼即使很紧张，也没露一点声色，尽管他知道这不过是一场类似试镜的活动罢了。如果他表现得很好，那么也许他有机会成为第一个飞往太空的商业飞行员。

比尼穿着飞行服，整齐又高挑，看起来好像准备好了要去出演《壮志凌云》[2]一样。他爬进太空飞机之后，就耐心地等着"白骑士 1 号"送他到达高空。时间一到，

---

1 查尔斯·艾伍德·"查克"·叶格，退役美国空军准将，持有王牌飞行员称号的"二战"空战英雄，美国空军与 NASA 试飞员，第一个突破声障的人类，被认为是 20 世纪人类航空史上最重要的传奇人物之一。
2 《壮志凌云》（*Top Gun*），1986 年出品的美国电影，是一部以航空母舰与美国海军战斗机武器学校为背景的励志动作电影。

他平静地告诉地面指挥中心："准备释放。"

"太空船 1 号"脱离母舰，比尼打开了点火装置。发动机的后坐力把他摁在座位上，燃烧时间仅有极度紧张的十五秒。尽管如此，"这简直侮辱了你的感官"。他说："随着一连串的噪声和震动，飞船几乎立即做出了反馈。你打开大门，就立即坐在了这匹野马背上。"

这十五秒足矣。这次飞行取得了成功，比尼像专业人员那样操纵着 1.2 马赫的巨大力量，产生了一股声波，标志着任务的完成："太空船 1 号"突破了声障。

"鲁坦先生，这一趟可真够狂野的。"他告诉地勤人员，他准备回到地球。

但当比尼靠近跑道时，发现自己难以保持飞船的高度。他低位降落了，然后狠狠地撞进了地面。

起落架向外张开，就像体操运动员劈叉一样。飞机的底部像胸腹入水的笨拙跳水动作般砸在地面上，然后翻转过来在停机坪上拖行了一阵。滑了几百英尺后，"太空船 1 号"滑出了跑道，滑进褐色的沙漠泥土中，激起了一阵预示着失败的烟尘。

任务控制室里的鲁坦从座位上跳了出来，然后跑出跑道。急救人员也赶到了事故现场。

比尼没有受伤，但他很愤怒。

"该死的。"比尼一遍一遍地说着。他把氧气面罩撕下来，然后在冷静下来之前使劲地拍打着驾驶舱的天花板。

鲁坦在里头待了片刻，努力让他的飞行员冷静下来。这位飞行员正尴尬地站在他刚刚坠毁的飞机旁。"嘿，除了这个，飞得怎么样？"鲁坦说，试着用这样幽默的说法缓和一下打击。

但是这位前海军飞行员很伤心。"言语都无法描述我有多失望——"他开始说道。

鲁坦不等他说完。

"你做得非常好，"他说，"刚刚那都不是什么大事。没什么大不了的。"

这次事故是一次失败，对比尼来说更是屈辱。这是"太空船 1 号"计划的第一个重要里程碑。但是现在比尼寻思着，自己是不是失去了进入太空的机会。

缩尺复合体公司的工程师随后会确定这并非比尼的错，飞行员控制装置恰巧在重返大气时卡住了，因摩擦而动弹不得，这种情况常被驾驶员称为"黏着"。毕竟这次是试飞，"测试"才是重头戏，意义就是测试各项数据的极限，看看哪里会出问题。

但大奖赛组委会却不这么想，也不怕公开说出来。

"他这都不是在开飞机。"梅尔维尔对《大众科学》杂志说道，这个评论让比尼十分生气，"他只是将飞机直射到地面，就像开着 F-18 战斗机冲到甲板上时会做的一样。"

（后来，在给编辑的一封信中，梅尔维尔说他"受到了深深的伤害，编辑竟然用了这条我完全不记得采访时说过的评论，而当时的采访目的在我的理解中也完全不同。布莱恩·比尼是我的好朋友，也是我认识的最好的飞行员之一"。他还写道："杂志对这条评论的使用实为断章取义，只是想把一个本来就很轰动的故事包装得更有爆点罢了。"）

尽管着陆失败了，但鲁坦仍忍不住高兴——这次飞行其实是成功的，他们打破了声障。现在他们获得了关于飞行器性能的所有数据，这将有助于他们进入太空。这才是他们想要的东西。

"冲力如何？"鲁坦问道。

飞行员犹豫了片刻。"呃，"他说，"非常强。后坐力和机翼水平情况每秒都在变化。当你觉得自己能掌控住了，马上就会有状况发生。"

换句话说，要开"太空船 1 号"，光做个飞行员是不够的。可能你还得有些竞技表演的经验。

这个项目一直都是鲁坦来公开表态的。这位急匆匆的工程师说他"想飞得更高，因为这样才能看得更远"。但在比尼试飞的前几个月，他要公开"太空船 1 号"时，他是以最高的保密级别来对待这个项目的。一部分原因是结果还不尽如人意，也因为他的新客户——保罗·艾伦。这个人和他的儿时好友比尔·盖茨联合创办了微软，极其低调而神秘，富得连隐身衣都能头到。

像贝佐斯和马斯克一样，艾伦儿时是科幻小说的忠实读者，对太空极有兴趣。他的父亲是华盛顿大学图书馆的副主任，艾伦放学后会在那里待上好几小时。"我父亲让我在书架之间徜徉。"他坐在西雅图办公室外一个能够看到太空针塔（Space Needle）的会议室里说道，"我喜欢它。"他读威利·雷[1]的书和关于沃纳·冯·布劳恩的 V-2 火箭的书，对发动机、涡轮泵和推进剂十分着迷。

艾伦知道"水星 7 号"所有宇航员的名字，好像他们是他最喜欢的棒球队球员一样。他也想成为一名宇航员。但六年级时，他发现自己即使坐前排也看不到黑板。他的近视意味着"我的宇航员梦想结束了"。他说："不知何故，我知道必须拥有完美的视力才能成为一名试飞员，我的宇航员生涯算是结束了。"

他曾在回忆录《我用微软改变世界》[2]中说到，他曾将铝质椅子的把手包满锌粉和硫黄粉，然后用一个咖啡壶当底座引燃，以期将这个把手发射出去，但没有成功。

"原来铝的熔点比我想象中的要低。"他说。

即使长大成人，他对太空的热情丝毫未减。1981 年，他前往肯尼迪航天中心观看首次航天飞机发射。"这声音令人难以置信，"他回忆道，"空气在震动，你可以感觉到压缩波进入你的胸腔……脸上也能感到引擎发出的热量。"艾伦和佛罗里达海岸线上成千上万的人一同观看了这次发射，很多人都大喊："去吧！去吧！去吧！这真是太鼓舞人心了。"

艾伦和比尔·盖茨共同创建微软之后，就成了世界上最富有的人之一，可以自由追求他的激情所在。他是一位狂热的体育迷，买下了波特兰开拓者队和西雅图海鹰队。他还在西雅图开了一家流行文化博物馆。他还对航空极感兴趣，收集了许多"二战"时期的战斗机，后来还在他的飞行遗产和战斗装甲博物馆做了展览。

1996 年，也就是 X 大奖宣布的那一年，他前往莫哈韦沙漠探访了鲁坦，并谈

1　威利·雷（Willy Rey），德裔美籍科幻作家，作品中常有太空飞船，本人亦是科学史学家，在德国和美国都大大推进了民众对火箭、太空等的了解。

2　《我用微软改变世界》，保罗·艾伦著，吴果锦译，浙江人民出版社 2012 年版。

及他计划建造一架能在大气层上空飞行的超声速喷气式飞机。两人一直保持着联系，两年后，鲁坦赶赴西雅图与艾伦见了面，提出了更为雄心勃勃的计划——他计划开发"太空船1号"。他开始觉得自己的计划可行，是在又过了两年之后。

艾伦被说服了，并将投资超过2000万美元，如果计划成功，会马上支付一半。

鲁坦清楚，如果这一项目遭到泄密，讥讽嘲笑将避无可避。他不想吸引任何人的注意，不想向那些会对他说"你想做的事情简直是天方夜谭"的人——比如他手下的航空工程师、媒体或者其他任何人——透露任何信息。

再者，他比任何人都更在意传言。鲁坦最喜欢的说法之一就是，如果没有一半的人认为你想要做的事是不可能的，这就不算研究。他敦促他的工程师要敢于冒险，并告诉他们："真正有创新精神的研究人员即使面对天方夜谭也要信心满满。"

那些抱怀疑态度的人即怀疑论者，说他造不出"旅行者号"这架在1986年首次环球飞行9天44分30秒全程不停歇的飞机。他们现在也会说同样的话。

鲁坦已经成为他那一代最成功的航空航天工程师之一——他设计的几架飞机退役之后会进入国家航空航天博物馆。但很快，他就要开始寻找自己下一个探索的边界了。美国的太空计划在他眼里是在开倒车，对此他非常不满，他告诉《纽约时报》："NASA几乎完全是停滞不前了。"在鲁坦心里，NASA已经成了另一个臃肿的政府官僚机构，国会和心性不定的领导班子一有什么突发奇想，都要影响到它。

本来应该安全平稳、花销合理的航天飞机，也被怀疑论者视为昂贵的死亡陷阱，两次灾难性的爆炸已经杀死了14名宇航员。更糟糕的是，它加快了NASA倒退的趋势，将这个曾经大胆的机构吓成了一个只想规避风险的官僚机构。

正如鲁坦所想，政府放弃了在太空行业上的独裁。现在，只有私营部门能够促进航天发展，他想。私营部门创新发展得极快，所用方式是政府部门根本想象不到的。

所以，他会造出世界上第一台商用航天飞船。这是个秘密，是他秘而不宣的一个项目，他之所以这样藏着掖着，是因为他知道这绝对会招致讥讽嘲笑。那些酸丁绝对会说，缩尺复合体这样的小公司，区区十几人，绝不可能做得起载人航天项目。

偏偏就做成了。

2004 年 6 月 21 日，比尼突破声障才过去了半年，之后又做了几次试飞，鲁坦就准备好要做太空试飞了。

经历上次的糟糕着陆后，比尼已经觉得自己没什么机会再次选上了。他开始感觉自己"坐上了冷板凳"，好像公司里对他的普遍态度就是："像个海军来的愣头青，开着飞机撞到了地上。他们心里的潜台词就是，我没能力把这事办好，'你看看，他简直把飞机搞得一团糟'。这份耻辱和人们内心的想法，完全可以说是公司对我的成见了。"

试飞员之间的关系也因彼此对试飞机会的竞争而日渐紧张。"我们完全没合作，也没把各自所学互相分享，因为试飞席位究竟给谁是完全保密的，我们因此互相反目了。"比尼说道，"这么来看的话，当时的环境简直十分有害。"

宣布获选结果的那天，希尔博德正好在比尼的办公室里，和他讨论航空电子学的一些问题。当时比尼收到了飞行测试总监的邮件，他心里明白，这就是他念之又惧之的选拔结果了。

"我是现在就看这个坏消息呢，还是吃完午饭再看呢？"他暗自思忖着。

"你来看吧，"他跟西博尔德说，强使自己看起来镇定自若，"最终人选出来了。"

西博尔德平常无论遇上什么事，都能保持试飞员那惊人的冷静，比尼却回忆道："马上满脸通红，整个人都被惹火了。而且他完全蒙了，自己一直辛苦游说，想要拿到的机会，怎么莫名其妙就没了。"

团队和梅尔维尔的合作更舒畅，他毕竟是鲁坦 30 年的知心老友了。在所有的飞行测试中，这次尝试是最大的——第一次尝试飞达 100 公里的太空边界。即使出了什么问题，鲁坦也知道，他可以依赖这位经验丰富的飞行员，尽管他年纪大了。梅尔维尔也再次证明，他依然能够恰如其分地施展精湛技艺，即使此次试飞疯狂而又危险。

在"太空船 1 号"的早期测试中，他刚点火，飞行导航系统就失灵了，整架飞机呼啸向上，几乎完全垂直。任务控制中心的每个人都觉得梅尔维尔只能关停发动机、结束飞行并安全返回。在没有导航系统的情况下快速飞行简直就是疯了。

但情况正相反，梅尔维尔将发动机保持在每秒3400英尺的速度全速运转，像一颗超速子弹，而且几近盲目地往外射。他唯一的导航工具就是用眼角的余光从窗户望向地平线。他飞得极其出色，然后安然着陆，连鲁坦这个很难动容的男人都惊了。

在地面上，鲁坦与朋友们一起庆祝着，告诉梅尔维尔从任务控制中心看他是什么样子的。

"每个人都以为你要放弃了，"鲁坦说，"我说'他至少还要飞上三十秒'，然后说'不，他至少要飞四十秒'，然后又说'不，他会完整地来一遍'！"

"太对了。"梅尔维尔回答。

鲁坦向《大众科学》坦言："在其他公司，这样的试飞员是要被开除的。但在这种情况下，我认为迈克选择继续下去是没问题的。"

但对西博尔德来说，此举是不必要的风险，而非勇敢的证据，他对梅尔维尔选择到达太空边界的尝试表示担忧。

如果梅尔维尔取得成功，他将成为历史上第一个成功驾驶纯商业、非政府的飞行器往返太空的飞行员。根据朱利安·格斯里所写的关于X大奖的书《如何制造宇宙飞船》（*How to Make a Spaceship*），西博尔德在一封电子邮件中写道，梅尔维尔这个"牛仔"飞得极其散漫，风险很大。鲁坦收到了这封电邮，还拿给梅尔维尔看，以激起他和这个年轻对手的竞争之心。

看过格斯里的书，鲁坦对他的飞行员说："看看你的对手是谁。"

比尼并不知晓这封电邮，但西博尔德想说服他一起抵制梅尔维尔。"他认为这是鲁莽的牛仔式行为，想让我也加入抵制。"比尼回忆说。

他拒绝了。高空中发生了状况，还是在太空实验之中，比尼说他如果遭遇了和梅尔维尔同样的情况，他也会那么做。

如果比尼被说成是毁了飞机的人，西博尔德则被认为太过谨慎了。在之前的一次测试中，他面临一个困境。"太空船1号"从母舰脱离后，他注意到其中一侧机翼似乎失速了。如果他接着飞下去，他担心他无法控制飞行器。但如果不接着飞，油箱就太满了，飞机会因机体过重而无法安全着陆。

当他向任务控制中心报告时，关键的几秒钟正飞速流逝——他下降得越来越快。最后，任务控制中心告诉他，要点燃发动机，用这么多燃料着陆太危险了。西博尔德照做了，并且安全飞行。

当西博尔德重新回到地面时，鲁坦热烈地向他致意并祝贺他。但是因为西博尔德等了很长时间来点燃发动机，没能达到应有的高度，这意味着他没有达到鲁坦为他设定的目标。审慎的方法可能是解决潜在严重问题的正确方法。没有人希望飞行员死。但是，当梅尔维尔面临问题时，他选择继续下去。

尽管如此，这支队伍中的一名成员还是支持西博尔德，因为他在模拟器中的表现令人印象深刻。

"好吧。"鲁坦同意了，但他仍然对西博尔德持保留意见，"他可能会退出。"

"彼得试飞'太空船1号'时，没能完成首次动力飞行的目标，是因为他无法在适当的时间打开开关，点燃发动机。"鲁坦后来说，"而迈克和布莱恩已经到那儿了，并且打开了开关。"

梅尔维尔将成为首次向太空发射的飞行员。艾伦在他的回忆录中说："一个勇敢的决定。尽管迈克的飞行时间有6400小时，但这次飞行是不同于以往的。"

西博尔德对这个决定非常失望。

"我认为我们每个人都希望自己能驾驶那艘飞行器，这是极具挑战性的飞行。"西博尔德告诉探索频道（Discovery Network）的纪录片人员，"这件事将会引起世界的关注。这次飞行是在说：'嘿，NASA，我们飞到这儿啦。'"

在飞行前一天的新闻发布会上，三名飞行员穿上了飞行服，肩并肩地站着，看起来整齐划一。鲁坦宣布了他的阵容：比尼会操纵母舰"白骑士1号"，梅尔维尔将驾驶"太空船1号"，西博尔德则是他的后备飞行员。

鲁坦承认他们所图之事有危险，他说："我们愿意通过冒险来寻求突破。如果因循守旧的太空开发商仍选择继续走过去几十年的老路，他们就只能在自己的慢车道上凝望我们加速进入太空时代的背影。"

保罗·艾伦在指挥台上表示，他们正在创造历史。

"明天，我们可能会书写航天史上的新篇章。如果我们的尝试取得成功，'太空船1号'的飞行员将成为第一位驾驶着完全由私人出资建造的飞行器穿越太空边界的平民飞行员。"

但有些话他没说，就是他实际上为梅尔维尔的安危担忧。萨莉·梅尔维尔也是一样的心情，因为她自己也是一位飞行员。丈夫试飞之前，她对他唯一的恳求就是"一定要安全回到我身边"。

"有好多人，有男有女，都跑来问我：'你怎么能让他做这个？'"她在探索频道纪录片《黑色天空》中说道，"就算我觉得这件事风险极高，甚至威胁生命，我也不认为自己有权告诉他他能做什么，不能做什么。我的意思是，这就是他最想做的事情。"

梅尔维尔知道这些风险，也知道自己的妻子有多担心。他多年来一直是试飞员，但他注意到自己年纪越大，妻子就越担心。这与他做过的任何事情都不同。这架太空飞行器将会以三倍声速飞行，在62英里的高空，飞这么快还是头一回。而且缩尺复合体的工作人员对飞行器进行了最后的调整，但他们还没有机会进行测试。

鲁坦坐在驾驶舱内，和他说了最后一番鼓舞的话。

"这次任务非同小可，伯特。"梅尔维尔告诉他，两个男人长久地握了个手，"非常感谢你给我这次机会。"

"你是最佳人选，"鲁坦回答，"这不过是一架飞机。别担心。"

沿着停机坪，成千上万的围观者聚集在一起。许多人天还没亮就来了，想一睹这次他们早有预料的试飞——是创造历史，还是坠于灾难。

在空中，梅尔维尔看起来十分轻松，而且胸有成竹。当他点火时，萨莉用一支双筒望远镜看着他，大喊道："去吧，迈克！去吧，宝贝！"

梅尔维尔奋力地把"太空船1号"拉成直线上升，整架飞行器开始正常地向上跃冲。但是，只飞了八秒钟，他就被风吹离了原定路线。当他努力想要控制时，发动机发出了阵阵怒吼，整架飞行器都在震颤。然后，他听到了一阵巨响，心中开始了一连串不好的想象。"太空船1号"哪个部位坏了吗？

尽管如此，他还是一直爬升，直到发动机关闭，然后他一直在等待。刚开始飞行时出的问题让他现在偏离了原定路线20多英里。但是他似乎刚刚跨过了62英里的门槛。

"哇，"他对任务控制中心说，"这儿的视野你绝对不敢相信。我的老天爷啊。"

鲁坦转过身来恭喜艾伦，握着他的手，瞪大眼睛微笑着。但很快他们意识到还有另一个问题。鲁坦的"羽毛"系统上有一个羽毛球状的装置，是用来让他安全着陆的，但这个装置出了故障。如果稳定器不起作用，"太空船1号"会开始剧烈旋转，梅尔维尔在重返大气层时就很容易丧生。

这本该是他庆祝的时刻。梅尔维尔已经进入了太空。在外面他可以看到大气薄层和地球的弧线。他可以看到深邃的黑暗太空。但他没有心思享受这个时刻，他担心自己要如何回到萨莉身边。

地面上，萨莉焦急万分。她挤在一个对讲机旁边，手仿佛在祈祷似的紧扣在一起，听着她的丈夫和任务控制中心的人员讨论着如何解决这个困难。

"情况不妙。"任务控制中心的人员说。

梅尔维尔试图再次调整稳定器系统，几秒后，系统重新开始运作。他安全了。在重力将他拉回地球之前，他可以享受太空中的一点时间。他从自己的飞行服左肩包上掏出一把事先藏好的M&M's巧克力豆，肩包在失重的环境中轻轻地敲着驾驶舱的玻璃。最后，他终于让自己有一段时间去欣赏一下只有四个人类曾经见过的情景。

过了一会儿，当他操纵着"太空船1号"完美着陆后，萨莉·梅尔维尔的手再次在胸前紧握，并且热泪盈眶。"哦，谢谢你！谢谢你！谢谢你！"她并不是对着在场的任何一个人说的。

看到丈夫出现后，她马上扑倒在他怀里。

"谢谢你能回家。"她抽泣道，"我们现在是不是可以在摇椅上一起变老了？"

他说当然可以。截至目前，他是作为"太空船1号"的试飞员退役的。他创造了历史,从联邦航空局获得了有史以来第一个"商业宇航员"翼形章。

鲁坦欣喜若狂,他后来表示,很高兴这是由梅尔维尔而非其他人驾驶的。"更有经验的人会放弃两三次,让我们多忙活好几个月。"他说。

现在,他已经证明,一支由专心致志、充满热情的火箭专家组成的队伍,也能完成人人都认为不可能的壮举。此外,它不仅象征着被称为"新太空运动"的商业太空产业的诞生,还昭示了 NASA 的不作为。

梅尔维尔安全着陆后,鲁坦穿过欢呼的人群,抓起一条写着他心中所想的标语,骄傲地挥舞了起来:

"太空船一分政府零分。"

虽然艾伦是个航空爱好者,但他也是个没什么安全感的先驱者。"太空船 1 号"的成功使他意识到,他对人类太空飞行要冒的这份险有些吃不消。而且,与其说共襄盛举,不如说是被试飞员在飞行中命悬一线的风险吓到了。

在比尼的第一次动力飞行中,艾伦被"一阵恐惧"震慑住,他写道。在开发计算机软件时,"最糟糕的结果是错误信息。但这回我知道这个人离死亡不过一线之隔,对此我很难接受"。比尼的坠毁事故发生时,他觉得自己"心脏都跳到嗓子眼了",心里想着比尼是不是受伤了。

就在竞争 X 大奖的飞行进行之前,艾伦接到了维珍唱片和维珍航空创始人理查德·布兰森的电话,他正要创建一家自己的太空公司,并开始寻找飞行器的卖家。如果说艾伦是个对太空飞行感到不安且极重隐私的遁世者,布兰森就是他的反面,喜欢寻求刺激,精于媒体营销,并在追寻下一次冒险。

布兰森创办了一家航空公司和一家火车公司,并且参加了数次堪称铤而走险的创纪录的热气球游乐项目。他非常渴望创办一家公司,来帮助推动他所看到的太空终极边界。他对"太空船 1 号"感到震惊,认为鲁坦可以为他建造更大、更好的太空飞行器,并且是一个能够吸引大量游客进入宇宙的飞行器。布兰森给了艾伦一个非常慷慨的出价,以买下"太空船 1 号"背后的技术专利。

"飞行器给试飞员飞，我还可以理解，"艾伦回忆说，"要让普通人也成为乘客，这事还是别人来做吧。"

艾伦还是会关注 X 大奖，但随后他急于转向投资其他企业。因此，他通过价值高达 2500 万美元的交易将专利出售了十五年。布兰森将维珍银河加入他在维珍品牌下经营的公司名单，迅速将维珍标志绘在了"太空船 1 号"上，以便能在进行 X 大奖试飞时展示。

9 月，鲁坦的团队完成了测试，对那笔奖金志在必得。为了赢得奖金高达 1000 万美元的安萨里 X 大奖，"太空船 1 号"必须在两周内飞两次，并且飞行器的重复使用率要达到 80%。

鲁坦决定和西博尔德一起获得一等奖。比尼会成为后备飞行员。他开始担心因为先前的坠机事件，他再也没机会飞了。"我明白事不过三的道理，"他在一封电邮中愤怒地写道，"我只是不知道你们是怎么算的。"

梅尔维尔已经做得很好了。不清楚他的妻子萨莉是否允许他再来一次这种恐怖的飞行，不管它有多么激动人心。西博尔德对于他没有被第一次试飞选中感到不快，他已经为这项任务进行了三年多的训练。

但突然西博尔德开始变得顾虑重重。他的妻子刚怀了孩子，而在飞行前几周，他刚被确诊患有一项潜在的严重疾病。但他也觉得，这架飞机不安全，需要进一步测试。

有很多迹象表明，工程师们仍然在研究飞行器的扭结问题。一方面，梅尔维尔的飞行偏离了原定路线 20 英里，另一方面，稳定器出了问题。比尼那次则是控制装置卡死，造成了着陆坠机。西博尔德的孩子快要出生了，现在他得做个艰难的决定。尽管会让鲁坦和缩尺复合体的其他团队成员失望，但他仍无法完成这一任务。这次飞行实在是太危险了。

"彼得表示自己没有信心能在这么紧急的情况下点燃火箭发动机，"比尼在一篇题为《"太空船 1 号"的魔力和威胁》的未发表的回忆录中写道，"他觉得这不够安全、测试不足，并且对其所知甚少。对他来说，这就是三件让这个极为重要的太空船系统出局的事，不值得他冒这个险。"

缩尺复合体告诉公众西博尔德只是生病了，他对飞行器不够安全、测试不足的担忧则没有对外透露。这已经是9月中旬了。第一次飞行近在咫尺，整个演习的重点就是要让公众相信，太空飞行可以安全得就像是例行公事。

没几天就要飞了，鲁坦不得不再次询问他值得信赖且久经考验的朋友迈克·梅尔维尔。那次惊险的飞行之后，鲁坦知道梅尔维尔有一种感觉，他觉得"我今天没有死，那我就不会在这个项目中丧命，因为我不会再做这个了"，但团队却要求他"再飞一次"。

比尼愤怒地冲进了董事办公室，想知道"你们什么时候才会用到后备，还是说我只能做后备"。

"这位飞行负责人没有废话，直接告诉我老板对去年的着陆并不满意，并暗示我重返阵容的努力遭挫，"比尼在他的回忆录中写道，"所以就是这样。而且比我想象的还要糟糕。我觉得自己失败了。"

虽然鲁坦说在比尼着陆时控制器卡死了，但他还说："我们没办法选择布莱恩，他和火箭开发密不可分，所以他着陆出问题时，每个人都在质疑他的水平……我们不能让布莱恩加入进来，因为我们认为他没有准备好。"

萨莉·梅尔维尔听到她的丈夫要再次试飞时泪流满面。

"说实话，我非常恼火。"她告诉探索频道，"我本来已经笃信他不会再来一次了。所以我当时真的情绪很不好。于是我开始工作，并试图做好心理准备——迈克也有同样的问题。"

这并非只事关他们的心理调整。他的身体也没有准备好。为了准备承受强烈的冲击——不断增加并且会拉扯他们身体的重力——飞行员已经在测试飞机上进行了艰苦的训练。他们将自己置于令人头晕目眩的尾旋之中，急转弯，颠来倒去地飞。所有这一切都是为了让自己的身体准备好。

梅尔维尔没有足够的时间来训练，迷信如他已经开始心想这次飞行是否太过勉强了。没多久，鲁坦说需要他，他告诉他的妻子："想知道自己是否足够有机会再飞一次，我是不是太过分了？"

萨莉·梅尔维尔也想知道。

9月29日的飞行如期举行。"白骑士1号"在清晨飞上了莫哈韦的天空。紧接着它放出了"太空船1号"，几秒钟后火箭发动机点燃，后坐力将梅尔维尔锁回座位上，他兴奋地大叫，因为他几乎完全垂直向上飞着，堪称开了一个完美的好头。

从地面上看，它看起来也非常好。"他飞直了！"萨莉·梅尔维尔喊道，"飞直了！绝对是垂直向上的！"

但随后，"太空船1号"开始打起转来。它一开始速度很慢，但飞得越高，速度就变得越快，快到后来不受控制地旋转起来。飞行器上端仍然是向上的，但机翼旋转得太快了，以至太阳在舱内一闪一闪的，仿佛有人不停地把电灯开了又关。

梅尔维尔保持头部笔直，注意力集中在他面前的控制面板上。他不敢看窗外。看到他身后的世界只会让他感到不安，并让他感到恶心。就像他在导航系统熄灭的早些时候那样，他让发动机一直燃着。但这旋转却仿佛诅咒，他仍然向着太空飞去。

最后，他跨越了62英里处的边界，并通过飞行器上的环形推进器放慢了旋转速度，正好赶上重返大气层。

这是又一个惊心动魄的旅程。但是又一次，梅尔维尔成了那个操船掌舵直上太空的人。

上去一趟1000万美元，下来一趟又是另1000万。

第二天，是个周四，小组聚在一起开了个会。一切都在为第二次飞行稳步推进，他们将之安排在下周一。坠机事件发生之后就没再飞过的比尼在十个月前还试图保持锐利，在模拟器中花了许多时间，明知道可能要等很久，还是希望自己能有机会。

他们把后勤过了一遍，航空电子设备看起来也不错。每个人都对飞行记录很满意。火箭也很好。当鲁坦举起手时，他们表示一切都准备好了。

"伯特，我需要最后一条信息，"他说，"那就是飞行员。"

一阵令人难堪的沉默之后，飞行测试负责人说："是布莱恩。"

梅尔维尔做过了。西博尔德已经退出了该计划。比尼真的觉得自己是挑剩下的那个，是试飞的最后一个选择，就像他说的那样，会议中的每个人都在想："我们别无选择，只剩那个坠过机的人了。"

几天之后就是正式飞行了，他没有时间多想。这位前海军飞行员想要救赎自己。

现在不参加飞行了，梅尔维尔慷慨地帮助他做好准备，自己开飞机给他做测试。

10月4日凌晨，比尼走向太空船，看到了他的岳母。她带了一杯咖啡，给了他一个祝福的拥抱。但是当她搂着他的时候，不小心把咖啡洒在了他背上。比尼没时间去换——而且也没另一件轻量级的飞行服了，"所以我决定接受这个黏糊糊的玩意儿"。

他浑身湿透，含糖咖啡的气味遍布驾驶舱。但他准备好了。

母舰"白骑士1号"放出了"太空船1号"。比尼并没有等待任务控制中心在点燃发动机前解除警报的信号，而是几乎立即扳开开关，因为不想失去太多的高度，便紧挨着母舰向上疾行。一位工作中的工程师惊叫道："我的老天爷！太近了！"

但除此之外，飞行极其顺利。他达到了比梅尔维尔之前两次还高的高度，为商业宇宙飞船创造了新的纪录。

合伙人艾伦和布兰森一同来到莫哈韦沙漠庆祝比尼取得成功的盛举，这个二人组看起来真是再奇怪不过了。布兰森一头柔顺的金发，一身维尔京群岛晒出来的棕褐色，而站在旁边的艾伦则看起来很苍白，穿着粗糙的牛仔裤。

"保罗，这难道不比你以往最好的一次性爱体验还要棒吗？"布兰森在飞行器升高时问道。

"如果在任何一种人际交往活动中都感到如此焦虑，我是不会觉得享受的。"艾伦想。

比尼这次着陆非常完美——没有摔个底朝天——轻轻柔柔地正好落在了跑道中间。

"他像空军飞行员一样驾轻就熟，不像是个海军飞行员。"鲁坦说，"他是'太空船1号'唯一完美的选择。我为他感到骄傲。"

在庆典期间，鲁坦再次盯住了NASA。

"我在想那个太空机构，那个大家伙。"他说，"我觉得他们现在肯定面面相觑地说：'我们完了。'"

NASA在这段时间的零飞行印证了这一点。"哥伦比亚号"航天飞机多年前解体了，造成七名宇航员死亡。航天飞机计划停滞不前，调查人员试图找出哪里出了问题。在整个2004年，美国政府没向太空飞过一次。

事实上，那一年只有五次去太空的旅行。俄罗斯人占了两次，鲁坦他们占了三次。

这是小机构、个人的胜利，是一个独特的美利坚时刻。"感谢上帝，我竟生活在一个万事皆可为的国度。"比尼说。

对于他们的这几次飞行，联邦航空管理局基本没有阻拦。因为除了政府之外，还没有人曾试图进入太空，所以没有任何法律阻止他们这么做。而且，现行的监管措施非常宽松。当然只是目前了。国会绝对会开始注意这方面，并举行听证会来讨论什么样的法规适合用来管理这个新行业。

但这一切都是为了以后。现在是时候庆祝了。鲁坦在机库前聚集了缩尺复合体的整个团队。

"今天的成就很重要，而且这不是结束，"他说道，艾伦站在他旁边，"这只是一个非常好的开始。"鲁坦和艾伦随后打开了香槟酒，让酒泡洒出来。鲁坦直接对着瓶子喝了一大口。

与此同时，布兰森已经在梦想着下一个飞行器——"太空船2号"了。鲁坦已经着手建造它。但是这一次他会为理查德爵士而做，这位花花公子一直喜欢大排场。他们的新太空船将不会以得奖为目的建造。它将被打造成一件奢侈品，能装下多达六名乘客和两名飞行员，并且提供布兰森的维珍航空赖以成名的顶级服务。

目前，宇宙飞船仍然只是他头脑中的一个愿景。但他迫不及待地想要展示它。

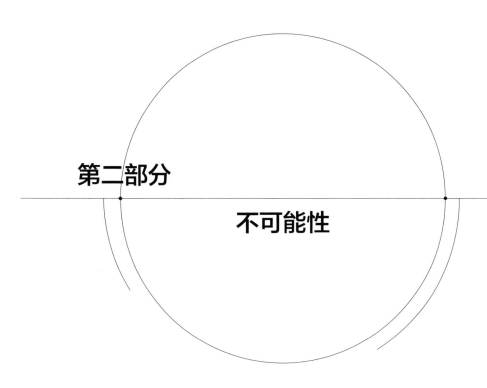

第二部分

不可能性

6
"去他的，我们干吧"

他们在大西洋上空飘了好几小时，除了一望无际的海，看不到别的东西。但现在他们可以看到迷人的海岸线和郁郁葱葱的爱尔兰农村了。他们通过热气球穿越海洋，飞行超过 3000 英里。大约 24 小时之前，当时 36 岁的理查德·布兰森和佩尔·林德斯特兰德这位担当飞行员的热气球专家及航空工程师，一起从缅因州的甜面包山附近起飞，然后穿过海洋，进行首次跨大西洋的热气球飞行，这将使他们载于史册。他们现在所要做的只是着陆罢了。

1987 年 7 月 3 日是一个有雾的日子。有 22 层楼高的热气球和其上的维珍标志从云层中浮现，徘徊在一片田园景致上空，整个场面看起来竟有种超现实之感。起风时，这只热气球的飞行路径看起来更古怪了，在这阵仿佛是惩罚报复的狂风中打起了转。热气球并没有轻柔地着陆，而是整个座舱坠落在一间古朴村舍旁的一块地上，在地面拖拽得极其严重，油箱都破裂了。然后，热气球突然再次升起，差点刮倒了这间村舍和旁边的电线。

"没有油箱，我们完全失去了控制。"布兰森在他的回忆录《失去童贞》(Losing My Virginity) 中写道。

当他们再向大海飘时，林德斯特兰德决定在沙滩上着陆。但风向又起了变化，将热气球吹回了水上。当热气球向一侧倾斜时，他们晃晃荡荡地着陆了，掉在水里的气球像一张巨大的帆，拽着座舱。

林德斯特兰德拉动了能让气囊脱离座舱的杆，但什么都没发生。他又试了一次，依然没有任何改变。

"接下来，我们发现自己正在以每小时 100 英里的速度穿过水面，水开始漫进座舱。"布兰森当时说，"我们爬了出来，爬到座舱顶部，而座舱却开始升起，升到大约 60 英尺的高度时，佩尔跳了下去。"

两人爬到座舱顶上时气球又开始往上升了，林德斯特兰德决定丢掉这只热气球。当他准备跳下去时，他向布兰森大吼着，要他也跳。就在这时，风把气球抬到了空中，座舱也被拉到了海面上。林德斯特兰德跳了下去。

布兰森看着他跳入北爱尔兰海岸的冰凉海水中，惊恐地意识到太晚了，他错过了跳下去的时机。气球又向上升了。他独自一人，不知道该如何是好。他整个人都要抓狂了，试图寻求帮助，却发现无线电一点反应都没有。他试图打起精神来，想着如何才能摆脱困境。

布兰森写道："站在旋涡状的白云之中，我感受到了绝望的孤独感。"

当然还有恐惧。他给自己刚组建没多久的家庭写了简短的字条，写到他爱他们。他孤单地站在座舱顶部，驾驶着失控的热气球，觉得自己再也见不到家人了。

驾驶热气球穿越大西洋本来是林德斯特兰德的想法。但布兰森听了以后马上就对这个冒险跃跃欲试了。他年轻、冲动，并且遵循着他人生和事业的一个信条（这个信条甚至成了他的一本书的标题）："去他的，我们干吧。"但他对冒险确实有天生的渴望，对此他的母亲居功至伟。这位母亲一直教导自己的孩子要自力更生。

伊芙·布兰森有一段独立的过往，她是在"二战"期间长大并度过童年的。她一直为成为舞者而受训，但随着战争爆发，她觉得自己需要以某种方式做出贡献。她听说英国的空军训练队正在寻找滑翔飞行教练，所以她报名参加了。但有几个棘手的问题：她不知道该如何滑翔；她是女人，找的工作却只招男人。她毫不犹豫地女扮男装，并最终被允许飞行。

然而，她的第一次飞行几乎以坠毁结束。在成功降落的时候，"我从滑翔机中走出来，浑身发抖，迎面走来一群面目难识的军官和学员，穿过飞行跑道来向我道贺"，她在回忆录《母亲的话》（*Mum's the Word*）中写道。

布兰森的另一位英雄是道格拉斯·巴德，他是一位著名的"二战"英国皇家空军飞行员，虽然在战争中失去了双腿，但仍继续参战，最终指挥了一个中队。1941 年，他在战斗中被迫从他的喷火战斗机 [1] 中跳伞，并被德国人俘虏。1945 年战后，他被释放并被当成英雄，并最终因为残疾人服务而被封为爵士。

巴德与布兰森的姨妈成为亲密的朋友，而布兰森对他来说就像侄子一样。孩童时期，布兰森非常喜欢在巴德带他去游泳的时候偷走巴德的假肢。这名前飞行员就会用手来跑步追着他。

"他是我童年时代的英雄，"布兰森回忆说，"他和普通人是不同的……他、我的姨妈和我的母亲都会去开飞机，并且就在家附近的场地上起飞，在我们头顶的天空中做特技。我想要飞行的渴望和冒险精神全都来自他。"

另外还有一位远亲，海军陆战队队长、探险家罗伯特·福尔肯·斯科特船长。他在 1912 年率领一支远征队，希望能成为第一支抵达南极的探险队。这支队伍完成了旅程，却发现挪威探险队早已捷足先登了。斯科特和其他船员在从南极返航的途中悉数死亡。

所以，后来当林德斯特兰德带着这个疯狂的、乘坐热气球横渡大海的想法来找布兰森时，事情就显得不那么疯狂了。跨大西洋的热气球之旅会让巴德和他的母亲为他折服，当然前提是他的母亲不会太过担心。她都可以扮成男人并且在没有任何经验的情况下受训成为飞行员，那他也能做到横跨大西洋这件事。

但吸引他的可不只是承诺中的刺激。像这样的特技表演会为布兰森和他年轻的航空公司带来各种宣传效应，会让这个他在三年前突发奇想创立的公司崭露头角。他们对这个行业对待乘客的方式感到非常不满，乘客被赶到拥挤的飞机上，服务不周而且时常不能准点。他认为航空服务必须变得更好。

他对航空公司对乘客的傲慢态度感到愤慨，源自一趟从波多黎各前往英属维

1　喷火战斗机（Spitfire）是英国在第二次世界大战中最重要、最具代表性的战斗机，也是最主要的单引擎战斗机。

尔京群岛的航班被取消，而原因是乘客数量不多。

他当时迫不及待地想去英属维尔京群岛，因为那儿有一位"美丽的女士"在等他。于是他租了一架飞机，找了一块黑板，在上面写道"维珍航空公司，发往英属维尔京群岛，单程 39 美元"。

"我说服了所有被拒的乘客，并让他们坐满了我的第一趟航班。"他后来解释道。

他打电话给波音，要求租一架飞机，这就是维珍航空的开始。但现在，他年轻的航空公司正在努力与英国航空公司竞争，这个庞然大物试图压制布兰森这位年轻而勇敢的新贵。布兰森回忆说："我们要想出宣传航空公司的新奇方式，让维珍航空扬名。"

一个别出心裁的热气球航行就能做到这一点。

看着林德斯特兰德跳了下去，布兰森变得孤身一人，而此时热气球开始重新升入水面上空的云层之中。他不知道该怎么办才好。他爬到座舱顶部，背上有一个降落伞，他想着跳下去，但似乎太莽撞了。他已经有一个巨型降落伞了，那就是他的热气球。他并未接受过太多操纵热气球的训练，但确实花足时间去了解如何把它放下来。

他小心翼翼地操控着燃烧器，试图将热气球降下来，同时望向海面，试图判断距离。就在座舱击中水面之前，他给救生衣充了气，跳了下去。几分钟后，一架皇家空军的直升机在他头顶上盘旋，准备把他从冰冷的海里拉出来。"热气球则像一个巨大的外星飞船一样在云层中翱翔，消失在视线之外。"他写道。他们也救了林德斯特兰德，他在获救之前已经在水里待了两小时了，冻得浑身发抖。

可以说是死里逃生了。但这个非凡旅程却有了一个充满戏剧性的结局——实现了布兰森创纪录的目标，大幅宣传的同时也为他的公关机构创造了大量素材。

几年后，他回忆起，维珍航空利用这个机会占了整版的报纸广告，说的是这样一句话："拜托，理查德，穿越大西洋有更好的途径。"

布兰森将他的公司命名为"维珍"（Virgin），因为他和其他公司创始人都是初涉商界，宛如处子。他自己从高中辍学了，还有阅读障碍，无法阅读电子表格。但他是一个公关天才，在许多公司工作过。辍学后他首先去了一家杂志社，之后是邮购公司，接着是唱片店，然后是录音室。

1977 年，当时布兰森 26 岁，维珍唱片公司签下了性手枪乐队。这支朋克乐队因为自己的粗俗行径被前东家解雇了。布兰森给乐队出了《别理那些小痞子》（Never Mind the Bollocks）这张专辑，并把专辑封面贴在了自己的唱片店窗户上。一名年轻的巡警与诺丁汉警察局逮捕了布兰森唱片店的经理，因其使用了"bollocks"一词，这在英文俗语中是"睾丸"的意思，违反了维多利亚时代不文明广告法。

指控被撤销了。而英国小报对这次事件的报道可谓铺天盖地，为这支年轻的朋克乐队及他们的背后推手带来了大量的宣传。但这么一个不雅词丑闻效果不过如此。没有什么比可能致命的狂野创纪录冒险之旅更受关注，特别是冒着生命危险的人还是个富商。

1985 年，布兰森曾试图以最短的时间用船跨越大西洋。他同意继续旅程，部分原因是他"很开心能够宣传自己的新航空公司。跨越大西洋若成功实现，将能够在纽约和伦敦两地达到宣传效果，这才是我们的目的地"。

第一次尝试在灾难中结束，维珍大西洋挑战者号在汹涌的大海中咆哮了三天，迎击海浪的巨力，"如同被捆绑在一个巨大的气动钻刀片上一般"。布兰森和他的队伍距离目的地只有 60 英里时，他们遇上了风暴，在波浪里撞上了一条沉船的残骸，船员们不得不弃船自保。

但下一次尝试就成功了。维珍"大西洋挑战者 2 号"打破了纪录，只花了 3天 8 小时 31 分钟就把荣誉带回了英国。这项纪录在过去一直由美国保持。为了完成这项创举，布兰森错过了他的儿子萨姆的诞生。但他能通过自己造出来的新闻头条肆意正名。

为庆祝，首相玛格丽特·撒切尔也上了布兰森这艘由快艇和游艇共同搭起来的船。他们在泰晤士河上振臂欢呼，向群众挥手致意，获得了广告或营销活动无法想象的公众关注。

他多年来一直坚持这样的方式博眼球——为了宣传他的婚纱店自己打扮成新娘；用热气球环球旅行时被困在阿尔及利亚的沙漠里；在乘热气球跨越太平洋的一次成功尝试中坠落在加拿大的北极圈内，而他们本应该在加州南部着陆。

在维珍航空二十一岁生日的庆祝活动中，他尴尬地搂着衣着暴露的帕米拉·安德森，好让她的乳房在她暴露的红色连衣裙中若隐若现，这样就能似是而非地博得记者的镜头。为了发布维珍可乐，他驾驶一辆坦克穿过纽约时代广场的可口可乐罐墙。当他最终将滚石乐队签到维珍唱片旗下、完成终生梦想时，他说最令人难忘的部分是"签约的第二天喝了个烂醉"。

哥伦比亚广播公司（CBS）的节目《60分钟》将他称为"亿万富翁特技演员"。《纽约时报》称他为"一个人的宣传马戏团"。这些宣传手段可以见诸他日益壮大的企业帝国的各项产品之中，汇集成一个纷繁复杂的大组合——维珍移动、维珍理财、维珍酒业、维珍铁路、维珍博彩、维珍图书、维珍赛车、维珍体育、维珍传媒、维珍酒店、维珍假日游轮、维珍美国、维珍澳大利亚等。这个企业就像得了多动症一样，哪里都要插一脚，野心有多大，病就有多严重。

但这看似疯狂的做法背后是有解决之道的。所有这些看似分散的投资背后都有一条明确的主线，体现着冷静和性感，以及布兰森"去他的，我们干吧"式的自由自在，让他踮着脚游走在聪慧与鲁莽之间那条细微的分界线上。所以他并没有开维珍税务、维珍齿科、维珍领带等。这个永远也长不大的少年心中的理想主义和性手枪乐队令人震撼又如火箭般有力的重复旋律之间，是他对美好生活许下的堂·吉诃德式诺言。

但所有这些——快艇、热气球、滚石乐队（可能要另说）——都不能与他现在追求的事业相比。这家公司的雄心壮志完全符合布兰森上天入地的夸张炒作。

这是一家太空公司，名叫维珍银河。

虽然布兰森对火箭或者飞行器进行太空飞行没有一点相关知识，但他还是注册了"维珍银河航空"这个名字，希望有一天能够创办一家太空公司。

他花费了数年的时间与太空界的人交谈，挑选了工程师智囊。"看看我是否能找到任何能够建造宇宙飞船的人。"他后来回忆说。

但这看起来似乎不太可能。事实证明，太空远比热气球、快艇或者飞机复杂。几年前，他是有机会去太空的。当时的苏联领导人米哈伊尔·戈尔巴乔夫曾打电话给布兰森，表示可以提供这样的机会。这机会看起来和过去他宣传的自己的品牌一样，能让他成为第一个进入太空的平民。

然而，接受邀请将花费布兰森5000万美元，并要求他在苏联接受两年的培训。"我正在着力壮大维珍，不确定自己该不该花这么多时间在那上面。"他说，"我也有点担心，将这一大笔钱花在太空上会被人觉得是错误的。"

所以，只有这一回，他没有说"去他的，我们干吧"，而是说了"不"——过了好多年，他对此都表示"有一半是后悔的"，"这绝对是件了不起的大事"。

与此同时，他们也没能找到一艘火箭飞船，或者一个能够建造一艘飞船的人。到了21世纪初，"我几乎要在这个阶段放弃，然后转向其他事情了"。

比如维珍的"环球飞行者号"，这是一款时尚的单座飞机，专为布兰森的另一项冒险而设计：打破环球飞行速度的纪录。它由鲁坦的缩尺复合体公司在莫哈韦沙漠中建造。当布兰森的一个代表去检查它时，他偶然发现了一些不同寻常的东西，他知道他的老板会立即想知道。

"你不会相信，但我认为这儿有比'环球飞行者号'更值得激动的东西。"他告诉布兰森。

那就是"太空船1号"。

一位高管知道布兰森一定想抓住这个机会，于是赶紧注册了"维珍银河"这个名字——却发现布兰森几年前就已经这么做了。

几天后，布兰森出现在了莫哈韦沙漠，亲眼看到了"太空船1号"。这就是他想要的。这是他多年来寻找的太空飞行器。他必须参与其中。

那天，他在鲁坦家与保罗·艾伦见了面。鲁坦这位飞机发明家向布兰森展示了他收集的餐巾纸和纸屑，他在上面潦草地写下了自己脑海中闪过的想法。一张写着他的飞船概念，另一张则写着他"羽毛"系统的概念——这个系统会将飞机的机翼从机身上分离出来并向上折叠，从而产生阻力。

鲁坦和艾伦的思想极其超前，布兰森对太空的热情也空前高涨。

"我们坐下来谈论月球酒店和月球一日游，以及各种令人兴奋的事情。"布兰森说，"最后，我们同意让维珍帮忙赞助'太空船1号'。保罗和我一致认为，如果成功，我们会见面并讨论如何尽力推动这个计划向前迈进。"

"太空船1号"和安萨里X大奖都表明，商业公司能让人类进入太空。这个难以实现的梦想已经实现，保罗·艾伦就是赞助人。但是艾伦对巨大的风险感到不满，而且他不敢相信自己居然出钱去让人从事死亡率这么高的事情。他已经亲身参与了三次会被载入史册的飞行。但是，没人受伤可能对他来说更为重要。

布兰森拜访了艾伦在伦敦荷兰公园的家。"我说：'你看，我觉得肯定会有成千上万的人想进入太空，如果我们就到此为止了，那这绝对是个天大的浪费。我们将创建一家太空船公司，如果我们能够掌握迄今为止开发的基础技术，这绝对会很有帮助。'然后我们为此握了手。奇怪的是，我竟然是唯一一个去见他的人。"

在签署许可协议后，艾伦高兴地把钥匙交给了布兰森。布兰森已经跃跃欲试，想借鉴"太空船1号"的简单设计，用它打造一个更大的太空船。"太空船1号"只能容纳一个人（尽管为了满足X大奖的要求把载客数增加到了三人），但布兰森的"太空船2号"将能容纳两名飞行员和六名乘客。这可不是适度的迭代行为。"太空船2号"是一个大胆的前进，尤其是"太空船1号"现在已经疲于惊险刺激的太空之旅了。但布兰森并不打算按部就班，或者谦虚谨慎。

尽管任务艰巨，布兰森还是马上就让维珍成名已久的公关部门全力造势，鼓吹太空这个人类最后边疆的巨大诱惑，以及他如何将之提供给大众。他称维珍银河将成为"世界上第一条商业航天线"，每日付费的游客将会变成训练有素的宇航员。他还发誓，维珍银河将在2007年首次飞向太空并且在第一年肯定会飞3000人次。

他甚至在 2005 年 2 月，沃尔沃在超级碗（Super Bowl）[1] 投放广告期间宣传维珍银河，距离他获得"太空船 1 号"才过去几个月。广告描绘了火箭发射的场景，还附上一张贴纸，上面写道："我的另一辆座驾是沃尔沃 XC90 V8。"

"现在，向大家介绍史上最强大的沃尔沃汽车，"解说员说，"沃尔沃 XC90 V8。"

叙述者问道："它有多强大？"摄像机把视角切到了火箭内的宇航员——他拉开了自己的面罩，就是布兰森本人。

"足够强，强到带你去太空。"他说。

布兰森把太空当作宗教来对待，他就是传教士，宣扬太空旅行的美德和游历星辰所带来的"改变人生"的效应，即使只能持续很短时间，即使在那个时候，这看起来像是幻想而已。他距离开发一种能够让任何人进入太空的飞行器还要好几年的时间，但不妨碍他马上炒作。

"我们希望在未来几年内，数以千计的宇航员实现他们的梦想：从太空中看到地球的宏伟美丽，看到繁星闪耀，并体会失重带来的奇妙体验。"他说，"这一发展还将使世界上每个国家都能拥有宇航员，自此这不再是少数人的特权。"

布兰森并不是第一个试图兜售太空魅力的人。在 20 世纪 60 年代，泛美航空开始推广月球旅行，当时"阿波罗"计划激起了人们对太空的兴趣，泛美想从中赚上一笔。所以，它创建了一个想要登月的乘客名单。

"我们喜欢把自己想象成先驱者，"泛美的一位发言人在 1969 年告诉《纽约时报》，"太平洋是我们首次跨越的，大西洋和其他的地方也是。波音 747 也将由我们来做处女航。因此，我们希望有一天我们能够开创月球旅行。这就是我们拟定保留名单的原因。"

无论这是否是公关技巧，泛美的顾客都吃了这一套，纷纷报名参加月球之旅。作为回报，这些未来的太空人收到了由泛美销售副总裁詹姆斯·蒙哥马利签署的

1　美国职业橄榄球大联盟（简称 NFL）年度冠军赛。

一封信函，上面写着"致亲爱的头号月球飞行员"。

这封信是这样开始的："感谢您信任泛美，我们定能像往常在地球上一样，开创商业太空旅行的先河。我们将全心全意，不负您的信任。"

它承认"提供服务的日期尚不清楚……票价也尚不明确，极有可能开出天价"。这封信附带一张卡片，声明持卡人是泛美航空公司"头号月球飞行俱乐部"的"认证成员"，卡片上的数字表示持卡人在等候名单上的位置。

据《纽约时报》报道，截至 1969 年年初，已有约 200 人报名。这张名单迅速变得越来越长，航空公司的代理人越来越习惯于处理月球预订事宜——"请问有多少乘客？"1969 年 7 月 19 日，在人类首次登月的前一天，泛美的首席执行官纳吉布·哈拉比在纽约告知 WCBS 电视台，自己的公司关注的重点是"如可循环使用助推器、机场般的空间站以及轨道空间站到月面不同点的多次航行等概念"。

当尼尔·阿姆斯特朗和巴兹·奥尔德林踏上月球表面时，预约名单上的名字已增至 2500 个。到 1971 年，当它停止接受预约时，已有超过 9 万人报名，包括罗纳德·里根[1]和沃尔特·克朗凯特[2]。

虽然泛美航空于 1992 年破产，但他们仍旧相信月球旅行不仅是可能的，还是必然的。1985 年，一位公司发言人告诉《洛杉矶时报》："商业登月即将发生。虽然不是在明年，也可能不是未来几年，但一定会发生。"

到了现在，好几年过去了，布兰森的目的成了抵达太空边界，而非登月了。但他达成此项壮举的热情不改，并承诺太空飞行即将到来。"到这一个十年接近尾声的时候，维珍银河——现代太空史上最令人兴奋的发展——将开始计划让几乎所有人都能以可接受的价格造访太空边界。"该公司在其早期的网页上如此说道。

就在为 X 大奖进行最终飞行之后，并且距离维珍银河组建新飞船还有好长一段时间之前，它开始邀请潜在客户在其网站上注册。到 2006 年年初，布兰森借着一台电视屏幕向人们展示了一个模拟太空飞行器，以说清太空旅行究竟是什么样

1　美国著名政治家，1981 年至 1989 年任美国总统。
2　美国著名主持人、记者，曾多年担任哥伦比亚广播公司（CBS）《晚间新闻》节目主持人。

子的。他告诉人们，飞船里的座椅符合人体工程学，而且窗户数量众多，而且首次飞行绝对安全——最重要的是，还有不同寻常的意义。

网站是紫色调的，文案断句极有创意，像一首散文诗般向大家展示了太空旅行的体验。句子不仅描述了一场超凡脱俗、令人亢奋的刺激旅行，还叙述了太空飞船将如何被绑定到飞在 5 万英尺高空的母舰上。

开始倒计时、释放，这安静的瞬间过后，紧接着就是不可想象却可控的巨力从飞行器中喷涌而出。你马上会被后坐力推回椅子上，虽不知所措，但仍会被火箭引擎的轰鸣和令人咋舌的加速度所吸引。当你观看读数时，才发现自己竟然以超声速三倍的 2500 英里／小时在旅行。

当你穿过大气边缘时，宽大的舱窗外早已是钴蓝色的天空，天色又转而变得紫红，然后是靛蓝，最后归于黑色。你抵达了绝高之处，一切真的都发生了，你满心欢喜，而且能应对自如。你刚开始放松没多久，感官马上恢复到完全戒备状态，飞船外的世界已经完全变了。

火箭引擎已经关掉了，此刻它安安静静，不只是觉得静，而是真的静。太空的静默就如方才火箭的喧嚣般令人振奋。现在真正让你的感官尖叫的，是自你出生那天起就如影随形的重力消失了。无上无下，你感受到的自由是在梦里都难以想象的。在太空中翻了个优雅的筋斗后，你发现自己飘在一扇巨大的窗上，如果刚刚的零重力没有让你惊讶到发丝直竖的话，接下来的场景绝对会让你心服口服。你的下方（或者上方？）是你曾在无数图片中看到的景致，但亲眼看到后你会觉得它更加美丽，更加生动，并且产生强烈而难以定义的情绪。在你眼前的，是一道蓝色的弧，渐渐延伸，归于黑暗之中。它看着熟悉，你却从没有看过它的边界。大气层看起来难以置信的薄，不禁令人担忧。你眼前的就是人之所以为人的全部起源，是你的家。你和与你同行的宇航员们全都被眼前的景象震住了，各自陷入沉思，并把眼前的这一幕存到记忆之中。

最重要的是，这样的旅行真的要来了，再有几年就要来了。

"不再是梦了！！"公司宣布。

宣传奏效了。人们纷纷开始注册，就像他们当年申请参加泛美的月球旅行那样，还为他们的座位预付了 20 万美元。布兰森描述的太空又酷又性感，具有好莱坞式的吸引力，到 2006 年年初，维珍银河已经拥有 1300 万美元的预付款。布拉德·皮特和安吉丽娜·朱莉买了票。阿什顿·库彻、汤姆·汉克斯以及哈里森·福特也是如此。买票的还不仅仅是名人。肯·巴克斯特是一位拉斯维加斯房地产开发商，他在看了新闻节目《60 分钟》对伯克·鲁坦的报道之后，马上着手申请，并宣称自己是第一个顾客。

但这一殊荣很可能属于伦敦广告公司执行官特雷弗·贝蒂，他是神奇胸罩（Wonderbra）"你好，男孩"广告活动的幕后推手，该广告在伦敦引发了轰动。作为一个男孩，他也曾是个太空迷。在"太空船 1 号"的最后飞行前不久，贝蒂给布兰森打了电话，两人是偶然认识的。布兰森问他敢不敢来莫哈韦沙漠看为赢得 X 大奖做的最后一次飞行。

"我说，'好。我要去看看你是不是虚张声势，但布兰森直接给我下了挑战，'我们明天就出发'。我就稀里糊涂地发现自己上了飞往洛杉矶的飞机。我没有告诉任何人，自己站起身就走了。"

在布莱恩·比尼成功飞行之后，贝蒂发誓要成为第一个从维珍银河买票的人。如果他能这么做的话，几乎任何人都可以这么做。贝蒂留着一头及肩的鬈发，言行举止都像一个苍白的英国男人，完全和宇航员不沾边。但他就是喜欢。

在他看来，和他一样买了票的人都是"一群没有自知之明的蠢蛋"，他用了"herberts"这个词来形容他们，在伦敦的俚语中是"傻瓜"的意思。"我们就是要离经叛道，我们就是要唱唱反调。认了吧。"

前 100 名注册人被称为"创始人"，必须一次性付清 20 万美元预付款，而其他人只需要交百分之十。

2007 年年初，维珍在新闻发布会公布了一篇文章，题为《理查德爵士为太空旅行受训》，文章详细描述了布兰森是如何被绑在离心机上、体验其模拟的重力环境的。与他同行的是詹姆斯·洛夫洛克，这位科学家兼作家因其对气候的研究而受到了布兰森的敬仰。

布兰森打电话给他，并给了他一张票。"我的反应是，'哦，我相信他们永远不会把我送进太空，因为没几年我就九十岁了'。"他回忆说。但布兰森表示年龄不是问题："我的父亲和你一样年纪，他也会去的。"

洛夫洛克还记得模拟器中那个通知太空船即将从母舰释放的声音。接着就开始倒数了，"只感觉到船体一阵乱颤"。紧接着又有声音提示，火箭即将点火。"然后感觉到火箭点火带来的巨大动力和声响，重力这时就出现了。还算有趣。"

贝蒂则是在绰号"呕吐彗星"的飞机上受训的。飞机飞出一个抛物线，给乘客营造时长几分钟的失重感。客舱中的经历可谓令人惊异——这是飞翔的感觉。

直到另一个胖子乘客摔到他身上，压伤了他的一只脚趾前，他都觉得这简直太超乎寻常了。"我也算是在太空里挂了头彩了。"他说。

这个小事件提醒了人们，重力回归时，会有危险发生。进入太空之后要走的路远比布兰森进入太空所走的路更艰难，也更危险。人们是把命押在他手上了。

7
风险

人人都有自尊心。如果把自尊比作燃料，那绝对足够让火箭升空了。有时候在会议桌上，决定谁和谁挨着坐是一件非常困难的事情。这份座位表上的人，互相之间都是敌人，他们全都是太空商业化行业里响当当的名字，自然也就成了竞争对手。要安排好他们的座位可是个社交上的技术活。这些与会者必须相处得来。他们得搞清楚怎样才能开创一个新行业。

至少他们有地方可以见面。埃隆·马斯克慷慨地表示愿意在 SpaceX 位于埃尔塞贡多的工厂举行这次会议。虽然他的名气还远未到家喻户晓的地步，但他仍被这个小组所尊重。他的表态也让这次会议看起来颇为可信，受邀的人在回复时也更容易给出肯定的回答。统筹每个人的档期却简直是个噩梦。但最后，他们还是定了日期——2006 年 2 月 14 日。

这可是情人节啊。约翰·盖德马克想，这些太空巨擘脑子里怕是根本没有浪漫。这位 23 岁的实习生刚刚研究生毕业，在 SpaceX 狭小的会议室里艰难地推进着排座次的任务。

盖德马克在黄色的笔记本上勾勒出座位安排。埃隆坐在桌子的一头，作为主持人，他有资格坐那儿。他的左边则坐着彼得·迪亚曼迪斯，他是安萨里 X 大奖的组织者。

连锁酒店美国预算住房（Budget Suites of America）的创始人、亿万富翁罗伯特·毕格罗坐在维珍银河代表的对面，他想要在太空中建酒店。开发了电子游戏《雷神之锤》和《毁灭战士》的程序员约翰·卡马克则坐在中间。

曾在莫哈韦航空航天港任海军飞行员的斯图·威特坐在桌子最远的那端，旁边则是代表理查德·布兰森的维珍银河出席的艾利克斯·泰和乔治·维丁希尔。维珍银河正在设计"太空船1号"的继任者"太空船2号"。

业内有名有姓的人都到了。当然了，贝佐斯和蓝色起源的人不包含在内。

在2006年，蓝色起源仍然讳莫如深、遮掩极严，包括业界同行在内的许多人都搞不懂他们在做什么。

"完全不清楚他们的计划是什么，"盖德马克说，"就我们所知，他们更像是一家研发工作室。"

尽管如此，他们仍然联系了蓝色起源，邀请它派人参加会议，但没能邀到。

尽管那架著名的航天飞机不会再起飞了，伯特·鲁坦仍然认为"太空船1号"的飞行只是一个开始。

在完成了历史性的飞行之后，这架飞机已经退役，并被移到国家航空航天博物馆供展出，位置就在林德伯格的"圣路易斯精神号"和叶格的X-1试验机之间。

尽管它将被留存下来以供后世敬仰，但X大奖相关人员乃至整个行业都不希望对这架飞机的纪念成为他们未竟事业终结的标志。他们想要开创一个能让普通人进入太空的新行业。

商业化太空正经历着自己的"林德伯格时刻"，彼得·迪亚曼迪斯和X大奖等各方都希望这巨大的一跃能引发人类太空旅行的革命。林德伯格一手促成了航空界的革命，为此，截至1955年，乘坐商业客机的乘客比坐火车的人还要多。林德伯格的飞行有一个最直接的效果：商业航班机票销售量猛增，同样增加的还有获许可的飞行器。

如果整个行业想要迎来真正的改变，那么催生了"太空船1号"的革命就要开始走下一步了。但有些人担心，公众会像阿波罗登月之后那样很快变得意兴阑珊。在化不可能为可能、将人类送上太空之后，NASA的人类航天计划一直在努力复制这种成功。

在夺取了十四位宇航员生命的"挑战者号"和"哥伦比亚号"航天飞机灾难发生后，许多人担心过于官僚化不利于将人类送往太空。他们认为"阿波罗"之后 NASA 的一蹶不振将是常态，认为"阿波罗"不过是个异数，是场侥幸，并且是不可复制的。他们还认为尤金·塞尔南在 1972 年自信满满地承诺"我们将会回来"，自己却成了最后一个登月的人，恰恰昭示了预言如何变成谬误。

但这个国家孕育了尼尔·阿姆斯特朗、查克·叶格、莱特兄弟、刘易斯[1]和克拉克[2]。继往开来的精神长期以来一直是美国基因的一部分，自《五月花号公约》[3]影响到了昭昭天命[4]（Manifest Destiny）和登月计划。马斯克将冒险探索看作美国的内在精神。

"美国是人类探索精神的精华，"他说，"几乎每个人都是从别的地方来到这里的。责难一群志在探索的人是毫无道理的。"

约翰·肯尼迪曾在 1961 年承诺，十年内必定把人类送上月球。如果 NASA、国会或任一总统无法像他一样，那这件事就交给企业家们来做吧。

他们并不指望肯尼迪能从坟墓里爬出来，为他们提供中意的太空计划。也许他们自己，就是他们一直在等待的人。

他们在 SpaceX 的总部正式联合起来，并自称"个人航天联盟"（Personal Spaceflight Federation）。他们希望这一举措能够引起注意并广为传播，并认为该行业需要组建起行业协会，这样才能保住势头，并告诉国家政府和联邦航空管理局，他们是来真的。

---

1 卡尔·刘易斯，生于 1961 年 7 月 1 日，美国田径运动员。在 4 届奥运会中获得过 9 枚金牌，2000 年被国际田联评选为 20 世纪最伟大的田径运动员。其主要竞赛项目为短跑和跳远。
2 克拉克·肯特（Clark Kent），即超人，美国 DC 漫画旗下的超级英雄。
3 英国清教徒移民为建立北美普利茅斯殖民地订立的自治公约。1620 年首批移民乘"五月花号"船抵达北美科德角时订立，立誓结成人民政治团体。
4 19 世纪美国民主党所持的一种信念，他们认为美国被赋予了向西扩张至横跨北美洲大陆的天命。昭昭天命的拥护者认为，美国在领土和影响力上的扩张不仅明显（Manifest），且属不可违逆之天数。

像马斯克一样，其中一些成员也是硅谷型的人，所以名字中"个人"（personal）实际上来自"个人电脑"（personal computer）。他们想表明，就像计算机从工业大型主机发展到小型台式机一样，太空也能为个人所享用。

除了这个堂·吉诃德式的目标之外，还有一个最为直接的诉求。"太空船1号"激动人心又令人心惊胆战的飞行不仅吸引了整个世界，还有国会和联邦航空管理局的关注。正如业内一些人担心的那样，联邦政府现在正在权衡如何最好地管理这个新兴行业。

对成员中那些有自由主义倾向的人来说，"联邦监督"和"联邦监管"这样的字眼是为他们的核心理念所深恶痛绝的。在最坏的情况下，这种政府的参与可能导致其公司的消亡。借由群策群力、共同发声，他们可以帮助制定法规，确保华盛顿在这个刚刚起步的行业离巢腾飞之前不会扼杀了它。

在为情人节那天的会议做准备时，盖德马克意识到，个人航天联盟的"联盟"之名只是虚有其表。诚然这个组织发了新闻稿，宣布要成立，但它没有任何资金，也没有作为非营利组织的合法身份。盖德马克认为这两者都是必需的。

他负责将其设立为非营利组织，并把公司章程送去加利福尼亚州州长办公室，赶在情人节的会议前一周通过认证。他为他的老板编写了一份备忘录，概述了该行业可能面临的监管障碍。

备忘录一开始就写道："个人航天联盟是一个非营利组织，成立于加利福尼亚州，致力于解决个人航天业面临的监管、法律、政治和其他广泛的战略挑战。"

盖德马克的备忘录警告说："目前的首要风险就是监管是否会过于繁重。另一项也同样非常关键，即法规不明晰、不规整、不协调。一个行业如果毫无定数、充满混乱，急需的资金也会迅速枯竭。"

他认为，尝试打破市场僵局将会遭遇重重困难，并写道："树大根深的航空航天业不仅日益被垄断，还得到了联邦政府的大量补贴。"

他还草拟了发展"知情同意"标准的计划，并试图将这个行业当成蹦极或者跳伞这样的极限运动来对待——如果你足够疯狂，敢于跳出飞机，那就做我们的客人吧，但你要知道，死亡也是可能的结果。要记得拉开降落伞的开伞索啊。

最后，该行业也不得不为最坏的情况做好准备，盖德马克警告道。

"不幸的是，推进个人航天业时必须时刻铭记，致命事故是不可避免的。"他写道。

死亡更像是一个"会"发生而非"可能"发生的结果，也是他们应当面对并为之计划的残酷现实。但这不该成为阻挡他们的理由。因为要进步，伤亡不可避免——无论是在太空中，还是在如跨越大西洋、探索极地圈或开拓西部等各种形式的探索活动，都是如此。

当欧内斯特·沙克尔顿于1914年起航，横渡南极洲时，据说他登了一则报纸广告，内容如下："招募船员，需热衷冒险旅行，能忍受低薪、严寒、长达数月的完全黑暗、持续不断的危险状况以及安全归来的不确定性。若航行成功，将赢得荣誉和认可。"（有些人怀疑这个广告并没有真的登过报。但这仍是段令人惊心动魄、充满危险的旅程。）

塔克曼峡谷（Tuckerman Ravine）这座冰河环形山位于州训为"不自由，毋宁死"的新罕布什尔州的华盛顿山顶峰之下。那里的雪崩中心会给那些蜂拥而至的滑雪者贴出一份警告，上面写道："溪谷游客在意外发生时绝不应该期待可获救援。不要指望他人会来救援，你的同行者是唯一能够响应求救的队伍。"

一份旅行指南指出，塔克曼不仅是一条溪谷，更代表着一场文化冲突——它宣扬的风气是"为现代社会的各类价值观所厌弃的。要历尽千辛万苦才能到达那个没有规则可言的地方，任何错误都会带来可怕的后果；除了雪地上转瞬即逝的印记外，你的努力没有留下任何痕迹"。

死亡是探索太空边界可能带来的结果，这一行为也因而看起来像极其危险的活动。但它是一种解放，某种程度上来看甚至是乐观的。若死后能望到的不是坟墓而是地平线，怎么看这个牺牲都是值得的。初探未知领域，除了必需的充分准备外，总伴有盲目的希望。比如，麦哲伦穿越智利南端那个日后以他的名字命名的海峡并首次进入太平洋时，并未意识到这个地方的广袤，也不知道自己何时才能着陆。

迈克·梅尔维尔在"太空船 1 号"惊心动魄的驾驶飞行中两次死里逃生——第一回是导航系统失灵，相当于盲飞；第二回则是机翼不受控制地旋转。但他仍然坚持到底，并在此过程中赢得了沙克尔顿近一个世纪前所承诺的荣光——"荣誉和认可"。

在现代社会中，很少有地方允许这种自由——虽常被警告，但从未禁止。没有人告诉林肯·比奇这位航空业早期的特技飞行员，在寇蒂斯 D 飞机上加一个 10 加仑的油箱并不能打破 10466 英尺的高度纪录，飞机只会耗尽燃料，然后滑回地面。没有人告诉他，他不能飞越尼亚加拉大瀑布边缘。当时他离瀑布极近，几乎和瀑布融为一体，飞机飞得极低，看起来似乎已经迷失在底下浓雾弥漫的涡流中。而后，却有 15 万人共同庆祝了他死里逃生的盛举。当然也没有人告诉他，他不能去做那次最终让他丧命的空中杂技——1915 年他在旧金山海湾上空表演垂直 S 形时发生了空难。

当时的许多飞行员在探索边界。他们被认为冒失莽撞，却也被渴望开拓太空的人视为伟大历程的殉道者，做出了完全值得的牺牲。按定义来看，探索——发现陌生事物的行动——要求对风险具有高度的包容，正如约瑟夫·康拉德在《吉姆爷》中所写的那样，要愿意"沉浸在破坏性因素中"。

战场之外，再没有什么比被绑在火箭顶端所承受的破坏性因素多的了。这是一种使用高度易燃推进剂的遥控爆炸行为。NASA 从美国海军和海军陆战队中选择了如此多的宇航员是有道理的，经过战争洗礼仍斗志满满的战士们拥有一切应有的特质。

宇航员和试飞员总是公开谈论死亡，出于同样的原因，海军陆战队队员们也常公开谈论杀戮——这样才能对其脱敏，使之变成现实，并最终接受它作为生活中不可避免的一个事实。他们的遗嘱很久以前就已经写好，并签上了名字。他们何时会丧命——无论是寿终正寝，还是被狙击手的子弹击毙或死于坠机——其实是一场充满风险的俄罗斯轮盘[1]游戏，事关运气。

加斯·格里森[2]在"阿波罗1号"的一次例行测试中因舱内大火而牺牲之前，已经做好准备迎接这个极有可能发生的结果。

"如果我们死了，我们希望人们能接受它。"他说，"我们从事的是高风险行业，若有任何事发生，我们都不希望它会拖累整个项目。征服太空值得我们做出牺牲。"

但也只能如此了。声势浩大的"水星"和"阿波罗"时代已经过去，就像贫困潦倒、孤苦无依的牛仔骑马走向夕阳。太空事业也为父辈们的悲哀肃穆所取代，因为他们参加了太多子孙后代的葬礼。而年青一辈也开始知道后果，温顺和害怕变得理所当然。

在执行"阿波罗11号"登月任务期间，地面指挥中心的员工平均年龄是26岁。飞行指挥官基恩·克兰兹留着平头，是个意志坚定的人。35岁的他已经是个管理人员了。"我是房间里的老人了。"他说。

他们年轻无敌，脑子里都是浪漫幻想，并不知道肯尼迪总统给他们的任务是不可能完成的。

从那时起，NASA一直在开拓先河，将探测器送上火星，把机器人派去探索太阳系的边陲，此类壮举简直不胜枚举。哈勃太空望远镜揭开了宇宙的神秘面纱。"旅行者1号"发射40年后，已进入了星际空间，距太阳有130亿英里。"旅行者2号"也于1977年发射，是派往木星、土星、天王星和海王星四颗外行星的唯一飞行器。两台飞行器每天都与NASA交流沟通。"卡西尼号"成为有史以来第一次绕土星飞行的飞船，同时还对神秘的土星环和它的卫星有了新发现。

但是载人火箭方面却没什么让人印象深刻的。

几十年后，随着航天飞机时代进入顶峰时期，NASA内部的平均年龄也到了

1　一种自杀式游戏，在左轮手枪弹膛内放入一颗或多颗子弹，旋转后关上。参与者轮流把手枪对着自己的头，扣下扳机，直至有人中枪或不敢扣扳机为止。

2　全名为维吉尔·伊万·"加斯"·格里森，前美国空军中校及美国国家航空航天局宇航员，执行过"水星—红石4号""双子星座3号"以及"阿波罗1号"任务。

50，对风险的厌恶也随着年岁渐增。"挑战者号"灾难造成7人遇难，紧接着"哥伦比亚号"事故又夺去另外7条生命。调查堆积成山，指责日益激烈，年轻无敌的气势也消失殆尽了。

现在，商业航天正重拾NASA未竟的事业，也在担心如果在一次"异常"中"成员失联"（正式语境中那种自欺欺人的话术，用来代替"人""死亡"和"爆炸"），那么可能真的会惹上麻烦——国会和航管局的调查，各类传票、报告和听证会。所有这些都可能会使"联盟"这股新生的力量崩溃。

你有自由以各种愚蠢的方式杀死自己——这其实非常美国，也是吸引了马斯克这个南非移民的原因之一。他还心醉于美国的自由市场、敢做精神及创业之心。在硅谷淘金热之后，他从比勒陀利亚、多伦多和费城一路走过，搬到了加州，最后去了西部。

马斯克总有种流浪的癖好。他还是个小男孩时，就问过他父亲："整个世界在哪里？"他来自一个冒险家家庭。他的外祖父母约书亚·哈德曼和威恩·哈德曼已经从加拿大移民到比勒陀利亚，以逃避他们认为是压迫性的政治氛围，但其实也是在寻求"可供探索之地"，马斯克说。

哈德曼并非专门从事杂技飞行，而是一个非常有成就的业余飞行员，他飞遍了北美、非洲和亚洲，并于1952年完成了长达22000英里的环球旅程。他也被认为是第一个使用单引擎飞机从南非飞往澳大利亚的人，正如马斯克指出的那样："他是在没有电子设备的飞机上完成这件事的。供能情况也不同，有些地方是柴油，有些地方是汽油，所以他不得不根据燃料自行重建引擎。"

哈德曼是他外孙的榜样。他出生在明尼苏达州，还是个"业余考古学家"，马斯克说，他对卡拉哈里沙漠中的"失落之城"非常着迷。他带着孩子们在那里进行了十几次探险，其中就包括马斯克的母亲梅。

他们正在寻找19世纪由末吉列尔莫·法里尼发现的神秘的城市。1957年开始，哈德曼重新走上探险家的道路，进入了无人问津的地区，使用的地图信息量很少，有时还得自己写。年复一年，哈德曼一头扎进这个贫瘠荒芜的国度，有时候他还得进行距地仅有几百英尺的低空飞行，这样他的向导才可以通过研究地面上的地标进行导航。

"探访无人知晓、无人命名、无人踏足的地界让人莫名地着迷。"他写道。

一家人带了帐篷，但很少使用。他们的向导会先睡在火堆边上，这样当"他的脚变冷了，他就知道是时候添一把柴火了"，哈德曼写道。然而，他们首次出游的四人组中，最小的孩子李睡觉的时候头上还有东西遮掩——"他睡在汽车的前排座位上，因为他对那些饥饿的夜间捕食者来说太诱人了。"

他们见过各式各样的捕食者，有豹子，也有一对狮子。狮子是哈德曼无意中碰到的，他慢慢地退后并对他的妻子说："看，威恩，一只狮子。"他们大声呼叫，把狮子吓跑了，并用火把"把狮子赶到了山上，狮子在那儿盯着他们直到日出"。

外祖父去世时，马斯克已经三岁了。"所以我唯一的印象就是我外祖母用幻灯片向我展示了各式各样的冒险，"他回忆道，"小时候，我发现幻灯片有点乏味，也有可能是它不知怎的卡住了。现在我很想再看那些幻灯片。但当我还是个小孩的时候，我的态度是：'我想和我的朋友一起玩。你为什么要给我看这些沙漠的幻灯片？'"

在创建 SpaceX 时，马斯克相信，除了试图让人类成为一个跨行星生存的物种外（最终目标是把人类送上火星），他还将太空旅行看作有史以来最伟大的冒险，甚至超过了对迷失之城堂·吉诃德式的探寻。

正如他所说，尽管去火星殖民是出于"自我防御"——这样就算地球发生任何事情时人类还有地方可去——但这并不是激励他去火星的原因。

"最让我兴奋的是，我认为这是我可以想象的最伟大的冒险。这是最令人兴奋的事情，我想不出有什么比未来的火星更令人兴奋、更有趣、更鼓舞人心的事情了。"他曾经这样说，"这将非常困难，可能会有很多人牺牲，而且一路上还会发生可怕的事情。但美国建国的历程也是这样的。"

就像他的外祖父可以自由地驾着飞机去往任何他想去的地方（比如卡拉哈里

沙漠、澳大利亚和南非），马斯克也喜欢飞行带来的快感和风险。有一段时间，他甚至买下了一架苏联的L-39战斗机。"我会驾着它做杂技，驾着它靠近植被顶端，飞上一座山的山顶，再倒飞回另一边。"他说，"但之后我就想，好家伙，这可是苏联技术人员制造的，他们拧紧了螺栓最好，也有可能没拧紧啊。我没想太多，当时的心情就是：'这太疯狂了。我可是有孩子的人。我必须停下来。'"

他觉得人类对空间的探索应该像穿越其他边界（例如从海底到山巅）一样毫无障碍。

在 SpaceX 尚处早期的时候，马斯克曾问一位太空行业的高管："你知道有多少人死在珠穆朗玛峰吗？"

几百个人。许多人的遗体就躺在那儿，成了冰冷的提示，告诉人们登顶探险危机重重。

政策制定者们已经开始行动，一些国会议员对这个希望能够在没有疏忽的情况下让人们进入太空的新行业嗤之以鼻。

在情人节会议的前一年，名为"商业太空交通：X 大奖之上"的国会听证会给"联盟"的成员们带来了打击。国会长期成员詹姆斯·奥伯斯塔表示，他"像一只鹰般看着整个过程"。

他表示"自己已经转而支持这个行业了"，之前他还把太空商业化视为"完全令人分心的东西"。他同时还呼吁制定更强有力的法规。这些法规不仅要保护地面人员，还要保护选择参与飞行的乘客。他说联邦航管局总是有"墓碑意识"——等到有人死了，才进行监管……

"这并不安全，"他继续说道，"反而非常被动，这就我介意的原因。"

根据其规定，航管局保护的是地面"未参与的公众和财产"。但它没有为飞行器上的实际乘客提供保护。奥伯斯塔认为这很荒唐，需要做出改变。

"我们应该担心飞机上的人。"他说。

但其他人在听证会上称赞了 X 大奖的成就及其引发的热情。众议员约翰·米卡表示，"太空船1号"的飞行"已经开创了一个全新的太空时代"。这次飞行预示着一个令人振奋的未来，并"改变了我们对未来航空系统的看法"，他说。"我们现在看到了各种可能性，包括太空旅游、美国太空港、全球交通运输的快速发展。"

航管局局长马里恩·布莱基的证词可能是最重要的。如果她呼吁国会打击企业，那么个人航天联盟的公司可能会遇到麻烦。

但正相反，她站出来大力支持了这个行业，将商业航天的重要性等同于一百年前的商业航空，而那时莱特兄弟在"小鹰号"上首次进行了飞行。她赞扬企业家如马斯克、布兰森和艾伦等人的努力，称他们将所有家当都压在这个行业上，还将他们称作"太空企业家"。

"我们对太空的认识，很大程度上局限在火箭发射的倒计时和朱尔斯·伯格曼。"她说，指的是在20世纪60年代报道太空计划的ABC新闻广播员，"对太空的印象是有星光闪烁的黑白照片和宇航员跳来跳去的图片。但以后不再是这样了。美国对太空的热爱不再是间接的。现在有一群大胆的人，这些'太空企业家'，他们的目标是将太空飞行推广到每个人。"

来自美国航空航天监管机构负责人的支持可谓强劲有力，为此企业家们有理由积极一些。他们至少可以暂时松一口气。

但是，对于这个新兴产业的热情以及它预示的未来，如何管理仍是一个棘手的问题。

布莱基在她的证词中承认，跟上这个快速发展的行业"将是一个真正的挑战"。

有两位来自个人航天联盟的代表参加了听证会，已经做好了准备要反对他们眼中的烦琐规定。联盟成员之一迈克尔·凯利也曾担任航管局咨询委员会成员，他说他们踏足了前人未达的领域。没有人曾试图以商业形式飞入太空，因此也就没有人试图去规范它。他说，如果政府过于强硬，就"等于禁止将个人航天作为一项活动进行"。

但行业需要提出自己的标准。这个标准会随着经验的逐渐积累而得到发展。凯利表示："能够快速积累经验并且学以致用，然后及时反哺行业的人，只能是那些本身就在行业中的人。"

维珍银河总裁威尔·怀特霍恩也参加了听证会，他指出，让客户丧生通常不是一种好的商业行为。

"现在已经有 1800 人与我们接触，表达了想要参加飞行的意愿。而且这些人的名字列在一起简直就是一本好莱坞、国会和国际明星的教科书。我们可不想让他们死于一趟飞行，"他告诉委员会，"以最安全的方式进行操作是我们的意愿。"

听证会的进展情况和他们所希望的一样。但他们必须保持警惕。

情人节的会议休会时，马斯克给了小组成员参观他的设施的机会。对这组工程师和企业家来说，这就像是在邀请六岁的孩子去参观一家巧克力工厂。

马斯克引导他们穿过工厂时，小组成员"问出了各种详细的技术问题，而他一一做了回答"。盖德马克说："他从未说过'我不愿意回答这个问题，因为这是专利'……着实令人印象深刻。"

参观到某一处时，游戏程序员约翰·卡尔马克自己走开了，对一张桌子上摆放的接线图感到好奇。经过细致的研究后，他抬头看着马斯克说："我有一个问题。你在这里用了什么电线？"

一直注重任何细节和快速点火工程问题的马斯克第一次被问住了。

SpaceX 已经在研究下一枚火箭——"猎鹰 9 号"。（多年前马斯克就在航管局的招待会上承诺，公司会放弃建造五引擎的"猎鹰 5 号"。）

但这个工厂里还缺少一些东西。SpaceX 第一枚火箭的试飞在千里之外的太平洋马绍尔群岛发射场进行。首次发射已经一而再、再而三地推迟了。但现在公司马上就要尝试首次点燃引擎。

不过，SpaceX 无法确定它会飞还是会爆炸。

8
四叶草

2003 年 7 月 29 日，美国国防部高级研究计划局（DARPA）发布公告，称正在寻找具备"变革能力"的第三方。这并不奇怪，五角大楼这个神秘的部门经常这样做。但即使按照 DARPA 的标准，这次对太空武器的寻求也很引人注目。

五角大楼希望开发出"能够将大量有效载荷于两小时内从美国大陆（CONUS）送往地球任意地方的方法"。

然而，送的却不是好东西。所谓的"大量有效载荷"就是军火——导弹、炸弹和能够以超声速飞行的神秘飞行器，运行速度是 5 马赫，大约每小时能走 3800 英里。如果从东海岸发射，将能够在一个半小时内空袭巴格达。

和许多五角大楼的项目一样，这个项目也被赋予了一个看起来非常笨重的缩写名——FALCON，全称是"从美国大陆使用及投射军事力量"（Force Application and Launch from CONUS）。它的诞生有其必然性，至少已出现在五角大楼愿望清单的前列。

尽管美国军队在 2001 年 9 月 11 日的恐怖袭击事件之后马上对阿富汗进行了打击，并在 2003 年用一场毁灭性的"令人震撼的战役"点亮了巴格达。这一系列的攻击行动对当地的军事储备有要求，而这会在战争中耗去宝贵的时间。

"虽然在目标识别和精确打击方面的进步已经得到充分证明，但是在与一些高紧急度、高价值或深埋加固目标（HDBT）交战及打击时，缺点就暴露出来了。"FALCON 项目的招标书上写道。

换句话说，五角大楼如果得知了像乌萨马·本·拉登这样的人正深藏在某个隐蔽壕沟之中的消息，就需要迅速做出行动。

现在五角大楼正在寻找一种方法，可以在数千英里之外的地方击中目标，而无须依赖前方作战基地或航空母舰。能做到这一点的方法就是去太空。

"五角大楼的领导层非常清楚，我们没有快速接触某人的方式。萨达姆·侯赛因或某个组织就需要我们进行快速处理，"当时 FALCON 项目的主管史蒂文·沃克说道，"如果在需要采取行动之处附近没有设基地，那么美方是没办法快速反应的。"

开发一个可以在几小时内迅速启动并能打击世界任何地方的系统几乎可以说是不可能的挑战，却也是 DARPA 一直以来试图攻克的。就像他们总喜欢在办公室说的那样："DARPA 很难哪！" DARPA 创立于 1958 年，而后贝佐斯的外祖父劳伦斯·吉斯被其聘用，这之前已经走过了很长的路。虽然吉斯担心该机构会因为政治压力的威胁而"化成一股青烟"，但 DARPA 反而巩固了自身，并成为国防机构不可或缺而又神秘莫测的一部分。虽然预算相对较少，DARPA 仍推进了各项军事技术的发展，目标是领先敌人一到两步，以防苏联斯普特尼克卫星这样令人震惊的事件再次发生。

DARPA 的任务是为美国未来战争所需的技术做展望。他们的座右铭是"把标枪投入无限的未来之中"，源自匈牙利作曲家弗朗茨·李斯特。为了能够自由创新，DARPA 从五角大楼的其他大型官僚机构中将自己分隔开来，不过是想带来革命性的进步，并创造出能够将科幻小说领域拉入现实的"工程学炼金术"。DARPA 有权雇用任何所需之人，它要找的是"已是行业泰斗，却仍渴望打破学科限制的非凡人士"。

在吉斯那个时代，DARPA 还被称为 ARPA，专注于防止核战争并赢得太空竞赛。它甚至帮助开发了 NASA 的"土星 5 号"火箭，正是它将"阿波罗号"的宇航员带上了月球。此后，其范围和影响力不断扩大。在 20 世纪 60 年代后期，它开始研究阿帕网，即高级研究计划局网络。这个联通不同地理位置的计算机的网络是现代互联网的鼻祖。

多年来，DARPA 帮助促成了各类技术的进步，令其不仅改变了战争，还在某些情况下改变了日常生活。它还催生了全球定位系统（GPS）、隐形技术、云计算、早期人工智能和无人驾驶飞行器。早在 20 世纪 70 年代末，DARPA 就开始研究一种"代理旅行系统"，类似于科罗拉多州阿斯彭的谷歌街景地图。最近，它的工作主要集中在设计水下无人机、便于士兵爬墙的仿壁虎手套、类人机器人、可改变弹道的子弹，以及用来帮助治疗败血症的能够清洁血液的"人造脾脏"。

如果 FALCON 项目得以成行，也会进入 DARPA"突破性技术"的万神殿。这个项目分为两部分。其一是开发最终能够在军事跑道上起飞降落的高超声速飞行器，然后在几小时内对世界上任何地方进行打击。

但在近期内，高超声速飞行器还得从火箭上发射。这就出现了 FALCON 项目招标文件所指出的一个问题："现有的增压系统成本高昂且供应有限。"

因此，该计划的第二部分是寻求一种新型火箭，要求其价格低廉，并且可以快速发射——"进入警戒状态 24 小时后获得发射授权"。它必须能够携带超声速武器，还要装有可用于间谍活动的小型卫星。造价也要低——一次发射的成本要低于 500 万美元。

DARPA 和其在美国空军的合作伙伴收到了一份十分有趣的提案，提案中火箭的名字 Falcon 效仿了 FALCON 项目，然而它早已处于开发状态了。项目经理沃克从来没有听说过 SpaceX 这家公司，也没听过其创始人埃隆·马斯克的大名。但他一看到马斯克的开发廉价火箭发射的计划，就想更多地了解这位互联网巨头变身而成的太空企业家。

"我们很有兴趣将他加入这个项目之中，虽然这家公司的发展仍处于早期阶段，但他们走的路看起来是能通往廉价火箭发射的。"沃克回忆说，而他本人也将继续担任该机构的负责人，"我们的目标是把发射费用控制在 500 万美元。他报了 600 万，已经比任何人都低了。"

沃克访问 SpaceX 的总部时，对眼前所见非常喜欢：一个热情而专业的火箭研发团队，且"基本上已经开发出长期以来第一台美国制造的引擎"。他说："我对他们在技术上的作为、埃隆的商业模式和计划印象深刻。他竟有能力为这个团队引进了关键的人才，并让其在一开始就得到充足的资源以促成这一切发生，真是让我过目难忘。"

他也很惊讶这个团队竟在没有分包商的情况下独立制造了火箭。沃克说："埃隆非常关心火箭的质量，而且为了在自己家造出火箭来，他愿意付出任何代价。"

沃克被说服了。2004年，DARPA同意向SpaceX投入数百万美元，为其首次试射提供资金。公司多年都是依靠马斯克的个人财富，现在终于有外部资金支持了，即使数目不大。

现在它所要做的就是试射。

试射打算在范登堡空军基地进行。SpaceX已经在那里的一块发射台上花了700万美元，以使其经过改装后能与"猎鹰1号"火箭兼容。但是在2005年，传统承包商如洛克希德·马丁对SpaceX在范登堡的出现颇有微词。其实洛克希德正在着手准备发射其价值数百万美元的灵敏军事卫星，他们担心如果SpaceX的火箭爆炸，可能会损坏相关设施。

空军曾承诺会帮助SpaceX找到另一个合适的发射地点，但马斯克很清楚这一提议仅仅是嘴上说说。美国军方与洛克希德公司有着长期友好的关系，而且觉得国防承包商的"阿特拉斯5号"火箭就很够用了。SpaceX对他们来说是新来的，这个局外人带来的火箭未经验证，不过是在埃尔塞贡多一间小库房里鼓捣出来的玩意儿。

SpaceX并没有止步于此，立马转移到数千英里之外、太平洋中部马绍尔群岛上的一个前哨基地。DARPA虽然在转移过程中帮了忙，但是马斯克对大型承包商和空军大为光火，他觉得这些人就是想坑他。

"就好像你在建房子……另一人在你边上也建了一幢，还叫你滚。"他当时说，"我心想，这都什么玩意儿……我们做了那么大的投资、那么多的工作。我们一定要抗争到底，因为这从根本上就是不公平的。"

虽然"阿特拉斯5号"的发射是国家安全所需，"但这并不意味着他们可以对我们招之即来挥之即去”，他说。

距离并不是马绍尔群岛的唯一问题。马斯克担心他的新火箭会遭受严重破坏。"世界上再没有哪儿比这里更容易发生锈蚀情况了，"他说，"温度、湿度和盐雾，简直是'完美'的环境。"

但还是有好的一面的。罗纳德·里根弹道导弹试验场虽然是个政府机构，但SpaceX 和 DARPA 在这儿几乎是完全自由的，受到的干扰极小。这个水清沙白、棕榈环绕的小岛名叫瓜加林环礁（Kwajalein Atoll）或简称为瓜加（Kwaj），感觉像是一个岛屿度假胜地。

"这里非常有意思，我们把这儿跑了个遍。"沃克说。这是能让这家年轻的公司"学习和实践"精确发射艺术的地方。

团队就睡在军营式的棚屋里，基本上是两人一间。这里潜水环境极好。租渔船每小时 10 美元。日落时分，海滩上有许多户外烧烤。"他们说来瓜加要做的事情就是：工作、睡觉、锻炼、钓鱼、喝酒和上床。"在那里的空军官员说，"在那里工作了两年的一位朋友告诉我，他认识岛上所有六十岁以下的单身女性。"

马斯克的团队努力让这个工地准备就绪，好像他们正在执行任务一样。在瓜加，他们没什么别的事情可做，工作时间非常长，与他们共事的一个政府官员小组对此叹服之余，也担心这些人会不会在火箭发射之前身体就被搞垮了。

"在我看来，这是一个很大的问题——他们怎么能保持这个速度？"戴夫·威克斯说。他是 NASA 的官员，借调到 DARPA，以监督这次发射。

特别是刚开始时，马斯克团队和政府团队之间有一种亲切但不安的关系。马斯克注重整体管控和细节，对他们的见解或建议并不特别感兴趣。这是他的火箭，不是他们的，他对外人很怀疑。

威克斯对此可以理解。他曾在 2002 年或 2003 年年初与马斯克会面，当时他和后来成为 SpaceX 主席的格温·肖特维尔参观了 NASA 的马歇尔太空飞行中心。会面没进行多久，火警警报就响了，于是他们不得不撤离大楼。他们在室外等待着回去时，一名安保人员走了过来，并说他得知马斯克这位出生在南非的绿卡持有者没有经过中心要求的对外籍人士的背景调查。

航天中心坐落在美国陆军红石兵工厂，安保部队护送他们去了那里的军官俱乐部酒店。

"我认为这不是一个好的开始。"威克斯回忆说。马斯克很有礼貌，也很亲切，但"有点生气了"，他说。

从本质上讲，马斯克被马歇尔太空飞行中心踢了出来。然后，他又被范登堡空军基地踢了出来。到了瓜加这儿，政府居然正在和他们一起工作。马斯克保持着礼貌和冷静，同时也保持了距离。SpaceX 将尽自己最大可能做到这一点。

他并不期待"政府能多有帮助"，威克斯说。

2006 年 3 月 24 日，马斯克成立 SpaceX 仅 4 年后，这架 7 英尺高的"猎鹰 1 号"火箭站在瓜加以北几英里的奥莫莱克岛上，早已准备好发射了。这次飞行在过去几个月里一再推迟，令人沮丧的事越来越多，同样增加的还有对火箭能否腾空的怀疑。但是马斯克非常有决心。他为今日的所有奋斗良久，还投入了大量的资金。他曾经与政府和后台强硬的承包商斗争过，还搞过一场大秀来吸引 NASA 的注意，希望他们能够看到自己的公司是来真的。

没有什么比一次成功的发射更有说服力，更能让批评者们闭嘴。现在，又出了另一件事。2006 年年初，NASA 宣布启动一项计划，帮助像 SpaceX 这样的商业公司制造火箭和航天器，以期最终能够将货物和物资运送到国际空间站。

随着航天飞机将在未来几年内退役，在小布什任期内的 NASA 正盘算着来一场豪赌——赌私营部门能够为 250 英里高空中作为轨道太空实验室的国际空间站提供出租车般的配送服务。如果私营部门能够在所谓的低地球轨道上承接相对常规的活动，那么 NASA 就能够从事更艰难的活动，在深空进行探索。

NASA 当时的负责人迈克尔·格里芬认为，通过投资少数几家公司来帮助他们发展火箭和航天器，NASA 能够催生一个业态生机勃勃、满是商业火箭公司的行业。届时，NASA 就是一名顾客，购买向空间站发射物资的服务。

"从历史上看,商业企业如果能够成功,就会比政府更经济、更有活力。"他说。

格里芬只是想提供"种子基金",并担心"如果政府资金投入过多,就会变成政府企业。这是要避免的"。

他在他的预算中做出了一个 5 亿美元的提案,被称为商业轨道运输服务计划(COTS)。整个计划将由两到三家公司合作。他是怎么想出这个数字的呢?"说实话,我只是拍脑袋想出来的。"他说。这个数目对创业公司来说足够了。但是在太空业务中,几亿美元可能会很快被消耗掉,所以这些公司必须拿出自己的资金。

对 SpaceX 而言,在 COTS 项目中赢得一席之地不只会使其得到一直以来就想要的 NASA 的认可,这项投资还将提供一定程度的稳定性。SpaceX 必须成为一个长远投资对象。首先,它必须说服 NASA 官员,这项业务将在几年内有成效。NASA 可不想投资一家可能一夜蒸发的公司。

NASA 想知道"我们的潜在投资者会是谁,而埃隆又需要投资多少钱",肖特维尔回忆道。

另一个问题就是对这家从未发射过任何东西的公司的能力的质疑。发射都做不到,遑论殖民火星了。"这个非常年轻、勇敢的公司能够按照他们所说的去做吗?"她说。

在准备从瓜加发射"猎鹰 1 号"的同时,加利福尼亚的 SpaceX 工作人员正在研究下一枚火箭,即更强大的"猎鹰 9 号",它可以用于 COTS 计划。

几乎每个不在瓜加的人都被分配到"猎鹰 9 号"计划上了。所有能用的人都上了。肖特维尔回忆道,一收到提案要求,工作就立即开始了,公司"其他业务基本上全都关停了,所有人都在为这项特殊工作而努力"。"当时,这对公司和我们的未来至关重要。"

竞争给瓜加团队带来了更大的压力,团队在 2005 年因为各种技术问题一再推迟发射。但现在他们终于准备好了。

在第一次尝试中就成功发射火箭将意味着巨大的改变。火箭发展的历史就是火箭的花式爆炸史,有在发射台上炸的,有刚离开发射台就爆炸的,有偏离航向然后爆炸的,也有像泄了气的气球一样旋转然后撞地爆炸的。

肖特维尔随后表示："要做成一件事，你得把背后的一百万件事情都做对；只要有一件事出了错，接下来的日子就糟糕了。"

在发射之前，马斯克也承认了失败的可能性。他告诉记者，公司可以承受一次或两次发射失败。"如果我们连续三次失败……那就表明我并不清楚自己从事的是什么，也许我们应该停业。"

DARPA 项目负责人沃克坐在控制室里，心里还有另一个目标："我希望没有人会受伤。"

这一时刻已被人期待四年了，还有不到一分钟就会来临。10 秒倒计时看起来进行得很顺利。引擎点燃，火箭从奥莫莱克岛的发射台上升起。但在飞行 34 秒后，引擎停止运转了。团队成员正在用火箭上的摄像机实时关注着，他们发现，火箭下方的小岛突然不再变小了。控制中心有人说："这不太妙。"

火箭发射 59 秒后，就坠入了海水之中。

多年来，马斯克一直在吹嘘这枚火箭，并为此投入了太多。他知道成功的机会很渺茫，但仍然觉得很受伤。所有这些希望瞬间消失了，因为曾经那么坚挺笔直的火箭现在散落在礁石上，污染了原始的水域，就像垃圾一样。

"我还记得当天埃隆有多难过。"史蒂夫·戴维斯说，他是一个年轻的神童，刚从斯坦福大学研究生院毕业就受雇于马斯克了，"每个人都非常难过。"火箭几乎是由马斯克自己掏腰包建造的，有一天这笔钱用完了，"我们也就全部完了"，戴维斯说。

SpaceX 的第一批员工之一汉斯·库尼斯曼也遭到了极大的打击。"我的妻子告诉我'猎鹰 1 号'第一次试飞失败后，我一个月没和她说话。我甚至没意识到这一点，只是在家里完全一句话也不说。"他说，"更让人伤心的是，我们把残骸收集了起来，免得冲远了就不见了。"

SpaceX 试图让航天变得更经济实惠，且能向群众开放。希望相比于 NASA，能向太空带去更多的人类。即使此时此刻，这仍是他们的行动的原因。如果他们没能让"猎鹰 1 号"成功，那不仅仅是公司的失败——"我们已经对人类可能去的地方产生了不利影响。至少这是我的感受，"戴维斯说，"我们都觉得自己就是应该做这件事的人……毕竟还有谁呢？没有人。"

让他们觉得受伤的另一个原因是，马斯克和他的团队知道，评论家无疑已经准备好向他们大放马后炮，说"我们早就告诉过你了"，并发出啧啧声。马斯克可以忍受正当的、开诚布公的批评，让他受不了的是居高临下的傲慢姿态。

尽管如此，一切忧伤还是会来。此刻，马斯克试图保持冷静和专业，整个团队也都在这么做，他们正在对这一情况做评估。DARPA 和空军小组对此留下了深刻印象，SpaceX 的人大多都非常年轻而且涉世未深，但他们看到火箭坠入了水面并爆炸时却一直保持冷静，不管内部的损伤多严重。

之后，马斯克试图保持积极的态度，并在一份声明中说："我们成功升空，而且'猎鹰'很好地离开了发射台，但不幸的是，第一阶段点火后火箭损坏了。"

他们等待退潮以开始收集火箭的碎片。随着 SpaceX 团队将残骸从水中取出，NASA 借调到 DARPA 的官员威克斯试图给他们发号施令。他说这些碎片需要进行编目和标记，作为调查事故原因的证据。这需要一个有序的过程，而不是一次免费的庭院出售旧货式清理。

但是，看着整个岛礁上散落的火箭碎片暗自伤心的马斯克非常恼火，并且把威克斯拖到了一边。"他想知道我为什么要指导他的人。"威克斯说。这是他的火箭、他的爆炸、他的烂摊子。

但并不完全是。威克斯提醒他，虽然这是他的火箭，但它刚刚在政府投资的任务中、在政府的设施上爆炸了。政府将会进行调查，并且将决定能否以及何时再次启动发射。

"埃隆控制欲很强，"威克斯说，"但你也不能为此责怪他。这是他的钱，他已经投入了 1 亿美元。"

DARPA 成立的事故调查委员会成员也包括沃克和威克斯，以及其他一些与 SpaceX 一起工作的人员。他们在 2006 年 7 月，也就是不到四个月的时间内完成了这项工作。委员会得出结论，燃油泵的单个螺母故障导致燃油泄漏。是岛屿的腐蚀性气候和曾使马斯克十分担忧的充满盐分的空气，让螺母腐蚀然后出事的。

发现原因后，DARPA 批准 SpaceX 重新试飞。尽管此前失败了，DARPA 也已经准备好与 SpaceX 站在一起，并为其下一次尝试提供资金。

SpaceX 的受教历程才刚刚开始。它已经吸取了关于航天危险的强有力的教训：可能还没有一块卵石大的单个硬件出了问题，都会让火箭爆炸。

2004 年 8 月，马斯克在餐厅聚集了公司全部 80 名员工。他试图让自己看起来很阴沉，但他无法长时间保持扑克脸。他太兴奋了。

"我们赢了！"他说。

SpaceX 在 COTS 项目中赢得了一席之地，获得可能高达 2.78 亿美元的资金。

工作人员们狂欢起来。"有人开心得一跳一跳的，"肖特维尔回忆道，"对我们来说，这显然是一笔巨额交易。埃隆不再只将自己的私人资金投入其中。虽然我觉得说'平反'可能不太合适，但我认为他应该是感到很宽慰的，他此前所做的都是值得的，现在 NASA 认可了。"

这是"猎鹰 1 号"发射失败后一剂有力的强心针，给了他们继续下去的希望和动力。另一个获胜者是火箭飞机奇石乐，这是奇石乐公司的一个分支，2004 年曾被马斯克因为独家合同起诉过，现在已经走出破产了。

马斯克热情洋溢，将之视为朝着实现其显著降低航天成本目标迈出的重要一步。"我认为这可能是 NASA 花过的最值的钱。"他说。

其他公司不太确定自己是否能够降低太空成本——这是这些公司几十年来一直试图做的事情。

"我都听腻了，整天说不会实现的。"约翰·派克，一家名为 globalsecurity.org 的智库的太空分析师抱怨说，"自从肯尼迪当选以来，有效载荷的发射就没有任何进展……倒是烧得一手好钱。"

SpaceX 和奇石乐对 NASA 来说可能是冒险的选择。两家公司都没有发射过火箭，奇石乐的财务状况似乎还很不稳定。目前还不清楚它们中的任何一个是否能把什么普通的东西安全送上地球轨道，更不用说一艘追逐国际空间站且以17500英里每小时的速度绕地球轨道飞行的太空船了。NASA内部的怀疑论者认为这太疯狂了，完全是在浪费时间和金钱。

对马斯克来说，支持者"就像NASA内部奇怪的反叛分子"，他说。"他们得到了一个项目，NASA的其他人都希望项目失败，而他们却笃定能成。这是因为他们真的相信事情需要改变。他们的初衷非常美好。他们关心航天飞行的进展，并且真的竭尽全力帮助我们取得成功。"

但即使如此，他们也承认，这就跟在未知领域里开路一样。

"这对大家来说都是新鲜事，"NASA项目执行官马克·蒂姆说，"第一次会议上，我们都不知道如何入手。法律及安全部门人员、空间站和NASA总部的代表都出席了会议。他们在一块干净的白板前坐了下来，然后说：'我们怎么才能做成呢？'"

尽管令人望而生畏，但是在一个官僚主义盛行的庸俗机构中参与一件全新的事务仍然让人兴奋。这个机构此前已经非常习惯于把不安全当成说"不"的借口了。

传统承包商的成本加成合同，会在超预算或超期的情况下仍然进行支付，但太空行动协议（Space Act Agreements）却不一样。这些公司只有在取得阶段性成果时才会获得报酬。NASA的资金并不充足，无法使它们独立运作。所以这些公司必须寻找其他的外部投资或客户。

如果他们不这样做，自由市场力量会显现，他们就会失败。

"商业公司之前没有这样做过，"时任NASA探索系统任务理事会副主管斯科特·霍洛维兹说，"他们能否真正具备开发能力，这一点上的风险很高，尤其是我们的航天飞机会在2010年退役。财务方面的风险与技术方面相当，甚至还有更高的风险。说实话，商业案子并不稳健。"

多年来，以SpaceX为首的商业公司表示，他们可以比NASA更安全、更有效地制造火箭。现在是私营企业接管的时候了。这将是他们证明这一点的机会。

"多年来，很多人在各类会议中奔走，并大声疾呼：'别挡道！给我们一个机会！我们可以以十分之一的价格做到安全可靠，还要比NASA更快更好！'"NASA

前负责人格里芬说。

"他们这么喊了许多年了。这次就是他们'给我看'的机会。"

没有人比马斯克喊得更响亮。而且，有机会证明自己让他欣喜若狂，尤其是"给我看"的支付款项条件非常严格。他便觉得，越大胆就越好。他知道，这项协议支持了他这样精力充沛的创业公司。并且，不灵活、畏惧风险的传统承包商第一次处于战略劣势之中。他们可以安全地玩，他没什么好失去的了。

"资金是基于成果的，所以如果我们没有实现阶段性成功，就没有钱可花。"他当时说，"这和过去政府采取的成本加成做法不同，当时他们做得越差，得钱就越多。在这种情况下，如果我们无法达成承诺，就拿不到报酬。对纳税人来说这是没什么损失的提议。"

"我认为有些人恐惧的不是我们会失败，而是我们会成功。"他补充说。

对 SpaceX 而言，2.78 亿美元是一笔意外之财。SpaceX 的高级副总裁兼总法律顾问蒂姆·休斯回忆说，这笔交易就像是一张"产品质量许可证"，使得公司在市场上获得了信誉。如果 NASA 信任他们，那么商业卫星制造商也可以。

但对"大型航空航天领域的很多人来说，这笔不菲的钱，被认为是用来安抚商业太空人士，让他们停止向国会抱怨的"，几年后马斯克说。"就让他们自取灭亡吧……让我们给这些讨厌的商业太空人士足够的钱，这样他们失败了我们就可以说'真蠢'，然后就不用再给钱了。"

SpaceX 仍然不被视为威胁。洛克希德和波音这样的，拥有大型长期合同在手、可以存续多年，且在国会有人撑腰的大公司，并没有将它放在眼里。虽然该计划对 NASA 来说是一个大胆的举措，SpaceX 和其他创业公司也一起参与其中，但实际上他们被整个行业孤立了。洛克希德·马丁、波音、诺斯罗普·格鲁曼都没参与，它们并不认为这个新时代会到来。

他们专注于另一个 NASA 的计划。该计划是布什政府官方"太空探索愿景"（Vision for Space Exploration）的核心，被称为"星座"计划。白宫计划在 2020 年之前让人类重返月球并最终到达火星。投进去的不仅仅是几亿美元，投建

"战神 1 号"和"战神 5 号"新火箭、月球着陆器以及猎户座航天器项目，可是价值数百亿美元的大奖。相比之下，COTS 计划仅仅是九牛一毛。COTS 是由格里芬促成的一个小项目，星座计划才是大型合约商关注的大合同。

"他们绝对会搞砸，因为他们只会目中无人、骄傲自满，"马斯克后来说，"没有十亿美元你都没办法叫波音公司起床。"

（作为回应，波音公司指出："没有波音的话，'阿波罗'和启发所有航天爱好者的计划将不可能实现。在 21 世纪之交，在马斯克进入太空行业之前，波音公司正在与美国国家航空航天局合作建造国际空间站，我们已经让宇航员在轨道上安全地持续存在了 17 年以上。"该公司表示："当其他人谈论愿望和希望时，我们实际上是在太空中脚踏实地地做事，并将履行我们对美国火星之旅的承诺，这就是我们起床的原因。"）

回过头来看，格里芬说，他感到惊讶的是传统承包商"竟没有看到商业太空企业的未来"。他说，他们一个个都"身强体壮"。他们是"现场训练有素的运动员"，如果他们选择竞标 COTS 项目，"最好的创业公司"在他们面前都会显得很弱。如果他们想要的话，这个奖项就是他们的囊中之物。

格里芬看到了一个可以在商学院教授的案例。NASA 表明自己正朝着不同的方向前进。但是传统的承包商忽视了它，或没有认真对待，或无法灵活支持。这就开了一个小小的天窗。这个天窗只值几百万美元，很容易被忽视，却让他们非常方便就能穿过镀金的、价值数十亿美元的门。

"创业公司只有在较大规模的承包商为他们创造有利可图的市场时才能存在。"格里芬说，"如果由我来经营波音、洛克希德或诺斯罗普，我不会那么做。我不会允许一个刚刚起步的竞争者侵入我的空间。"

然而，两年后，这些入侵者陷入了瘫痪。SpaceX 的一系列发射未能进入轨道，缺乏资金使得火箭飞机奇石乐停止了营业，COTS 本应掀起的改革正渐渐熄灭。NASA 提供的、作为 COTS 计划一部分的数百万美元不足以让他们维持下去。现在 NASA 被迫寻找另一家公司参与该计划，而批评者也在质疑这些年轻且缺乏经验的公司是否值得 NASA 的时间和投资。

在 2006 年的失败之后，SpaceX 花了一年的时间才再次进行发射。这一次是在 2007 年 3 月 20 日。飞得比上一次好多了，飞行了 180 英里，远远超过了太空边界。第二级火箭脱离后，火箭上的摄像头显示助推器正坠向下方的海洋。在控制室里，SpaceX 的员工可以看到地球的曲线和太空的黑暗。

"我要去把这个视频看上一万遍了！"马斯克说，"恭喜，伙计们。"

但是，二级火箭并没有能进入轨道，它在重新回到地球之前就开始不受控制地摇摆起来。

"这是一个相当刺激的日子，"马斯克后来说，"火箭行业绝对不是一个低压力的行业，这是肯定的。"

尽管如此，他发现火箭确实已经进入太空，这让他感到安慰。"我不认为我很失望，"他补充说，"其实我很开心。"

正如他后来指出的那样，这是一次试飞。整个问题的关键是看看系统是如何工作的，并且解决出现的任何差错。

2008 年 8 月 3 日，第三次试射还是没有进入轨道。在火箭分离时，一级火箭和二级火箭相撞，导致了又一次的失败。

在公开场合，马斯克依然很坚决。"SpaceX 绝不会在前行的道路上慢半拍，"他说，"我们在这里的财务基础非常好。我们有决心。我们不单有财力，还有专业知识。"

他补充说："就我而言，我永远不会放弃，我的意思是永远不会。"

尽管有这些美好的预测，事实上 SpaceX 还是受到了伤害。马斯克通过他自己投资的 1 亿美元获得了巨额资金，同时它也从创始人基金（Founders Fund）获得了 2000 万美元的投资。创始人基金是由彼得·泰尔创立的硅谷风险投资公司，他也和马斯克共同创立了 PayPal。

"我们非常艰难地让公司在财务上保持了平衡。这是我的主要贡献。"SpaceX 总裁格温·肖特维尔回忆道，"我没有像自己期望的那样做很多工程，而是不断说服客户投资 SpaceX，并通过为我们的发射出资来共同承担风险。我专注于让公司保持活力，在挣扎的同时也让员工获得报酬，并让他们渡过难关。因为我知道我们终有一天会渡过难关。从技术上讲，我知道我们会做到的。这事关我们能否在财务上继续生存，并保持稳定。"

马斯克后来说，这三次失败"真的非常痛苦"。

如果第四次发射还不成功，"我们将不复存在。因为我没钱了"。

在几个月后，2008 年 9 月 28 日，SpaceX 再次尝试。为了防止一级、二级火箭发生碰撞，工程师们调整了时间。

"在第三次和第四次飞行之间，我们改变了一个数字，其他都没变，"SpaceX 的任务保证副总裁汉斯·库尼斯曼说，"那就是我们需要分离这两级火箭的时间。"

这是一个技术解决方案。但 SpaceX 的总顾问蒂姆·休斯更迷信一些，他在任务补丁中增加了一对四叶草。在整个 NASA 的历史中，每次发射都会做一些补丁，这些充满艺术气息的护身符不只表达了冒险的意味，还被期望能带来好运。这个仪式可以追溯到"水星""双子星座"和"阿波罗"计划，航天飞机时代也有。宇航员就像棒球运动员一样，相信符号的力量和一套迷信规则。有时这些规矩很荒谬，比如不踩罚球线就能取得成功，并在中间扔出平飞强球。或者，不会刚离开发射台上就爆炸。

NASA 知道这些符号和迷信对宇航员来说有多重要，所以允许其工作人员设计自己的补丁。对于将成为最知名的太空船之一的"阿波罗 11 号"，宇航员们决定谦虚地省略掉自己的名字，尽管列举宇航员姓名一直是过去的做法。

"我们希望能够删去我们三个的名字，因为我们希望这个设计能够代表每个为登陆月球工作的人。""阿波罗 11 号"机组成员迈克尔·柯林斯说，"可能成千上万的人都对这个项目有一份贡献，但谁也不会看到他们的名字被编织成一片补丁。此外，我们希望设计能更具有象征意味，而不要过于具体。"

尼尔·阿姆斯特朗并不希望将 11（eleven）这个词拼写出来，虽然它出现在了原始设计之中。他觉得非英语人士可能读不懂这个词。所以最后用了"11"的阿拉伯数字形式。

SpaceX 现在迫切期待着它的第四次也是最后一次飞行，还愿意全心全意地相信补丁的力量。它需要所有的运气。于是，四叶草被添加到补丁之上。

"猎鹰 1 号"火箭在倒计时结束后完美地驶入轨道，进入了分离阶段，最终在 SpaceX 超过 500 名员工的欢呼声中结束。

公司在网络上直播了这次发布会。这场缺陷满满、非常简陋的直播连主持人都是业余的，除了热情和真诚以外什么都没有，他们没有为长达一小时的直播受过任何训练。但毕竟他们是 SpaceX 的员工。

"猎鹰 1 号"进入轨道的那一刻，评论员宣称"'猎鹰 1 号'将成为史上第一支从地球进入太空轨道的私人开发运载火箭"。

然后，他花了一些时间来说明促成这一壮举的漫长而不可思议的历程：

"SpaceX 从一开始就设计并开发了这一火箭，他们完成了所有的设计和所有的测试。我们从不外包，而且我们已经通过一家只有五百人的公司实现了这一目标。只花了六年时间。"

这次发射进行时，马斯克并没有在瓜加，而是在加州的总部，和他的团队在一起。他出现在一群穿着不起眼的 Polo 衫的人跟前，面对着三四英尺开外欢呼着的人群。有些人带着他们的孩子来到了工厂，以见证这次发射。他们把孩子举到肩上，以便孩子们能够更好地看到马斯克。但马斯克完全不知所措，不知道该说什么好。

"这真令人难以置信，"他吞吞吐吐地说出这句话，然后说出了关键，"我们已经进入了轨道。"

在对他的团队表示感谢之后，他说："有很多人认为我们做不到，真的有很多人。"他在继续说下去之前笑一笑，笑中带着一股桀骜和泰然。

"人们总说凡事要试上三次，对吧？这对 SpaceX 来说确实意义重大。进入轨道是一个巨大的里程碑。只有少数几个国家做到了。这事通常由国家，而非公司来完成。这是一个了不起的成就。"

话一说出口，他在那时第一次意识到成就的巨大——这可是国家才能完成的事。他一想到这个，又变得不知该说什么了。

"我有些疲惫。"他结结巴巴地说道，显得疲惫不堪，"伙计们，这绝对是我人生中最伟大的日子之一，也许对大多数人来说也是这样。我们向世人展示，我们能够做到。这只是我们迈出的第一步。"

他说，"猎鹰1号"将会发展至"猎鹰9号"。"猎鹰9号"是一款功能更强大的火箭，有九台引擎，而"猎鹰1号"只有一台。然后是龙飞船，这是一个设计用于将货物运往国际空间站的货运飞船。这是下一个奖项，是COTS计划的自然结果。该计划应该会帮助开发至少能够向空间站供应食品、设备、科学实验和卫生纸等物资的能力。

就好像这扇门的开启会打开另一扇门一样，成就也是一项一项来的。走出一小步，才能跨出一大步，才能跳到一个能一览众山小的地方。

还有什么可能?

"很多，"他说，然后放飞思想，漫游到未来，"最终，我想到火星去。"

这当然还要拭目以待了。但是从那以后，每一个SpaceX的任务补丁都将有一个共同的特点——一片常常隐藏在凹槽处的四叶草。

2008年2月，SpaceX在圣诞节前两天收到了一份礼物：来自NASA的一份价值16亿美元的合同——将在多达12次的飞行中，使用"龙飞船"向国际空间站运送货物。对SpaceX来说，这意味着公司终于做到了，他们已经获得了NASA的全力支持。这将是货真价实的任务，即为空间站送去成百上千磅的货物。这项非凡的工程需要公司能够成功将"龙飞船"射入轨道，与空间站对接，并以17500英里的时速飞行。这项壮举只有倾一国之力才能完成，也仅有美国、俄罗斯、日本等少数国家和欧盟完成了。

当马斯克接到NASA的电话时，他受到极大的影响。过去几年他一直过得很挣扎，发射总是失败，自己还离了婚。但是现在，在他的太空公司成立六年后，他终于能够为自己正名。当 NASA 官员告诉他 SpaceX 已经赢得合同时，他毫不客气地脱口而出："我爱你们！"

他还将他的登录密码更改为"ilovenasa"（我爱 NASA）。

当马斯克突飞猛进的时候，贝佐斯仍按部就班、小心谨慎地迈着步子。蓝色起源一年多之前试飞了代号"卡戎"的大型类无人机飞行器，装于其上的四个喷气引擎都是从南非空军那儿买来的。现在，蓝色起源准备再次试飞。这次的飞行器看起来像一块巨大的白色橡皮糖，又像一个会飞但没有腿的汉普蒂·邓普蒂[1]。

2006 年 11 月 3 日寒冷的早晨，在得州西部有一辆平板卡车将飞行器从机库拉到了发射台。随着太阳升起，远处的山脉也变成了紫色。员工和自己的家人们聚集在看台上，其中一些人带着啦啦队跳舞用的蓝色绒球，准备好在超大屏幕前观看发射。

他们的飞行器名字是"戈达德"，为的是纪念现代火箭之父罗伯特·戈达德，他在 1926 年首次发明了液体燃料火箭。他是一位建造者和梦想家，他在 1919 年写了一篇论文，由史密森学会出版，题为《进入超高纬度的方法》，其中提到了开发火箭、飞上月球的可能性。

当时，去月球的想法似乎太过荒谬了。戈达德总被人嘲笑，说他是"疯子""发神经"。甚至连《纽约时报》也在 1920 年发表言辞犀利的社论，题为《严重的信用紧张》，对他的想法大加嘲弄，还说火箭不能在真空中运行。

"戈达德教授在克拉克学院枉有一份教职，史密森尼学会居然也对他的想法表示默许，他们似乎连作用力和反作用力之间的关系都不知道了，也不知道真空中完全无物可供受力——说起来都有些荒唐。"《纽约时报》如此写道，"很显然，高中里日复一日讲的东西他完全不知道。"

戈达德回答说："每一个愿景在真正达成之前看起来都像笑话，一旦达成，它就会变得司空见惯。"

1　《鹅妈妈童谣》中一个白胖的蛋形人物。

但这个嘲讽让戈达德这个本就喜欢独自工作的害羞男人变得更加不合群，并完全投身于探索太空飞行的长远未来之上，他知道这需要几十年的时间才能实现。

"我不知道自己还要多少年才能够解决这个问题，"他在 1932 年写道，"我希望自己能活得尽可能长。若你的目标是群星，无论是从字面上还是从比喻上来说，你的追索都是没有尽头的。这是几代人的工作，所以无论人们取得多大进步，都会感觉自己才刚刚开始。"

他在 1945 年去世，没能活着看见人类去太空。但是在 1969 年"阿波罗 11 号"登月之前，他收到了一个迟来的死后正名。那时的人们已经非常清楚地认识到，火箭确实可以在太空中工作，《纽约时报》也为此在其发表那篇社论的半个世纪后出了一份更正声明。

"深入的调查和实验已经证实了 17 世纪艾萨克·牛顿的发现，现在已经确定火箭能够在真空和大气中运行。"声明如此写道，"《纽约时报》为过去的错误深感遗憾。"

从年代的角度来看，贝佐斯以火箭之父命名他的第一枚火箭是有道理的。他们之间实际上有惺惺相惜之感。像戈达德一样，贝佐斯也更倾向于把目光放长远，并将蓝色起源视为一个需要几代人才能完成的事业。像戈达德一样，贝佐斯相信能够一步一步地化不可能为可能。像戈达德一样，贝佐斯的公司避开了新闻界，对工作保密，小心翼翼地避免受到审查以及肯定会受到的批评。

事实上，贝佐斯以一个崇拜者之心，为自己的一个儿子取了"戈达德"作为中名。

经过多年的努力，贝佐斯和蓝色起源终于准备好要给自己的发射来个首次亮相了，但仍然会低调行事。他们确实感觉到那种"终于上了轨道的快感"，为此公司还搞了个纪念活动——一个牛仔在明火上烤着小松饼，还为孩子们做了个充气城堡。

扬声器开始大声播放倒计时。"戈达德"随之拔地而起，飞了 285 英尺。整个飞行持续了 30 秒，"戈达德"落回了地面。贝佐斯开了一大瓶香槟来庆祝，并开玩笑说，他在发射期间唯一的工作就是打开软木塞。不过，发射可比开软木塞成功多了。贝佐斯把软木塞上端给挖烂了，剩下半截还卡在瓶子里。

"戈达德"的小小跳跃对公司来说是向前踏出的一小步，与马斯克所取得的巨大飞跃形成鲜明对比。SpaceX 的首次成功发射可不只是几百英尺，甚至超越了亚轨道太空飞行。SpaceX 直接进入轨道，完成了一项非常艰巨的任务。这项任务要求火箭飞得很快，快到它是边绕着地球飞边落向地面的。这是典型的 SpaceX 的做法：埋头苦干，辛苦耕耘。

SpaceX 如今意在开发更为强大的"猎鹰9号"火箭，该火箭将从卡纳维拉尔角空军基地的 40 号发射台发射。但是蓝色起源仍然坚持己见，即使这家公司的大门似乎就从没打开过。

在这条审慎的道路上，紧随"戈达德号"火箭而来的，将是"新谢泼德号"火箭。它以艾伦·谢泼德这位第一位到达太空的美国人命名。公司的发展也是在模仿美国太空飞行按部就班的改革历程。"戈达德"的火箭设计使得"谢泼德"能够在 1961 年进行亚轨道飞行，然后返航，一来一回持续了 15 分 28 秒。而一年之后，NASA 才让第二个人，也就是约翰·格伦进入太空轨道，并绕地球飞行。

蓝色起源对外一个字也没说，也没谈自己接下来的计划。直到两个月以后，在一篇博文中，贝佐斯写道：

"完成这项任务将需要很长时间，我们正在有条不紊地开展工作。我们循序渐进，投资也是按可持续的步伐来走的。慢而稳是取得成效的方法，我们不会自欺欺人地认为随着我们的进展，所做之事会变得越发容易。步伐小一些，走得多一些，能帮助我们学得更快，更能保持专注，并让每个人都有机会看到我们最新的工作能够尽快开展。"

野兔在前面领先了多远并不重要，乌龟对现在有条不紊的步伐感到非常满意，对此贝佐斯也在其 2004 年写给整个公司的信中做了梗概："做那只乌龟，别做野兔。"他们的座右铭一直都对此有所体现："不断前进，永不言退。"他们还一遍又一遍地重复着：

慢就是顺，顺就是快；慢就是顺，顺就是快；慢就是顺，顺就是快。

2014 年，埃隆·马斯克于 SpaceX 总部的一次活动中，为"龙飞船"揭幕。该载具的设计目的是载人航天。

2017 年，杰夫·贝佐斯于科罗拉多斯普林斯的一次会议上，向蓝色起源团队展示太空舱和"新谢波德号"的助推火箭。克里斯蒂安·达文波特提供。

2016 年，在将一枚商业卫星送上太空后，"猎鹰 9 号"火箭降落于大西洋的一艘船上。SpaceX 提供。

2016 年，"猎鹰 9 号"助推火箭抵达佛罗里达州卡纳维尔港口。SpaceX 提供。

蓝色起源的"新谢泼德号"从公司位于得州西部的发射场腾空而起。蓝色起源提供。

布莱恩·比尼、保罗·艾伦和伯特·鲁坦，摄于 2004 年比尼试飞"太空船 1 号"成功并赢得安萨里 X 大奖之后。版权所有 © 莫哈韦航空太空有限责任公司（Mojave Aerospace Ventures LLC）。缩尺复合体公司提供。

2005 年，华盛顿国家航空航天博物馆，保罗·艾伦在"太空船 1 号"展出前讲话。版权所有 ©《华盛顿邮报》拉里·莫里斯

2005 年，埃隆·马斯克带领总统巴拉克·奥巴马参观卡纳维拉尔角空军基地的发射台。比尔·英格尔斯 /NASA 提供。

2011 年，洛丽·加弗，前 NASA 副行政长官，参观蓝色起源的设施，并会见了包括杰夫·贝佐斯在内的公司成员。比尔·英格尔斯 /NASA 提供。

2014 年，SpaceX 的"龙飞船"在完成货物运送任务后，从国际空间站脱离。NASA 提供。

2017 年，SpaceX 总裁及首席执行官格温·肖特维尔（中）于肯尼迪航空中心讲话。肯尼迪航空中心主管鲍勃·卡巴纳（左）、SpaceX 高级副总裁及总顾问蒂姆·休斯（右）也一同出席。金姆·史夫利特 /NASA 提供。

2016年，杰夫·贝佐斯和巴兹·奥尔德林于国家航空航天博物馆。其时，贝佐斯刚获海因莱因奖（Heinlein Prize），该奖项是为纪念著名科幻作家海因莱因而设，奖杯是一把长刀。海因莱因奖组委会提供。

2016年，卡纳维拉尔角空军基地，SpaceX的"猎鹰9号"火箭在为引擎测试加注燃料时爆炸。迈克·韦格／美国发射报告（USLaunchReport）提供。

2014年，全国安全运输委员会主席克里斯托弗·哈特、委员会调查员及维珍银河飞行员陶德·埃里克森在莫哈韦沙漠，摄于"太空船2号"发生严重事故之后。全国安全运输委员会提供。

莫哈韦沙漠，为庆祝而高高跳起的理查德·布兰森正在炫耀维珍银河的新"太空船2号"。维珍银河提供。

2016年，莫哈韦沙漠，理查德·布兰森为其崭新的"太空船2号"——绰号 Unity 的飞行器揭幕。

版权所有 © 瑞奇·卡里奥迪 /《华盛顿邮报》

2016 年，维珍银河的"太空船 2 号"在莫哈韦沙漠上空进行滑翔测试。维珍银河提供。

每次发射结束后，蓝色起源都会在助推火箭上印上公司的吉祥物——乌龟。蓝色起源提供。

SpaceX 的太空服模型。SpaceX 提供。

2017 年，加州莫哈韦沙漠，保罗·艾伦的"平流层发射"巨型双身飞机正驶出机库。它将成为有史以来最大的飞机，并将屈尊为三枚火箭提供"空中发射"服务。版权所有 © Stratolaunch 公司

一位艺术家演绎的 SpaceX 的 BFR 火箭接近火星时的图景。SpaceX 提供。

9
是值得信赖，还是有点愚蠢？

它躺在路边，就像一堆谁都可以捡走的旧家具一样。那是一个巨大的 12.5 万加仑液态氮罐，就和为城镇供水、上面横写着镇名的巨型储水罐一样大。一名 SpaceX 的员工恰好在卡纳维拉尔角空军基地经过一个废弃的发射台时发现了它，就心想，也许我们可以使用它？

SpaceX 已经在那里签了租约，为自己的全套发射设备租下了 40 号发射台。这个发射台自 20 世纪 60 年代以来一直用于军方泰坦火箭的发射。SpaceX 刚把在那儿用了多年的旧框架拆掉了。2008 年，SpaceX 开始重建该处设施，以便新型的"猎鹰 9 号"火箭和"龙飞船"能够将货物运送到国际空间站。

虽然液氮罐暴露在外多年了，但看起来状态还不错。布莱恩·莫斯德尔领导着由十名 SpaceX 员工组成的小团队，负责重建卡纳维拉尔角上的发射台。他想拿下这个罐子。

他们一次又一次地给美国空军打电话，希望能够获批使用。显然没人会为此困扰，在空军眼里这玩意儿就是一块巨大的垃圾，不值得在上面浪费任何时间。最后，莫斯德尔的组员得到了回应，并与一个被雇来拉走并销毁这个罐子的公司取得了联系。该公司愿意以 1 美元的价格转让这个罐子，因为把罐子打碎的成本要 86000 美元。

莫斯德尔把它买了下来，然后花了大约 25 万美元重新整修了它。即使如此，成本也远远低于从头开始建一个新罐子，据他估计，这会花掉超过 200 万美元。

马斯克对团队的聪明才智感到非常激动，在一次发射台的视频游览中对之大加炫耀。"我们现在正站在一个巨大的液氧罐的顶部，"他说，"他们说 SpaceX 很有种，这倒是真的。"

莫斯德尔是一名工程师，曾在卡纳维拉尔角的各个发射台工作了 20 年，在和主要国防承包商如通用动力、波音和麦道打交道时，扮演了各类角色。他之前的东家是联合发射联盟，SpaceX 的竞争对手。2008 年受雇于 SpaceX 后，他很快意识到，这家太空初创企业和其他公司完全不同。几年前他在波音工作时，实际上就已经想过要抢救这个使用过的液氮罐。

"但是每个人都不同意，"他说，"没有人感兴趣。这太困难了。"他的老板甚至想知道，"'这玩意儿要给谁打电话去要？'"

当他为大型防务承包商工作时，"没人有兴趣或有想法要重新使用这个东西"，他说，"一切都要建新的。反正是政府的合同、政府的钱"。

规则就是规则，价格就是价格。没人对成本、规章制度乃至整个体系提出过异议。事情就是这样。

直到 SpaceX 出现。SpaceX 有着完全不同的思维方式，并且对找到廉价而有效的行事方式非常着迷。而且 SpaceX 有股天生的反叛劲儿，对任何事情都要质疑，无论是价格、规则还是老派的行事方式。如果说卡纳维拉尔角及其领导人是大人，那 SpaceX 就是小孩，因为它好奇心极强，总是在问为什么。当莫斯德尔从 SpaceX 接到"挖墙脚"的电话时，他完全不知道该怎么考虑。他在联盟有一个安稳舒适的工作，并且和那里的许多人一样，并不认为 SpaceX 是认真的参与者。他曾说，"SpaceX 的火箭是用纸做的，或者只是在 PPT 上"，要么就是理论上存在而已。他在联盟的同事想知道他为什么要去那里工作，那家公司当时还没什么成就。

"和我一样，他们没觉得 SpaceX 能有什么威胁。"他说。

或者说能有什么未来。

但是当他去加利福尼亚面试时，"我所有的想法都改变了"，莫斯德尔回忆道。

"我看到价值至少2500万美元、处于不同制造阶段的航空硬件。那时候我的脑袋嗡嗡作响,我说:'嘿,等一下。这是实打实来真的。'"

面试后,高管们强调,SpaceX与他简历中列出的任何公司都不同。"我们和那些坐享其成的航天老企业不一样,"他被告知,"我们做的可是苦差事。如果你为我们工作,你能尽情地发挥创意,不会受到官僚主义的压迫。"

随心所欲、锐意进取是这家公司的企业文化。这里有行业资深人士,也有几乎没有制作火箭经验的年轻孩子,但他们都非常聪明,并且愿意放弃自己的事业投身于这个进程之中。

这儿并非适合每个人。整个建造火箭的企业似乎有点疯狂。工作时间太长了,而且工作也太有挑战性了。对年轻、充满活力的聪明工作狂来说,这是件好事。但对那些寻求"工作与生活平衡"的人来说,这儿不是个好地方。埃隆·马斯克曾站在工厂的楼梯上对员工们大吼大叫,无情苛责。洛克希德的一位前执行官了解了马斯克和SpaceX的公司文化后,简直对他们的无情和苛刻难以置信。"如果我在一家上市公司做了和他一样的事,用不了十分钟人力资源的人和律师就会到我的办公室,将我送去参加十八个月的敏感性训练。"他说。

SpaceX的任务保证副总裁汉斯·库尼斯曼称赞马斯克在公司管理方面如炼金术般的技艺:"埃隆将未来变为现实的方式非常惊人,给整个企业带来了无往不利、排除万难的势头。"但他也不认为自己会在公司待到老,可能还没变老精力就没有了。"你需要付出代价,在SpaceX工作,不允许你半途而废。"

马斯克也意识到自己和SpaceX过分苛刻的问题。"有些人觉得精疲力竭、难以为继了,"他说,"他们在过分的工作强度之下备受煎熬。"

马斯克雇的都是聪明人,他们必须在个人面试中证明自己的专业水准。工程师是站在公司图腾柱的顶端的,其他人都只能往后排。"SpaceX奉行的,是埃隆称为信号—噪声比的东西。意思是能给公司带来价值的人是工程师,所以他们是信号。"该公司的总法律顾问休斯说,"大部分非工程师人员都是噪声。"

早期聘用的人里有一位名叫马克·洪科萨。他刚从研究生院毕业就来到了公司,被马斯克的聪明才智和热情以及公司的狂热气氛所吸引。

"很多人都很聪明，"洪科萨说，未来他成了该公司的火箭工程副总裁，"这儿绝不无聊。每个人的屁股下好像都着了火，非常疯狂。"

洪科萨不确定公司能否取得成功。"我们既没有资源，也没有 20 世纪 60 年代造飞船时的大量人力，那么我们要如何造飞船呢？"他想知道。

但是在这里他们"竭尽了全力"，所有人都紧跟马斯克，相信他总能"弄清楚如何让奇迹发生"。

莫斯德尔来的时候，公司已经搬进了一家新建的更大的工厂。工厂位于洛桑，离洛杉矶机场不远，以前是波音 747 的机身工厂。对一位航空航天工程师来说，它就像威利·旺卡[1]的巧克力工厂一样。大型火箭正在从头开始建造，沿着工厂地板延伸的长圆柱体核心就像大船的船体一样。引擎——全新而且由美国自己制造——正在工厂内部构建着。这儿有成百上千的工人，其中许多人看起来非常年轻，好像还在上大学一样。他们挤满了这一层楼，每个人身上都散发出一股莫斯德尔视之为"让我们完成它"的紧迫感。

公司经常警告求职者，马斯克对他们的面试可能会很短暂、很尴尬。因为马斯克可能要同时处理多件事情，或者停下来长时间思考，而在这段时间里，他是几乎不会说话的。莫斯德尔发现，虽然马斯克让人觉得尴尬、突兀，但他聪明。莫斯德尔已经准备好谈论他在建造发射台方面的经验，毕竟这是 SpaceX 想要招他的原因。但正相反，马斯克想谈的是货真价实的火箭研究。特别是"德尔塔 4 号"火箭及其 RS-68 引擎，莫斯德尔在波音工作时在这方面有过一些经验。

面试过程中，他们讨论了"内部清洗""泵轴密封设计"以及"使用氦气而非氮气背后的科学原理"。莫斯德尔不知道马斯克是在测试他的知识还是真正的好奇心。然后面试结束了。

---

[1] 电影《查理和巧克力工厂》中的角色。

"他突然说，'好吧，太好了，谢谢你能过来'，然后一转椅子，回到他的电脑前。"莫斯德尔说，"我不知道面试是否顺利。"

当他被聘用时，莫斯德尔成为 SpaceX 在卡纳维拉尔角的第十名员工。他几乎立即投入了工作，重建了 40 号发射台。为了表明自己如何足智多谋，莫斯德尔和他的团队成了卡纳维拉尔角的清道夫，四处寻找剩下的硬件，像在寻宝一样。

因此，20 世纪 60 年代曾用于在新奥尔良和卡纳维拉尔角之间输送氢气的老式铁路车厢成了新的储油罐。"我们把轮子卸了下来，然后将它们立在固定的基座上。"莫斯德尔说。

有人在 eBay 上以 1 万美元的价格购买了地面装配大楼的空调冷水机组，而不是花费 7.5 万美元买新的。

除了回收旧材料外，他们还剔除了许多早就被认为过时了的规章制度。

例如，当公司被告知需要花费 200 万美元购买一对起重机来吊运"猎鹰 9 号"时，这个价格就会受到质疑，为何它会如此昂贵。原因是空军要求起重机满足一系列的安全要求，比如要有一个钩子来防止突然快速掉落。但现代技术已经使那些几十年前的需求变得不必要了。

莫斯德尔和 SpaceX 团队游说卡纳维拉尔角的空军官员，最终说服他们撤销促使价格上涨的许多旧规定。他们做到了，SpaceX 能够以 30 万美元购买起重机。

然后空军表示，40 号发射台的火焰槽需要延长，为此需配备用水系统。用传统的混凝土沟渠引导火箭火焰喷出并离开发射台，其造价约为 300 万美元。莫斯德尔认为他们可以做得更好。

"最终，工程团队负责设计，发射台小组负责建造。我们使用钢箱梁建造了火焰通道的延伸部分，还在梁内部配备了冷却和声波抑制水。"他说。

结果是：这个系统能够满足空军的要求，而成本却只有原来的十分之一。

"我们必须变得非常好斗，"马斯克说，"如果我们按标准来做，那么资金就会耗尽。多年来，我们每周都要把账上的现金流花光，几周之内我们就没钱了。我们必须走出一条花精细钱的路子。要么精打细算，要么死亡，这是我们的唯二选择。购买废料组件，修好接着用。"

成本推动了很多决定，甚至关乎公司将如何制造火箭。尽管有些公司将他们的火箭在垂直方向上组装，但这需要所谓的移动服务塔。这个巨大的结构将在火箭建造过程中包裹着火箭，建完以后就会被移开。

"埃隆的态度是，'这是我听说过的最愚蠢的事情'。"肖特维尔回忆道，"'是有多贵，多不好用呀？'"

肖特维尔说，SpaceX 就在加州自家的工厂造了火箭，那儿"怎么看都非常干净整洁"。她解释说，以水平形式来制造火箭可以避免员工在高空工作，降低了风险。

在制造"猎鹰 1 号"时，公司在 eBay 上购买了经纬仪这一用于火箭校准的工具，为公司节省了 2.5 万美元。

出于节俭，"龙飞船"的外观成了现在这个样子，因为这是最简单的设计方式。

"比方说要设计一个返回舱。这个任务如果派给 NASA 或者其他公司的话，可能花了一年多时间设计出来的还只是外观而已。"SpaceX 高级项目总监史蒂夫·戴维斯说，"对我们来说，返回舱底部的大小就是'猎鹰 9 号'的直径，因为它要接在'猎鹰 9 号'上。顶部大小就是它将与空间站对接的端口的直径。那么，到这里外观设计已经完成了。就是这样，把上下两条线连起来。"

火箭的航空电子设备是由一台 5000 美元的电脑支持，而非昂贵的航空航天硬件。一名员工甚至在一个垃圾场里发现了一块他觉得可能是火箭整流罩的一部分的金属，这是火箭顶端的防护锥体，用作有效载荷如卫星的保护盾。

他们没有使用挂着货物储存舱的连接带，空间站上的 NASA 宇航员显然也觉得这样很麻烦。他们用了全国运动汽车竞赛协会（NASCAR）设计的带子，非常受宇航员的喜欢。

SpaceX 甚至连空间站舱门使用的门闩都要过问一下。每个舱门需要两个闩锁，每个闩锁不光花费高达 1500 美元，还是由 20~25 个部件组成的。"在 SpaceX，我们不打算这样做。"SpaceX 任务操作部的约翰·库尔里斯回忆道，"我们的一位工程师——我觉得他应该是在男厕所里——看到了小单间上的门闩，受到了启发。我们就仿照这个结构造出了一个闭锁装置。"

这样一来，成本就从原来的 1500 美元降到了 30 美元。"这个装置还更可靠，出了问题更换也很容易。"库尔里斯说，"宇航员不仅喜欢这个装置本身，还喜欢它背后的故事，因为它表现出独创性。"

马斯克一听到风声——用来让卫星在火箭整流罩或弹头前锥体之中保持冷却的空调系统耗资 300 万或 400 万美元——就马上把设计师召集到他的办公室来谈这件事情。

"整流罩的容积是多少？"他问道。答案是不过几千立方英尺，比一幢房子的体积还要小。

他转向肖特维尔，问她一套房子的新空调系统是多少钱。

"我们刚换了空调，"她回答，"花了 6000 美元。"

"为什么我们换一个空调系统只花了 6000 美元，而火箭的却要花上三四百万？"他再次要求，"赶紧去给我弄清楚。"

他们还真搞出来了：他们买了六台带有较大制冷泵、能处理较大气流的商用空调机组。

SpaceX 的做法极新，也极有创意，而且和 NASA 的领导办法完全不同。但这个做法却极有说服力，虽然与众不同，但是做得不错。

"我认为，我们在执行这项任务时遇到的最大挑战，就是说服 NASA，这几乎贯穿了我们走的每一步。虽然我们的行事方式不同，但我们绝对能做到。"肖特维尔说，"从没有人以我们的方式做过这份工作，我相信没人在这点上有经验。我在这个行业做了三十年，我觉得我有资格这样讲——坦白地说，这个行业非常不幸地受到了阻碍，元凶就是成本加成合同。这种合同的激励并不在于要最小化成本，而是要最大限度地付出努力。而我们的理念不是尽量减少努力，而是优化努力。"

起初，美国宇航局的官员们对此大吃一惊。但 SpaceX 最终凭借其好斗的硅谷精神获胜了。

"当我们与他们谈论设计中的某个部件或组件时，他们会说：'我们可以从这家供应商那里购买，但要花 5 万美元，太贵了，贵得离谱。我们自己在工厂里花 2000 美元就能造出来。'几乎每一次他们做决定，都要考虑成本。"NASA 官员迈克尔·霍克恰克说。他与 SpaceX 在商业轨道运输服务项目上有密切合作。

"这是非常独特的，因为我几乎从来没有听说 NASA 的工程师在权衡设计并做出决定时会考虑一个部件的成本。他们担心的是，部件能否正常运作，能否安全可靠地满足所有要求。一般而言，成本虽然是其中一个因素，优先级却总是排在确保任务能够成功的后面。

"在 SpaceX，他们做的权衡更多，他们会说，'是啦，是可以那么做，但这样做会便宜很多，而且效果可能同样好'。这是一种完全不同的思维方式，我认为 NASA 应该好好看看这一点。"

2008 年，NASA 也在制造大型火箭。实际上是一对火箭——将飞向近地轨道的"战神 1 号"和先去月球、后去火星的"战神 5 号"。与"猎户座"飞船一样，它们的名字取自希腊和罗马神话，与当时白宫名为"星座"的项目的远大目标相匹配。

两枚火箭都是小布什总统计划的一部分，被称为"太空探索愿景"，意在让美国重返月球。布什总统曾在 NASA 总部做过一次演讲。当时，最后一位在月球上留下脚印的宇航员尤金·塞尔南也出席了这次演讲。总统引述了塞尔南在离开月球前曾说的话，"我们将会再来"。布什总统在他的演讲中承诺道："我们将会实现这个目标。"

但在 2008 年，巴拉克·奥巴马当选了总统。他的 NASA 过渡小组由洛丽·加弗领导，这位太空机构经验丰富的老手也曾向希拉里·克林顿提出过建议。小组曾承诺会"好好检查"星座这个项目。小组开始检查的时候，就挖出了各种各样的问题：成本飞涨，进度拖沓。还有就是，人们对新总统能否复制阿波罗的成功已经不太感冒了。

布什的计划成了深夜电视的笑料，嘲笑了上一代人为化不可能为可能而探索太空的野心。美国确实在不久以前登上了月球，但是它的太空计划却迈错了太多步子。许多空头支票般的政治承诺对它的影响太大，以至于现在批评者一看到相关的高谈阔论，就能马上把它打回尘埃。

"他想在月球上建一个空间站，然后从月球开始，把人们带上火星，"大卫·莱特曼[1]在他的一次独角戏[2]中说道，"女士们先生们，你知道这意味着什么吗？他又开始喝酒了。"

塞尔南的预言陷入困境。而且他预测"阿波罗17号"将会是最后一次登月任务，所谓"这是开始的结束，并非真正的结束"[3]听起来越发空洞。到2008年当奥巴马当选时，月球似乎和以前一样遥远。下一个"人类的一大步"又被推迟了。

奥巴马政府还没提名新的NASA负责人，但已经开始着手处理它眼中的危机事件了。航天飞机将在2010年退役，而且由于星座计划的运行比原定晚了数年，意味着NASA失去了将宇航员从美国的土壤上送上天空的能力。

从谢泼德的亚轨道飞行和约翰·格伦的轨道飞行，到"阿波罗"登月任务和航天飞机，五十年峥嵘的发射历史过去了。美国将不得不依靠俄罗斯这个曾在登月竞赛中输给美国的国家，来使他们搭上去宇宙的顺风车。

2008年12月8日，选举日一个月后，奥巴马总统的NASA过渡小组撰写了一份"私人机密"的、长达45页的备忘录，并指出从美国本土起飞的差距，称其是"NASA近期最大的挑战"。

"战神1号"/"猎户座"项目在未来五年的预算接近150亿美元，面临重大技术挑战，并且至少比原定计划推迟了两年。NASA的新领导班子将要对这个

---

1 美国脱口秀主持人、喜剧演员、电视节目制作人。
2 独角戏（Monologue）是指单人直接面对观众的演说式的幽默表演形式。
3 源自英国首相丘吉尔的演讲，原文为：Now this is not the end. It is not even the beginning of the end. But it is, perhaps, the end of the beginning.

项目和 NASA 的未来做出抉择。

其中一个选择是更多地依赖商业部门。如果 SpaceX 和轨道科学这样的公司能够将货物运往空间站，那么也就能委托他们运送宇航员。而且也许他们能更廉价、更快捷。

"虽然对新技术的投资具有固有的风险，但为商业运输队提供资金……也许能够成为'战神 1 号'/'猎户座'的一个可行的替代或补充，"备忘录继续说道，"这还将支持总统当选人奥巴马对公私合作、推动经济发展和技术创新的承诺。"

对过渡小组中的许多人来说，星座计划不仅是上届政府的残余，更是过去想要进入太空的老套思路的余孽。这不过是一个能够满足国会的大型政府计划，因为能带来更多的就业机会。但在这个计划之下，几乎不可能产出可靠而高效的太空交通方式。

在 2009 年奥巴马入主白宫后，新一届的领导班子也进入了 NASA。自"阿波罗"以来，就一直有一种因 NASA 无能而产生的挫败感，如今这种感觉越发强烈了。新领导团队的一名成员展示了一张幻灯片，列出了美国载人航天方面的倒退：

1961 年，尤里·加加林成为第一个在太空中飞行的人

——48 年后（2009 年）

• 据估计有 46 人参加了近地轨道飞行

• 死亡率为 1/254

1903 年，莱特兄弟"小鹰号"起飞

——48 年后（1951 年）

• 商业航空的运行已达 3900 万人次

• 288444 次飞行中仅有 1 起致命事故

幻灯片上陈述道："50 年来的停滞不前，部分是由封闭式创新导致的。"

新领导团队的解决方案将是"激发商业航天能力的开放式创新战略"。

在安迪·比尔抱怨自己无法进入这一封闭市场,并关停了他的公司近十年后,此时此刻的 NASA 终于承认,它需要开放了。

实现这一目标最重要的方法之一是启动所谓的"商业载人"计划,这是一项竞赛,比的是把 NASA 的宇航员送入国际空间站。

到 2009 年,白宫内部停止星座计划的政治意愿越发高涨,随之而来的就是华盛顿声势浩大的政治斗争。星座计划的大型传统承包商们枝繁叶茂而且彼此相连。但 NASA 的一份内部备忘录却把矛头指向了布什的"太空探索愿景",标题为《取消星座:为愿景带去现实》。

这份标记为"仅供 NASA 内部使用"的文件承认:"这一愿景虽然得到了广泛的支持,但与星座计划的实际情况有很大不同。"

实际情况是,该计划"不会像到目前为止所预期的那样,在 2020 年让人类登上月球"。该计划"避开了技术发展"。"战神"火箭的成本"在四年内翻了三番",而"猎户座"飞船的成本"四年翻了一番"。

但是取消这个计划会很困难。NASA 已经为星座计划注资超过 100 亿美元了。虽然 SpaceX 的游说者称赞 NASA 的新领导人,说其敢于当机立断,却在电子邮件中警告他们说这样做会很糟糕:

"唯一比取消洛克希德或波音的政府项目更困难的事情,就是同时取消洛克希德和波音项目。"他如此写道。

2009 年 11 月 16 日,白宫预算总监彼得·奥斯扎格和总统科技助理约翰·霍尔德伦向总统提交了一份备忘录,称星座计划"超出预算,滞于计划,偏离正轨,'不可执行'"。

最后一个词"不可执行",是由洛克希德·马丁公司前首席执行官诺曼·奥古斯丁领导的一个独立委员会的结论。如果奥古斯丁这样的业内大佬都对他前东家参与的这个项目做如此批评,奥巴马政府就师出有名了。它马上开始了取消星座计划的行动。

"开发'战神1号'和'猎户座'飞船的预估成本已从约180亿美元增加到340亿美元。"白宫的两名高级官员致信总统，"就算该载具可使用，运营成本预计也会很高，每年为空间站提供服务产生的费用将达20亿至36亿美元之多（俄罗斯航天器每年执行此类任务的花销不过3亿至4亿美元）。"

奥巴马重点标记了最后两句话，并在边缘空白处写下了笔记："产生如此巨大差异的原因是什么？"

差异之处在于，美国向俄罗斯付的仅仅是从地球到空间站的车马费，而不是火箭的开发成本。但金额仍然很扎眼。

而且现在总统也注意到了。

2010年，奥巴马动手了，直接把星座计划彻底取消。就像SpaceX游说者预测的那样，华盛顿爆发了激烈的斗争。

参议员理查德·谢尔比、一位极有权势的共和党拨款委员会成员说道："美国总统提议的NASA预算为美国人类太空飞行的未来开启了一场死亡之旅。"他还说："如果预算通过，NASA这个机构将与科学创新再无关联，而与白日做梦紧密相关。"

曾开启星座计划的NASA前负责人迈克尔·格里芬说，取消该计划"意味着美国已经决定在可预见的将来不成为人类太空飞行的重要参与者。这个预算，再加上这个路子，是成不了事的"。

作为商业载人计划的一部分，奥巴马依靠商业部门将宇航员送上空间站的计划也面临直接怀疑。

"这个行业总有一天会像商业航空公司的出行一样，只不过不是现在。"格里芬说，"这就好像在1920年，林德伯格还没有飞过大西洋，就试图向泛美出售747飞机。"

白宫也许可以承受前NASA负责人的批评，也能承受来自谢尔比和他在参议院的亲信的攻击。但很快，一个更大的问题出现了——一个白宫没有预见到的问题：尼尔·阿姆斯特朗及其他宇航员致信奥巴马，谴责取消星座计划和航天飞机计划的决定。

太空的奠基人愤愤不平，觉得这个决定否定了他们这一代的梦想。他们这一代人在肯尼迪"迎难而上"的呼吁之下成功登月，并满心期盼这一小步真的会成为人类的一大步，跨到火星甚至更远的地方去。但是，现在这些宇航员看到的只有倒退和令人不安的迹象——阿波罗登月不过是种侥幸，这种一次性的壮举永远不会被复制。

在阿波罗之后，一届又一届的总统都承诺美国会有下一次太空冒险、新的月球任务，甚至是火星任务。但是几年几十年过去了，NASA仍然局限在仅飘浮在240英里外近地轨道上的国际空间站。就好像哥伦布发现了新大陆，但没有人跟随。

白宫正在这场公关战争中走向失败。尼尔·阿姆斯特朗和所有人都坚决反对这一决定。对奥巴马政府来说，再没有更糟糕的时候了。这场公关战中途，被称为奥巴马医改的医疗保健倡议——"可负担医疗法案"走上台面，显然不想受到任何干扰，尤其不想受到来自太空的干扰，而且这还完全不是一个高优先级的事项。而且，显然国家元首也不需要受到国家英雄的批评。

这个局面得马上改变，越快越好。因此，白宫决定请总统亲自来帮助解决这个越来越糟的问题。助手开始准备2010年4月15日要在肯尼迪航天中心发表的演讲，这是奥巴马总统任期内第一个也是唯一一个事关太空的演讲，表明了美国将保持其在太空领域的领导地位。

演讲一开始就向巴兹·奥尔德林致意。奥尔德林支持撤销星座计划的决定，他坐在前排最中间的位子上，堂而皇之地正对着阿姆斯特朗、塞尔南和洛弗尔。然后奥巴马开始把话锋转向布什重返月球的计划。

"我不得不在这里直言不讳地说：我们之前就到过月球，"他说，"巴斯就去过。但我们有更多的空间可供探索，而且我们要做的还有更多。"

他承诺，国家不会放弃深空探测计划。宇航员在未来将首次登陆小行星。到

21世纪30年代，将会有一队人员赴火星周围飞行，他说："紧接着就是要登陆火星。"然而，他没有说什么时候会发生，只是说"我期待着看到这一切"。

然而，当时大多数人都关注着奥巴马如何改变方向，取消布什的计划。但他确实向传统工业基地做出让步，承诺保留洛克希德·马丁公司的"猎户座"乘员舱。最终，经过与国会的紧张谈判，白宫将同意发展类似"战神5号"的重型火箭。然而，"战神1号"火箭被取消了。

可以说，演讲中最重要的内容，就是承诺将会依靠相对未经验证的商业部门，来完成进入近地轨道的飞行。这是 NASA 的一个根本转变。NASA 高层的一些人对奥巴马政府的这场豪赌持谨慎态度。甚至连 NASA 负责人查理·博尔登起初都反对商业载人项目，这让他与他的副手加弗生了嫌隙。但是白宫已经下定了决心。在奥巴马的领导下，NASA 将继续下去，将航天飞机退役处理，并雇用承包商负责飞往国际空间站的任务。反过来，这将使得 NASA 能把重点放在深空的其他任务上。

"我知道现在有人说这样与私营部门合作是不可行或不明智的，"总统在演讲中说，"对此我不同意。事实上，NASA 一直依靠私营工业来帮助设计和制造携带宇航员进入太空的载具，这些载具囊括了从近五十年前约翰·格伦进入轨道的水星舱到目前在轨道上空运行的'发现号'航天飞机。通过购买空间运输服务而不是载具本身，我们可以继续确保严格的安全标准都能得到满足。但我们也将加快创新步伐，因为各个公司，无论是年轻的初创企业还是已经建立多年的行业领导者，都应该参与竞争，并设计、建造和发射将人类和物料带出大气层的新方式。"

演讲中在未来几年都会引起共鸣的，是奥巴马那句"我们以前就到过月球"。但是有一张照片也引起了同样大的反响，照片的流出实属偶然。除了演讲之外，白宫还在寻找一张合影，一张总统在卡纳维拉尔角和火箭的合影，这已表明他对太空的种种承诺。

为了缓解与星座计划鏖战之后的担忧，白宫决定，奥巴马将访问洛克希德·马丁和波音的合资企业——联合发射联盟。想要传达的信息非常明显：虽然总统可能刚刚取消了其主要项目之一，但传统承包商仍然是美国太空计划的重要组成部分。总统出现在他们的火箭旁边，将成为国会旨在缓解其担忧的一种认可和信号。

只有一个问题。联盟即将推出一款高度机密的航天飞机，被称为 X-37B，最终将在轨道上停留 674 天。但要在那上边做什么呢？五角大楼是不会透露的。这是一个秘密。就像整个项目一样。这就是总统不能在携带高度机密的有效载荷的火箭前拍照的原因。但国家安全委员会可不知道这样的理由。

所以，白宫只得仓促行事。但奥巴马反而马上要去访问 SpaceX，这是该公司热烈欢迎的高调活动。经过与树大根深的传统承包商多年奋战，相比于那些主要竞争对手，总统的访问将代表其在公关上的胜利，但实际上这次到访正如马斯克之后所说，"纯粹是一场意外"。

马斯克和包括莫斯德尔在内的 SpaceX 员工组成了一个小团队，在 40 号发射台上向总统致意。他们带着总统游览了发射场，并将总统带到了他们为了合照而竖立在发射台上的"猎鹰 9 号"火箭旁。莫斯德尔无法相信，自己居然和美国总统并肩走着，而马斯克正向总统展示他建的发射台。

那天的照片完成了 SpaceX 希望做的一切，甚至更多。这位年轻的总统与年轻企业家走在一起的形象是 SpaceX 可能获得的最大宣传。

奥巴马并没有公开表态。他在发射台上没有提问。在演讲中，他也并没有说出"SpaceX"这个名字。但在这儿，他非常随性，把外套搭在肩上，与马斯克步调一致，就像两个朋友在散步一样。图片非常有力，表达的信息也显而易见：这是未来。

这张图片好像是在说，总统开了一瓶香槟给火箭命名，并为它的使命祝福，而后用剑敲击单膝跪下的马斯克的左右两肩，把他纳入自己的骑士团麾下。

但马斯克发现，在这 15 分钟的游览中，奥巴马同时还在研究他。

白宫已经在他们眼前耸立的这枚火箭上下了很大的赌注。火箭将把货物运往空间站。而且看起来越发可能的是，这将成为 NASA 选择搭载宇航员的火箭之一。

别看它现在雄赳赳气昂昂地站在发射台，事实上，"猎鹰9号"这个比"猎鹰1号"复杂得多的飞行器从未飞过。目前，这只不过是一件展品，一件未经证实的道具，出现的部分原因是为了将注意力从对曾走在月球上的男人的批评上转移开来。鉴于 SpaceX 首次发射"猎鹰1号"出现的问题，以及火箭处女航普遍出现的高失败率，马斯克无法确保"猎鹰9号"的首次飞行不会在爆炸中结束。

总统也不确定。而且，马斯克忍不住觉得，奥巴马似乎正在试图预言未来。

"我觉得他想看看我是真可靠，还是真傻。"马斯克说。

事实可能介于两者之间。

"猎鹰9号"首次发射之前，马斯克发现自己处于一种很不熟悉的心态：他内心试图淡化这件事的意义。多年来，他都在大肆宣传这家公司，宣称可以制造更加可靠、价格更便宜的火箭，还说太空的未来就在 SpaceX 及其同类的手上。但现在，他试图转移注意力并管理期望值。

他说，即使只有一级火箭正常运作，任务的其他部分完全偏离轨道，这一天对他来说都算是"美好的一天"。

"我希望人们不要过分关注我们的成功，"他在发射前几天告诉记者，"因为把商业发射的命运和未来几天发生的事情画等号是不正确的。但它确实带来了更多的压力。因此，我们肩上的担子更重了。我个人并不希望这样。"

但现在已经太迟了。白宫进行了一场冒险的赌博，赌像 SpaceX 这样的公司可以信任，并能将货物、最终是宇航员送入空间站。这次飞行，远不仅仅事关单个公司的命运。整个行业的命运和白宫太空计划的很大一部分，在很大程度上，完全落了马斯克的肩上。他和他锐意进取的公司把这副重担挑在了肩上。

"这场充满戏剧性的发射如果失败，白宫本就岌岌可危的活动会被进一步削弱。此前白宫试图说服国会花费数十亿美元帮助 SpaceX 和其他两个竞争者，来开发 NASA 已退役航天飞机的商业替代品。"《华尔街日报》的一名记者写道。

2010 年 6 月 4 日，马斯克带着奥巴马游览后不到两个月，"猎鹰 9 号"又垂直站立在发射台上——这次是准备进行发射，而非作为合照背景了。

发射当天，莫斯德尔担任发射指挥，负责指挥进入倒计时的所有步骤，监测火箭的健康状况，并准备起飞。他在他的职业生涯中曾经参与过数十次发射，但是由于这枚火箭此前从未飞行过，这次发射特别令人紧张。

"在祈求好运之后，马上就开始了，"他回忆说，"在我所有的经历中，我从未感觉自己有准备充分的时候。我总是需要多一天的时间来研究这个研究那个，而为 SpaceX 进行发射时，这个时间变成了十倍。"

莫斯德尔在发射控制室的后面，马斯克则站在工程支援区域的前排，在那儿，副总裁正负责着推进和航空电子设备的控制。

在发射台上，"猎鹰 9 号"看起来恍若一个会呼吸的活物。在塔架及其支撑系统上，火箭吸入大量的推进剂，并在液氧沸腾时呼出大量的蒸汽，就像公牛在冲刺之前发出的怒吼。

莫斯德尔提醒自己要保持冷静，专注于发射的精心编排，以确保一切能井然有序。他对预演的步骤有信心，现在要做的事情首先是深呼吸。每走一个关键步骤，他都告诉自己，深呼吸。这将有助于解决这个问题。鼻子吸气，嘴巴吐气，一直持续到火箭进入轨道。

他宣布开始倒计时，发射主管随即宣布"猎鹰 9 号"准备发射。经过了"10，9，8……"的倒数之后，引擎开火了。紧接着"猎鹰 9 号"就离开了发射塔。

莫斯德尔深吸一口气。

引擎在嗡嗡作响，射出一条火红的尾巴。一分多钟的时间过去了，在剧烈的牵引之中，火箭经过了最大动态压力。

另一个深呼吸。

大约两分钟后，第一级引擎关闭。

吸气。暂停。呼气。

阶段分离。

深呼吸。

第二级火箭引擎启动。

另一个深呼吸。

整流罩打开了。

再一次深呼吸，莫斯德尔胸腔之中和肩膀之上的紧张感如潮水般退去。

现在他终于可以放松了。马斯克也是，让自己陶醉在这最新的、看似完全不可能的胜利之中。虽然"猎鹰1号"已经向SpaceX表明，自己可以进入轨道，但它本质上是一种测试工具。而现在，"猎鹰9号"成功起飞了，而且是第一次就成功了。马斯克宣布取得胜利，说这次发射"在很大程度上为总统的提议正了名"。

这也是对马斯克和SpaceX的证明，它证明了"龙飞船"的奇妙设计是合理的，该航天器最终将向国际空间站运送补给品。马斯克坚持认为，对一次没有乘客、只运货物到空间站的飞行来说，"龙飞船"的建造中有一项功能是完全不必要的。

那就是"龙飞船"有窗户。

当野兔锐意进取时，乌龟隐藏在它的壳中，在得州西部沙漠深处安静地工作着。在那儿，一切秘密都受到保护。但紧接着，在2011年8月24日，一阵雷鸣般的爆炸声在整个平原上回荡，表明讳莫如深的蓝色起源显然在做些什么。

稍加挖掘可能就会发现，航管局于2011年4月29日发布了第11-006号实验许可证。以得州西部该公司的设施为中心，方圆7英里的范围内，它允许蓝色起源可重复使用的亚轨道火箭发射，并发射推进"模块2号"（PM2）运载火箭。

在发射前几天，它还发布了"飞行员通知"，以便其他飞机避开该地区。

但该公司并没有谈及此次发射，并拒绝承认有爆炸发生，完全保持沉默，令那些寻找答案的人感到沮丧。是的，公司的设施非常庞大，而且远离任何形式的文明，附近也没有大型人口中心。但是，这次爆炸还是引起了人们的关注。流言在社交媒体上传播，有些人甚至打电话到 NASA，询问到底是什么东西掉下来了，弄出这么大的动静。最终《华尔街日报》的一名记者抓到了关于这场爆炸的风声，并发表了一则报道，称该公司的火箭爆炸了，这是个挫折，"突出了私人太空企业的巨大风险"。

多年来，蓝色起源对保密痴迷到了荒唐的地步。这间公司非常喜欢保密隐私，访问者必须签署保密协议（NDAs）。有一次，即使是一位想让自己的配偶参加公司假期派对的顾问，也被告知，她只有签署了保密协议才能来。圣诞老人如果来了这个派对，可能整个世界都不会知道有圣诞老人这回事了。

但是火箭爆炸却被得州西部几个担心的市民看到并察觉到了。他们开始寻思，那个鬼地方到底发生了什么。在 54 号公路附近发生了什么。那个遥远而隐蔽的围区看起来鬼鬼祟祟的。它离 54 号高速公路很远，入口没有标志，只有几盏路灯和监控。他们还以为这儿又来了一个大卫教派[1]。

NASA 感到很沮丧。它现在正在与蓝色起源合作，将之作为其商业载人项目的一部分，并最终授予其价值 2570 万美元的合同。多年以来，公司都由贝佐斯一人供资，它俨然成了一座孤岛，不用对任何人负责。但现在，它正在与政府合作，还把火箭给炸了。它得出来说些什么。

NASA 的通信主管大卫·韦弗打电话给该公司的公关代表，并敦促他们就火箭爆炸做出某种声明。保密只会加剧公众对这个神秘公司的猜疑。保密这一套在这儿不管用。时间越长，人们的阴谋论就会与日俱增。

最终，在爆炸发生后一周多的时间里，公司通过贝佐斯的博客发了一篇博文，标题为《短途试飞成功，虽遇挫折但我们正在开发下一个航天器》。这是该公司自 2007 年发出关于"戈达德号"火箭的通稿后第一次在其网站上公布最新消息。

贝佐斯带来了好消息："三个月前，我们成功地以短途飞行任务试飞了我们的第二架测试航天器。"这意味着它飞到相对较低的高度，然后又飞回来，安全

1　1934 年由基督复临安息日会分离出来的一个邪教组织。

地降落在发射台上。

他继续说道："在上周的开发测试中，我们尝试了 1.2 马赫的速度和 45000 英尺的高度，然后我们失去了我们的载具。"这句话的意思是，公司已经打破了声障。

"因飞行不稳定形成了攻角[1]，触发了我们的射程安全系统，终止了载具的推力。"换句话说，火箭偏离了航向，所以引擎自动切断了，而后火箭下降并坠毁。

"这不是我们任何人想要的结果，"贝佐斯继续说道，"但我们从事这个行业就是要克服艰险的，而且蓝色起源团队做得也非常出色。我们已经在研究下一个开发载具了。"

然后他写道："不断前进，永不言退！"

11 月时，该公司公布了其在 5 月摄制的视频，首次展示了火箭。火箭被称为"推进模块 2 号"，它看起来像一个农民的谷仓，矮胖而原始。它在一片烟雾和尘埃中升起，身后缀着一条火红的尾巴。它上升了几百英尺后暂停了片刻，在慢慢地回落下来之前盘旋在地面上方，好像一个木偶工作人员小心翼翼地将木偶降到舞台上。

几十年来，火箭最重要的部分就是引擎。但是这枚火箭有一些完全不同的东西，以前被认为没必要的东西。

这枚火箭有腿。

那年晚些时候，在 2011 年 12 月 2 日，洛丽·加弗难得有机会对蓝色起源一探究竟——她和杰夫·贝佐斯一起参观了公司。

他们穿过山洞般的、面积达 30 万平方英尺的设施。很显然贝佐斯已经在这里安了家。他知道人们的名字，知道他们在哪里上过学，做什么工作。工作人员看到他并不感到惊讶。在这里，他不再是世界上最富有的人之一，也不是亚马逊之王。他只是他自己，杰夫。

"这是一段非同寻常的经历，并不是那种典型的 CEO 之旅。"加弗回忆说。

1　空气动力学名词，为机翼的翼弦与自由流（或是相对风流的方向）的夹角。攻角为零时，机翼才有升力。

加弗无论是在国会山还是在 NASA，都大力支持像蓝色起源这样的初创企业。因此她想要得到一些关于这家公司与众不同的第一手证据——它会如何影响整个行业，它又如何把火箭变得便宜和可靠。

SpaceX 已经对此做了证明，40 号发射台本身就是一个创造性的大师之作，更不用说它内部构建火箭的创新方式了。她想知道的是蓝色起源的秘密。

从某种意义上来说，答案是柠檬酸。

一段时间以来，该公司一直将一种有毒的清洁剂用于其打算反复使用的引擎喷嘴。但是这种清洁剂价格昂贵且难以处理——它必须在单独的洁净室中使用，因为它有剧毒。然后有人发现柠檬酸也会起这种作用。所以，该公司开始大量购买。这是一个更简单、成本更低的解决方案，效果也更好。

"现在我是国内最大的柠檬汁进货商。"贝佐斯告诉她，发出了他标志性的嘎嘎笑声。

大约一小时后，很明显好奇、热情又充分支持他的加弗赢得了信任。所以当他们坐在会议室时，贝佐斯侧身说道："我想跟你说说我的大火箭。"

PM2 测试载具和将要把付费旅客送过太空边界的亚轨道火箭之外，蓝色起源已经开始草拟建造一枚轨道火箭的计划，这枚火箭足以向 SpaceX 的"猎鹰 9 号"发起挑战。

加弗希望蓝色起源能公开发表这个计划。她忍不住去想，这会产生怎样的新闻头条，又会给奥巴马的空间计划带来多大助力。这儿的私人产业，正在打算建造新的火箭，并装载完全由美国制造的引擎。并且它想和 NASA 合作。这就是贝佐斯告诉她的原因。

但他绝不会公开这个计划，因为时机还没到。公司信条之一就是做成了再说话。

不过，贝佐斯邀请她去参观了公司位于得州西部的发射和测试设施。那是它为新的亚轨道火箭测试引擎的地方，以及奇迹发生的地方。

虽然蓝色起源为了成为 NASA 的第二合作方而对其开诚布公，但这并不意味着它崇尚保密的公司文化会有任何改变。陪同加弗游览的 NASA 摄影师不允许进入工厂。他被迫在外面等待，直到游览结束才拍了合照。

与包括蓝色起源总裁罗伯·迈耶森和其业务发展及策略总监布雷特·亚历山大在内的公司高管一起，他拍摄了许多贝佐斯和加弗的照片。但在这些照片对外公布前，公司员工会对其进行审查。

最后，他们只允许公布了其中一张。

10
火中独舞的独角兽

20 世纪 50 年代末，卡纳维拉尔角迎来了太空时代。它吸引了无数人的目光，故而在附近沉寂的泰特斯维尔城，人们开始相信美国不只将人类送上了月球，更为他们自称"奇迹之城"的小城带来了新机遇。

随着政府为冷战投入大量资金，该地区的人口从 20 世纪 50 年代的 2604 人激增至 70 年代的 3 万多人。泰特斯维尔城即将兴建面积达 33 万平方英尺的奇迹之城购物中心，开发商们已准备就绪。"巨额利润，等你来拿"——这句话印在一本小册子上，用来吸引新租户到购物中心来。购物中心被形容为"极其现代化，和隔壁搞火箭的比也不遑多让"。

"奇迹之城"可能听起来像佛罗里达沿海房地产开发公司营销部门华而不实的炒作，但十分贴切。这片宁静的海滩上所发生的一切的确是个奇迹。NASA 直到 1958 年才成立。美国实施太空项目时，几乎是白手起家。三年后，艾伦·谢泼德成了美国第一位太空人。十年后，他把一根 6 号高尔夫杆偷带上"阿波罗" 14 号，并在月球尘埃中挥舞起球杆。

整个 20 世纪 60 年代，凭借前所未有的投资，NASA 带来了一场精彩的演出，制造了新的火箭和航天器，培训了一代又一代创造了不可能的宇航员，并且在击败苏联人登上月球的同时鼓舞了全世界。NASA 为这出精彩的即兴表演修了一个巨大的舞台：39A 发射台。

39A 发射台看起来像一座矗立于佛罗里达海岸的摩天大楼。它的顶端延伸到近500英尺高。在发射之前，宇航员会通过电梯到达台顶，还能最后看一眼海浪拍打地球的海岸线。台顶的支架上有一台电话，供宇航员出发前打最后一通，仿佛他们马上要遭受牢狱之灾。这部电话像孩子的玩具一样有着金闪闪的大号按钮，这是为穿着笨拙太空服、戴着手套的宇航员特制的。

如果把39A发射台看成一个舞台，那么由五台引擎（这就是被叫作5号的原因）构成的怪物——"土星5号"火箭就是这出大戏里的巨星。它每秒钟消耗15吨燃料，产生的动力足以为纽约市供能超过一小时。加满燃料后，"土星5号"总重超过了620万磅。它有300万个零部件，并且直到今日仍然是在建的推力最大的火箭。点火后，火焰和滚滚浓烟从引擎涌出，每道都有两层楼高，并通过如地铁隧道般宽的导焰槽奔涌而出。如地震一般的轰鸣声回荡数英里，泰特斯维尔的人们开玩笑称他们不能确定这到底是"土星5号"发射还是佛罗里达突然沉到海里了。

在39A发射台，NASA进行了许多重要的发射。这里是尼尔·阿姆斯特朗、巴兹·奥尔德林和迈克尔·柯林斯1969年升空奔月的地方。1972年，这里是行走于月球的最后一个男人尤金·塞尔南升空的地方。随着一次接一次的升空，39A成为太空时代的百老汇，一座大到能容下最宏大野心的圆形剧场。在1981年，39A第一次将太空飞船发射入轨。30年后，它承接了最后一次太空飞船的发射，标志着人类太空航行非凡时代的终结。

但是在2011年的佛罗里达海岸，太空船的退役给绰号"太空海岸"的布里瓦德县带来了极大的打击和无处不在的质疑，让这个地方措手不及：经过过去50年的发射后，美国突然发现自己在数十年中第一次无法让宇航员升入太空。相反，这个国家需要仰仗在登月竞赛中表现极佳的俄罗斯前往太空。

"阿波罗"之梦已衰败，它的栖居之所也已腐朽。

废弃的发射塔顶与过去曾容纳发射队伍的地堡遗留于海角之上，它们来自一个曾经庞大的人类太空计划，它们将是未来考古学家了解这片神圣土地历史的线索。有些人工制品也已经难见其形，如被拆下或掩埋的锈蚀脚手架，常常掩在草丛后不知通往何方的道路里。

在离 39A 不远的 14 号发射台,有一座阴森且挂着奇怪标志的大门,守护着"创造了美国首位太空人的发射场所"。那个人就是约翰·格伦,他复制了一年前尤里·加加林这位全球首位太空人的壮举。

观光巴士不再来了,在佛罗里达持续暴晒的阳光和海风吹起的云的遮盖下,也几乎没人去看博物馆式的展览。展览全面地讲述了 14 号发射台过往发生的一切。这一切还不是以约翰·格伦开始的,而是始于一只来自喀麦隆、名为伊诺斯的黑猩猩。它在肯塔基州立大学和新墨西哥州的霍洛曼空军基地受训成为一只"宇航猩"。

展览介绍中写道,当伊诺斯在 1961 年 12 月 5 日搭乘"水星—阿特拉斯 5 号"火箭升空后,它成了美国第一个被送上地球轨道的活体生物。伊诺斯在太空逗留了 3 小时 21 分并且为三个月后美国的载人航空铺平了道路。

展区内,在草木遮蔽的发射台前的停车场里有另一条独特的线索。四个带有名字和军衔标志的停车位分别属于从 14 号发射台升空的"水星"计划的宇航员:"约翰·H. 格伦二等中校""斯科特·卡彭特中尉""马丁·M. 斯基拉中尉"和"L. 戈登·库珀中校"。

停车场空无一人,仿佛在等待着某日宇航员们的灵魂归来。

被闲置的 39A 发射台在海风中生锈,野草在导焰槽里生长,被烧焦的遗迹中冒出了新绿的灌木。高架上的电话被遗忘了,也不再有人在另一端接听。

肯尼迪航天中心的大门外,因为失去了它的经济基底,太空海岸衰退了。奇迹之城购物中心也不可避免地倒闭了。在最后一次太空飞船飞行前,购物中心只有两家店:杰西潘尼和一个热狗店。最终,它被拆除了。

在被当作美国人创造力的丰碑和约翰·肯尼迪登月野心的产物后,39A 现已成为美国载人航天计划消失的象征。为了降低每个月 10 万美元的维护费用,NASA 早已拆解了部分设施。一位发言人承认,39A 发射台的状态并不坏,只是没有维护得很好。

2013 年，距离其竣工 40 年后的现在，NASA 不知道该如何处理这座发射台。这栋建筑在国家历史名胜古迹名单中，不能被拆除。

无人使用的 39A 发射台现在就是一座废弃的高塔，被 NASA 和纳税人视为负担和过去荣光的痛苦象征。对 NASA 来说，唯一的解决方法就是找到某个疯狂到愿意花钱翻修它、让它流失的美丽焕发新生的家伙来接手。

NASA 的员工知道没有多少人会租一个亟待维修的发射台，但是他们注意到了一位可能的承租人：一个在没有任何火箭研发经验的情况下从头开始创办太空公司，并谈论着殖民火星的古怪的百万富翁。这位令人意想不到的承租人名叫埃隆·马斯克，他已经置身于一幅令人难以置信却波澜壮阔的画卷之中。

"猎鹰 9 号"成功起飞后，SpaceX 准备进一步发展"龙飞船"，使其不仅能够运送货物，也能够运送宇航员。这意味着制造名为"重型猎鹰"的更大型的火箭能够推行马斯克最开始殖民火星的目标。马斯克甚至给殖民行动标上了价格，他对 BBC 的记者说："我们能做到使去火星的往返机票价格降到 50 万美元。"

2012 年 5 月，这家公司在发射"龙飞船"到宇宙空间站时正在瞄准另一个里程碑。发射一枚火箭是一回事，让一架宇宙飞船入轨、停泊或入坞是复杂得多的另一回事。后者只有美国、俄罗斯和日本三个国家成功实现过。

成功的压力很大，一些 SpaceX 的员工数月之内夜以继日地工作。在指引"龙飞船"到达空间站的那几小时里，一位熬了通宵的筋疲力尽的工程师像流浪汉渴求零钱一样说道："我现在又饿又累，请你一定要泊好啊。"

经过澳大利亚上空时，美国宇航员唐·佩蒂特使用国际空间站上 57 英尺长的机械臂接触并抓住了世界上最新的宇宙飞船——"龙飞船"。虽然轨道实验室以 17500 英里每小时的速度在地球轨道上运行，但在空间站宇航员的小心指引下，"龙飞船"太空舱停好了位置，SpaceX 遂成为第一家完成这项任务的私人公司。

佩蒂特告诉休斯敦的 NASA 行政官员："看起来我们抓住了一条龙的尾巴。"

在洛杉矶外 SpaceX 的总部,雇员们爆发出热烈的掌声,高喊着他们老板的名字。"我们爱埃隆!"马斯克现在发展出一批狂热的追随者,而 SpaceX 也已经扩大,现在拥有超过 2000 名平均年龄在 30 岁的雇员,手头的合同价值 40 亿美元。

佩蒂特紧接着说道:"我认为这是太空旅行中的一个重要的历史性时刻,希望这只是个开头。"

2013 年 3 月 1 日,"猎鹰 9 号"火箭起飞,载着它的第二批官方货物前往空间站。虽然火箭运行平稳,但"龙飞船"却在起飞的第一小时内就遇到了麻烦。

"猎鹰 9 号"火箭的集成工程师约翰·因斯普鲁克在退出公司的网页直播前说:"虽然'龙'进入了地球轨道,但它现在的确有些问题,我们必须知道为什么会发生这样的问题。"

任务控制中心里的 SpaceX 团队为了找出问题所在简直费尽了力气,没多久他们就发现,是一个阀门堵住了。

SpaceX 的高级项目总监史蒂夫·戴维斯开始做最坏的打算——终止任务并让太空飞船返回地球。但是据他回忆,当时团队成员们在犯愁,"飞船都这样了,还能不能飞回来"。他说:"我们难以确定,这是我们第一次准备紧急重返大气层,这可是件大事,你得把飞船从大气层硬拽回来。你必须实时重排路线。这可一点都不酷,我们当时都快疯了。"

他们之前也曾感受过同样的恐慌。2010 年晚些时候,"猎鹰 9 号"第二次发射和"龙飞船"的第一次试射前夕,在最后的火箭检查中发现了第二级火箭引擎的导管(或者说裙部)有个裂纹。这可不好。

戴维斯说:"让火箭带着裂纹飞行可不行,我们都在想自己能做些什么。"

正常的流程将是拆解火箭,替换并重新检查引擎裙部。戴维斯说:"这样得一个月后才能发射。"没人想浪费这么多时间。

与之相反，马斯克对他的团队提出了一个大胆的想法："如果我们把裙部裁掉呢？比如沿着裂缝切开？"这样就好像在修指甲一样处理引擎的裙部。

"他询问了每个人：'你觉得这样会产生什么不好的影响吗？'"

戴维斯说，裙部更短意味着从引擎得到的推力将减少，"但是由于裙部富余的空间颇多，所以削掉一点也没关系"。其他人都赞同这个想法，"最后做决定只花了 30 分钟"。

该公司派了一名技术人员从加州飞往卡纳维拉尔角，带了一架剪切机，沿着裂缝剪开了裙部。"我们成功地在第二天进行了飞行，"戴维斯说，"这可能是我们曾经做过的最愚蠢的事情，但它确实非常棒。"

这不是 NASA 的处理方式。但他们的办公人员认可 SpaceX 的行动，而且觉得这个方式是可行的，并批准了这次发射。SpaceX 如此快地解决了这个问题令他们感到吃惊。

所以即使现在"龙飞船"遭遇了阀门堵塞的麻烦，NASA 也决定让他们来解决。

NASA 人类探索和行动副行政官比尔·格斯坦迈尔和空间站项目管理主任迈克尔·苏弗雷迪尼在房间里小心翼翼地看着 SpaceX 的一举一动，看着他们要怎么把"火箭打的这个嗝给拍开"。他们是体制内的资深官员，在 NASA 待了近六十年之久。他们经历过"挑战者"和"哥伦比亚号"的灾难，看到过太空中的各种问题。现在 NASA 面临着又一个潜在危机，他们却只是自顾自地轻声说话。

站在一旁的 NASA 副局长洛丽·加弗坐不住了。SpaceX 的"龙飞船"不只是出了问题，而是麻烦大了。如果与空间站对接失败乃至整个任务失败了，批评声将纷至沓来，并把奥巴马倚重私营部门承包商的决策一举推翻。这个任务必须成功。他们必须找到一条途径去迅速拯救"龙飞船"。

格斯坦迈尔知道，他自己就是解决这个问题的最佳人选，苏弗雷迪尼也知道。这两位 NASA 的资深政治家只是站在那儿，有一句没一句地给点意见，看着 SpaceX 这些个愣头青。他们看起来真的是些毛头小子。但大多数时候两人都是静观其变，让他们自己收拾烂摊子。

加弗则竭力想让他们赶紧接手，掌管并拯救 SpaceX。但是，他们却退缩了。

"他们的角色像是祖父母，而不是父母，"加弗回忆说，"就像个老爷爷在带他们钓鱼一样，'试试那边。那边可能会有一些鱼'。"这种不痛不痒的话是说来让孩子自己去学钓鱼的，效果自然没有一个不耐烦的父亲手把手抓着钓竿来得好。

"要是哪里有我们说得上话的地方，我们肯定会说。"格斯坦迈尔回忆道。但这不是 NASA 的航天器。有点资历的聪明人绝不会去越俎代庖。

"我们确实在担任顾问的角色，"苏弗雷迪尼说，"我们只能给予他们高层次的指导。"

这两人只看不做，控制室里的"孩子们"却取得了一些进展。阀门卡住，疏通就是了。但在以 17500 英里每小时环球飞行的航天器上，这可不是个简单的任务。但是 SpaceX 团队知道，如果他们能在阀门前积蓄压力，再突然释放的话，刚好可以打开阀门。

"就像给太空飞船施了海姆立克急救法[1]。"马斯克随后解释道。

紧接着其中一位工程师开始写指令，在飞船上创建压力值。之后，他们尝试将这个新指令放到"龙飞船"上，就像苹果手机更新系统那样。当时，NASA 的工作人员就意识到，自己眼前所见极不寻常。因为他们知道，飞船总是会出问题的，解决问题永远不是关键，解决问题的速度才是。

"SpaceX 团队总是能快速适应当前的环境。那一天真的太神奇了。"苏弗雷迪尼说，"他们真的十分了解那一套系统和软件，这就是成功的秘诀之一。在场的一些成员写了原始代码。"

但是团队在和飞船交流上却遇到了难题，指令传不出去。所以有人马上给空军打了电话，让公司使用其功率最强的卫星，成功地上传了指令。

---

1 将人的肺部设想成一个气球，气管就是气球的气嘴儿，假如气嘴儿被异物阻塞，可以用手捏挤气球，气球受压，球内空气上移，从而将阻塞气嘴儿的异物冲出，这就是海姆立克急救法的物理学原理。

指令成功地打开了阀门。"龙飞船"总算能和空间站接驳了。

SpaceX 整个团队都深吸了一口气。

"真的是太紧张了，"马斯克说，"当时有那么一瞬间，我们都觉得要放弃这项任务了。好在最后指令成功发出，并起了作用。"

一旁观望的两位"祖父"一脸欣慰。SpaceX 凭借一己之力力挽狂澜。

这是一个转折点，是 SpaceX 的成人礼。这家公司如今终于拿到了老男孩俱乐部的通行证。SpaceX 可谓风生水起，更在因总统一纸法令而逐渐兴起的新太空运动中占据领头羊的位置，但没有什么比 39A 发射台转入私营部门手中一事更能体现其得势了。2013 年，马斯克把目光转向了 39A 发射台，而且看起来他绝对会借由这个世上最德高望重的发射台来为他的成就锦上添花。

NASA 领导层中的一些人觉得，NASA 应该直接签字，把发射台转交给 SpaceX，有人愿意接受就感恩戴德了。但其他人知道这会成问题。就算只是走走程序，他们也得公开竞标。当然了，目前还没有其他公司愿意接手。谁会想要一个要耗费上百亿修复的二手发射台呢？

接着好事就来了，宇航局收到了其他招标，对方是一家小公司，多年以来籍籍无名且十分神秘。但如今，蓝色起源已经慢慢从阴影中走出来了。

一年前的 10 月，加弗再次参观了蓝色起源，这一次参观的是位于得州西部的设施。十年前，贝佐斯开始私下购买土地。如今，这里已经有了一系列功能齐全的发射设施，配有引擎试验台和发射场。

加弗对测试台特别感兴趣，因为 NASA 正以 3 亿美元更新其设备，这一点让她惊讶不已。当她参观了蓝色起源的测试台时，她问她的导游、一位年轻的工程师，需要花多少钱建造这个发射台。他的回答是：不到 3000 万美元。

便宜了十倍。她再次为私人企业效率如此之高震惊不已。"我们可以在这里测试我们的火箭吗？"她问公司的人。对方马上表示了反对，因为他不想应付政府的官僚作风。

除了试验台，蓝色起源还给她展示了一张奇怪的图表。蓝色起源的一间办公室墙上，有一排正方形的网格。每个正方形代表了得州沙漠中的一片土地。几天之后，公司将会进行一次火箭火灾逃生训练——发射台逃生测试。该想法是为了证明如果火箭发生任何意外，承载宇航员的顶端舱体也能够飞到安全的地方。

在测试时，他们将舱体放在发射台上，然后点燃引擎，以确保在助推火箭出现问题时，太空飞船将能够尽可能快地让机组人员离开。加弗现在看到的网格代表了飞船在飞行几千英尺进入空中后、安全跳伞回到地面时员工认为它会降落的地点。蓝色起源团队甚至合起来打了个赌。只要花上五美元，你就可以选定一个方格，如果舱体落在那里，你就赢了。

加弗也挑了一个方格，但是她告诉公司，如果她赢了，奖励就捐给团队。几天后，也就是 2012 年 10 月 19 日，蓝色起源业务拓展主管布雷特·亚历山大给加弗发了一封邮件。

"成功了！"邮件主题栏写着这几个字。

"这次逃生测试非常成功！"他在邮件中写到，"数据仍需检查，但看起来很棒！"

"天哪，恭喜！我正准备给你回复邮件！"加弗在回信中写道。

"顺便说一下，你是 11 位获胜者之一，你们选中了地点！我们距预测的平均位置 11 英尺远！我们用你的奖金买了啤酒、苏格兰威士忌和龙舌兰酒。:)"

"你注下得真准！:)"亚历山大回信说。

几个月后的 2013 年 1 月，蓝色起源的新闻更多了。公司总裁罗伯·迈耶森在给 NASA 局长查理·博尔登和加弗的邮件中写道：已在为"新谢泼德"火箭提供动力的引擎上取得巨大进展。

"很抱歉今天没能到航空博物馆去陪您参观，"迈耶森在 1 月 15 日的邮件中写道，"我原本打算去的（甚至连外套都穿上了），但还是决定回肯特，去我们在得州西部的发射场地看看新 BE-3 引擎的第一次测试。BE-3 是我们研制的十万磅推力火箭引擎，以液态氧和液态氢作为推进剂。在克服了常规障碍后，我们终于能够在今天下午四点左右完成测试。这对公司而言是一个巨大的里程碑，也是多年努力的成果。"

他接着感谢了 NASA 的支持，称它帮助公司在开发时节省了大约一年的时间。

这确实是一个巨大的里程碑——而且是公司的亨利·福特[1]时刻：杰夫·贝佐斯正在建造一个火箭引擎。加弗立刻察觉到了 NASA 和白官的一次公关机遇。他们此前给了蓝色起源一份 2570 万美元的合同，表示支持私人太空行业，因此她希望能向外界大肆宣扬这次成功。让国会、各大产业甚至 NASA 领导层的所有怀疑者都知道，这些公司在政府的帮助下是可以取得成功的。

"你之前提到过，NASA 的帮助为你节省了整整一年的开发时间，这条消息很受欢迎。"加弗写信给迈耶森，"我希望能够在不久之后的演讲或声明中让更多的人知道这一消息。你们是否愿意在公开这条信息方面配合我们呢？"

"我知道你们是那种'少说多做'的公司，"她继续说道，"所以我不想自作主张公开这条信息。但是无论哪种方式，能让政府和行业团队相互合作，我都是乐见其成的。"

公开声明是有的，但拖到了一个多月以后。关于引擎测试的新闻中都只提到引擎测试通过了，更多的报道说的是蓝色起源和 NASA 在引擎测试上继续开展了合作，但 NASA 没有提供进一步的资金。

2014 年全年，公司都计划继续有条不紊地测试火箭和太空舱，"重点关注动力和驱动系统、技术、太空推进、多路复用航空电子设备和飞行力学。公司还将进一步开发航天器指引、导航和控制系统"。

换句话说，贝佐斯已准备好一切。

---

1 福特汽车创始人，是世界上第一位将装配线概念实际应用在工厂并大量生产而获得巨大成功的人。这种新的生产方式使汽车成为一种大众产品，对美国文化产生了巨大的影响。

贝佐斯想要使用 39A 发射台来秘密开发他的新型火箭,在公司内部这枚火箭被叫作"老大哥"。发射台可是国家宝藏,他从孩提时代就一直着迷于此,当时他只有五岁,而"阿波罗 11 号"才刚升空。他很久以后说道:"对我来说这是个重大时刻。"如果马斯克获得了发射台的独家使用权,就相当于 NASA 宣布选择 SpaceX 作为"阿波罗"的合法继承人。

过去十年大部分时间里,蓝色起源对自己冷眼旁观的态度十分满意。但现在不是这样了。沉默结束了。39A 发射台以及它所代表的全都十分珍贵。如果 NASA 愿意放手,贝佐斯就会出价。

贝佐斯团队曾在 2013 年试图争取过 39A 发射台的所有权,因为他们认为这座意义非凡的发射台不应该由任何一家公司独有。与 SpaceX 不同,蓝色起源承诺将与其他公司如波音和洛克希德,甚至 SpaceX 共享发射台。

NASA 审议了两项提案,并研究了其中利弊。马斯克和 NASA 建立关系已有很长时间。美国宇航局在 SpaceX 中投入了数十亿美元。甚至奥巴马总统在几年前还通过参观 40 号发射台,变相为 SpaceX 背书了。

但实际情况是,蓝色起源还不能从 39A 发射台发射火箭。即使有朝一日慢慢悠悠、深思熟虑的乌龟可能会迎头赶上,兔子也已经跑得很远很远,甩了乌龟一大截。比赛还没有结束,马斯克就胜了,还把这个极具象征意义的发射台加到他那一长串的胜绩里,其中自然也包括他和贝佐斯的首次竞争。

事情可能就这样了,但贝佐斯可不打算放弃。蓝色起源试图通过法律抗议来扭转裁决,它认为 NASA 过去做出裁决的标准存在缺陷,发射台应该是几家公司可以共用的"商业航天港"。

为了把案子打赢,蓝色起源还寻求了联合发射联盟公司的帮助。这家洛克希德·马丁和波音的合资企业一直都是 SpaceX 的主要竞争者,早就想在这次事件里插一脚、找找马斯克的麻烦了。

联盟马上和蓝色起源建立了紧密而便利的合作伙伴关系,传统承包商的优势和新兴企业的创新结合到一起,更别提后者还有史上最富有的人之一的支持了。

联盟在对美国太空新闻网（SpaceNews）的声明中表示，它将"继续与蓝色起源分享我们在发射基础设施方面的技术专长"，这反过来又使39A发射台能够拥有多个租户。

联盟还寻求了态度友好的参议员的帮助。他在致NASA局长博尔登的信中写道："将发射台仅给一家而非所有公司使用，意味着从根本上给了这家公司垄断权，让太空发射的竞争更为激烈，成本更高。"

法律抗议实质上是"嫉妒发射场，这样做很烦人"，马斯克后来提到。"连根牙签都没法送上轨道，就打官司争39A发射台……还说蓝色起源有资格用39A发射台，真是荒唐。"

华盛顿的抗议和游说以及联盟与蓝色起源突然组成的非正式联盟让马斯克大为光火，同时蓝色起源开始挖走马斯克的一些员工。在马斯克的传记中，传记作者阿什利·万斯还提到，SpaceX甚至设计了一个电子邮件过滤器，用于搜索员工收到的来自"蓝色起源"的邮件。

像39A发射台这样的纠纷并不是头一回了。2008年，SpaceX起诉了其前雇员之一马修·利曼，声称他违反了合同——蓝色起源利用他提供的信息"试图招聘多名SpaceX员工，这些员工了解SpaceX的设计工作和相关保密信息的具体细节"，该诉讼声称。"蓝色起源利用极端措施吸引这些SpaceX员工，让他们离职并加入对手公司。"

这起诉讼最终被驳回。但紧张局势仍旧持续，现在39A发射台的纠纷只会火上浇油。9月，马斯克向太空新闻网发了一封电子邮件，对其新竞争对手进行了严厉的抨击，称其抗议活动是个"再明显不过的阴谋诡计"。尽管蓝色起源已成立数十年，但它仍然"没有成功创造出可靠的亚轨道太空飞船"。他写道。

"因此，他们不可能在未来五年租期内成功开发出符合NASA严格标准的轨道载具。换句话说，我不确定蓝色起源的做法是否有恶意，但联合发射联盟却明显动机不纯。"

话里话外有一丝非常微妙的讽刺，很多人都可能意识不到，但那对马斯克很重要。正如他多年来不断指出的那样，蓝色起源的"新谢泼德"火箭将是亚轨道的，这意味着其助推火箭和他正在建造的在强度上完全不能比。他的助推火箭可是强到能够达到轨道逃逸速度的，要想摆脱地球引力留在轨道之上，必得达到这个速度。相比之下，蓝色起源公司的火箭在上升后会直线下降，就像一个扔向空中的球。

"与其在这个问题上纠结，不如用简单的方法来找出真相——他们在虚张声势，"马斯克继续说道，"如果他们真的在未来五年能制造出符合 NASA 人类评级标准的飞行器，即可以与空间站对接且刚好和 39A 发射台相匹配，我们很乐意满足他们的需求。但是坦白讲，我们更可能看到的是一只在导焰槽里跳舞的独角兽。"

导焰槽里跳舞的独角兽。无论他是否真心这样说，这句战斗口号已让他手下的团队斗志昂扬，看到自己的上司如此大胆让他们非常开心。然而，十分讽刺的是：马斯克对蓝色起源的所作所为，和波音、洛克希德在十年前对待 SpaceX 时如出一辙。当时的 SpaceX 提出了无数诉讼，试图进入市场。

蓝色起源公司回应了马斯克的嘲讽，宣布其正在开发轨道飞行器"老大哥"，这台飞行器将由内部制造的新引擎提供动力。但蓝色起源并没有上钩。马斯克的侮辱并没有激起其他情绪，他们依然如往常一般默不作声。

贝佐斯坚持自己的做法："成为乌龟而不是野兔。"

SpaceX 立即着手重建 39A 发射台。肯尼迪航天中心对于太空事业，就像白宫对于政治一样重要。现在，这个航空中心的典范形象之中，又多了一个公司的标志——在一间库房的侧面，能看到一个巨大的 SpaceX 标志横跨其上。虽然 SpaceX 还没有登陆火星，却在佛罗里达太空海岸最神圣的土壤之上扎了根。

该公司正在锐意前进，展望未来。但是和蓝色起源的纠纷让 SpaceX 的很多人愤懑不已。发射场主管在导焰槽里放了差不多一百只独角兽玩偶，然后把它们悉数炸掉，还拍了照片。在华盛顿的私人会议室里，墙上挂着一张《星际迷航：下一代》中让－吕克·皮卡尔上尉的海报，这是贝佐斯童年时最爱的电视剧。

　　他喃喃自语："蓝色起源究竟需要佛罗里达的发射台做什么？"

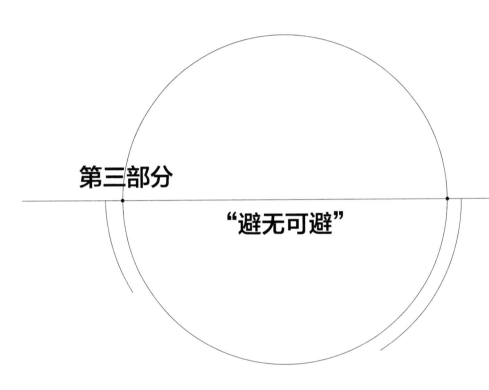

第三部分

"避无可避"

下一站　火星：马斯克、贝佐斯与太空争夺战

T h e   S p a c e   B a r o n s

11
"神奇的雕塑花园"

杰夫·贝佐斯不免怪罪船员带了香蕉上船。

在2013年3月初，杰夫就从他自己那逐渐壮大的亚马逊集团暂时离开，去海上进行为期三周的探险，还组建了一支世界顶级的深海探险家小队。不过，虽然队员们经历都很丰富，他们却似乎违反了海员最古老的一条规定：不能带香蕉上船。

"海床工作者"是一艘挪威救助船，配有最先进、昂贵的水下机器人。船员们带了约一蒲式耳（约36升）的香蕉。现在，船只遭受着他们称之为"土星"的冬末风暴的袭击，香蕉带来的诅咒开始阴魂不散地纠缠着他们。

"土星"风暴从落基山脉向东横扫至美国中西部地区，未到海面就使这个国家大部分地区白雪皑皑。而在海上，海风搅得大西洋波涛汹涌、险象环生。马里兰州阿萨提格岛约15英里开外，风暴摧毁了一艘67英尺的渔船，船体裂开，三名船员中两名不幸遇难。

很快，风暴摇晃着"海床工作者"号和60名船员。船员不仅包括贝佐斯探险者团队中的优秀队员，还有贝佐斯的家人，包括他的父母、哥哥和小叔。

本该是一次家庭探险之旅和远洋度假。风暴却突然降临了。长风怒号，波涛涌向船只，散成厚厚的大片，覆在船身上，整个船像个节拍器般来回晃动起来。

他们想着朝南行驶躲避风暴，但风暴太大。没办法，他们只能等船平安渡过风暴。

那是 2010 年 7 月漫长的一天，大卫·肯嘉尼在位于费城大道的律师事务所接到一个电话。打电话的女士只肯透露其名，说自己代表一位客户来询问，但也没明说客户究竟是谁。肯嘉尼最近接到了许多莫名其妙的电话。就在不久前的一天，有人着急地催促他帮忙搜寻一座位于机场地下的神秘的堡垒。这座堡垒是圣殿骑士团[1] 根据 12 世纪一个基督军令建造的。

电话里这个女人似乎又是另一个异类。"不过那天我恰好觉得无聊，就和那个打电话来的人聊天。"他回想起那个女人说的话。最后，她透露自己在一个"高净资产人士"手下工作，提出了她想问的问题：是否有可能复原遗落在大西洋底部的 F-1 引擎？

肯嘉尼完全不知她在说什么。他用谷歌进行了搜索，F-1 引擎或是哪个赛车的部件，或是"阿波罗"时代的"土星 5 号"火箭。如果是赛车部件，他就没什么办法，但要复原载着宇航员上月球的火箭引擎，那可是个不错的计划，特别是对他这样的探险者来说。

肯嘉尼不仅是一名律师，还经营着一家为探险者服务的公司。数年来，他帮助过攀登珠穆朗玛峰或到海底探险的人。他的团队帮助复原过好些沉船（包括"泰坦尼克号"在内）的工件。

"嗯，这事还是可行的。"他答道，"任何事都是有可能的。"

不过，事情做起来会相当困难。他发现研究这件事所需耗费的精力比寻找"泰坦尼克号"的残骸还困难。"泰坦尼克号"长 883 英尺，重量超过 52000 吨。在海底，这艘船有六层楼高。探险者于 1985 年发现了它，并有详尽资料表明它沉没的确切位置。也许更重要的是，在他们之前的探险搜寻范围已经覆盖了数百平方英里，所以他们知道不用再到哪些地方搜寻了。

肯嘉尼之后回想，相比之下，F-1 引擎则小得多。"就像在'泰坦尼克号'

1　中世纪天主教军事组织。

上找一个躺椅或是锅炉一样。"

没人知道引擎在哪儿，至少没人知道它的具体位置。"土星5号"火箭从肯尼迪航天中心的39A发射台发射之后，其第一级火箭与机身分离，落回地球，最后沉入海洋中。但没人追踪过火箭引擎的下落。基于飞行轨迹，NASA对碰撞点也只有相对模糊的概念。但航天局没有用雷达来追踪，也没发出"航海通告"警告船只避开某个可能会有火箭助推器从空中落下的海域。

即便可以找到引擎，也不知道引擎所在的区域是个什么环境。也许炽热的引擎在落入冰冷的大西洋海水时会完全碎裂。也许，在海底遗留40年后，它们已经腐化变质了。肯嘉尼第一次见到"泰坦尼克号"的残骸是在纽芬兰岛海岸附近，那里有12460英尺深，每平方英尺的压力高达6000磅。他感到震惊，不是因为残骸的壮阔，而是由于残骸处在极其恶劣的环境。

"看起来，'泰坦尼克号'就像是湿沙构成的，"肯嘉尼曾在一次任务描述中写道，"船只和我想象的大不一样。实际上，它看起来像在逐渐腐烂，如同从顶端熔化的蜡烛。可以想见，数年之后，'泰坦尼克号'只会在海底留下一点印迹。"

"阿波罗"飞船的引擎可能也处于类似或更恶劣的环境中。而且还是在假设能找到它们的情况下。

这个神秘电话的拨打者想必是有无穷的耐心，财力也应颇为雄厚。对于执行一个大多数人认为鲁莽或是不可能的任务，想必她也应当具有魄力才行。

一个月后，神秘女人再次来电。她的上司仍有兴趣继续这项任务，现在这个女人已经准备好透露他的身份：杰夫·贝佐斯。肯嘉尼一点也不惊讶。他不知道贝佐斯对太空感兴趣，想经营一家太空公司。不过，肯嘉尼和许多富人甚至一些名流合作过，比如和詹姆斯·卡梅隆一同参加泰坦尼克之行。

在贝佐斯看来，这些引擎就是他五岁时给予他启发和鼓舞的"阿波罗"任务的具体体现。他对有着强大动力的F-1引擎简直入迷，并把它们称为"现代奇迹"。每个引擎有150万磅的推力，5个引擎每秒共燃烧15吨燃料，在火箭的第一级掉入海中之前，仅燃烧两分半的时间。

"再难找到比 F-1 引擎更精湛的设计了，它是迄今为止设计并制造的最有威力的单燃烧室火箭引擎，"他说，"这些引擎中，65 个都飞走了，并且没有任何失误。"

虽然在别人看来，这些引擎仅仅是一些钢铁块，没有什么实际意义，但对贝佐斯而言，却是重要的工件。"这就是首次把人类送上月球的实际物体。"他说，"它们真是个奇迹。对我来说，它们承载着上千热情洋溢的工程师把'阿波罗'计划付诸现实的回忆。"

但它们在海底被遗忘了 40 多年。"它们不该永远被遗弃在那里。"他说。

那时，蓝色起源的"新谢泼德号"火箭正在研发中。它与高 363 英尺的"土星 5 号"火箭相比，显得小了许多，只有 65 英尺高。它仅有一个 BE-3 引擎，仅能承载 11 万磅的推力，而 F-1 引擎却可以承载 150 万磅的推力。

不过，型号稍小的"新谢泼德号"却可以完成一些"土星 5 号"无法完成的任务。它能发射至太空，之后又自动飞回地球，在飞回地球的途中调整其路径，能精确地自我导航至降落点。这样一来，它可以反复飞行。

对贝佐斯来说，F-1 引擎不仅代表着"阿波罗"时代航天工程巨大的成就，同时在火箭只可用一次的时代，保留了它们的初始原貌。重新找到这些引擎后，它们就会在属于它们的地方——博物馆展出，标志着人类史上最具历史意义的功绩。不过，它们也会被视为一种遗迹，就像马匹和马车那样的古物。

"蓝色起源公司决心开创一个新篇章——可复用性。"贝佐斯之后会这样说，"那就是让人们支付得起太空旅行费用的关键。不会再有引擎落入海中。我们也不希望任何人在 50 年后在大西洋中寻找我们的引擎。"

2011 年 9 月 24 日，肯嘉尼的船员们从弗吉尼亚州的纽波特纽斯出发，他们的船之前是一艘海军间谍船，这艘"海洋拥护者号"有 224 英尺长，翻修后主要任务是研究调查。

这是一次勘察任务，他们将尝试是否能找到引擎。最终目标是找到在"阿波罗 11 号"任务中使用过的引擎。贝佐斯希望拥有历史性月球着陆任务的一块碎片。如果他的船员们成功了，他们就会再回来，在另一次独立的探险中修复他们所发现的物件。搜寻区域位于佛罗里达海岸几百英里开外，面积约有 180 平方英里。他们认为在这里可能会有希望寻得他们想要的东西。不过，他们将潜入深度超过 1.4 万英尺的海底，约位于地下 2.5 英里，比"泰坦尼克号"的残骸隐藏得还深。在那里，海床像月球表面一样一片荒凉、渺无人烟。阳光不会照射到那样深、那样寒冷的地方，因此那里也是一片黑暗。那里的水压是每平方英寸 7000 磅。

他们进行海底搜寻用的是声呐而不是摄像机。声脉冲会反映出海床上的物体，并测量它们的距离和方位。使用声呐可以探测出约 4000 英尺的更远距离，可以在有 10 个足球场的距离探测到小如飞机螺旋桨一样的物件。

不过，要把声呐带到海底是一项艰巨的工作。船只必须在没有锚的情况下保持位置固定，在被潜流、波浪和风推动的同时使用引擎推力器。侧扫声呐系统固定在一个长 15 英寸、重 6 吨的"拖鱼"[1] 上，这个拖鱼看起来像一个小型鱼雷。用长 3.28 万英尺、重 20 吨的缆绳把拖鱼放入海底。声呐系统耗资超过 100 万美元。

船的位置固定好、搜寻工作准备就绪后，他们花了 5 小时才把拖鱼放置好。然后，拖鱼就将开始探测海床，寻找类似火箭引擎的物件。船员两个星期以来夜以继日地工作，终于制出一张搜寻海域海床的地图。辛勤努力终于得到回报：他们发现了上千个人造物体，其中，超过 300 个是所谓的高价值的物品，他们认为这些可能就是火箭引擎，它们分布在 18 个不同的区域。

对数据进行研究之后，贝佐斯数月后在博客中提及此次发现："我们不知道这些引擎处于怎样的环境中，它们以高速击中海面，在海水中沉没了 40 多年。从另一方面来讲，它们质地都比较坚硬，我们看看吧。"

引擎找到了。现在他们需要把引擎从海底捞出。

1　拖曳式声呐换能器。

2013 年 12 月，美国政府正努力攻克重返月球计划，马斯克正要在 40 号发射台与奥巴马总统见面，而与此同时，一艘挪威船只从百慕大群岛起航，已做好复原引擎的准备。

这次任务由贝佐斯投资，队员们都深知这一斥资数百万美元的任务的重要性。肯嘉尼组建了一支优秀团队，队员包括约翰·布罗德沃特——美国海洋及大气管理局国家海洋保护区办公室前首席考古学家和世界顶级水下搜寻专家文斯·卡彭。团队还有一个名叫肯·卡姆勒的医生，他是探险考察医药护理方面的专家，之前曾参与过许多较危险的探索，包括珠穆朗玛峰之行。乔恩·卡拉克尔的《走进高峰》杂志中记述了这位医生在途中救助生还者的经历。

此次任务共有约 60 人参加，包括贝佐斯本人在内。他在海上将旅行持续三周，他将暂时离开亚马逊集团，不过，在停工的时候，他会抽一些时间在船舱内用电脑工作。

之后他会说，能和家人一同参加此行"十分有趣"，"能够分享这次经历也十分有意义"，会向母亲杰姬和父亲麦克、哥哥马克和小叔史蒂夫·普尔分享。

为了执行此次任务，团队购得一艘新船只，与两年前在勘察任务中用的那艘不同。这次，他们使用的是一艘名为"海床工作者"的搜救船。这艘船有 6 层楼高，长 290 英尺，重超过 4000 吨。该船的驾驶舱看起来像是大型太空飞船的控制中心，船长有一把舒适的大椅子，还有操纵杆和显示实时数据的电脑屏幕。这艘船还配有 GPS 动态定位系统，能够针对目标精确定位。

也许"海床工作者号"最重要的是拥有两个遥控潜水器，实质上是能在船上控制的两个水下机器人。耗资 700 万美元的遥控潜水系统能够在极深的海底工作。

"我们的工作环境是 3 英里以下的深海，"卡彭说，"我们的机器人就像用 3 英里长的缆绳控制的提线木偶。能够有效控制这些机器人就像一场精彩绝伦的深海芭蕾舞表演。"

船从百慕大群岛西南方起航，航行 500 海里（1 海里 =1.852 千米）到达恢复中心所在位置时，天气十分恶劣。不过，"海床工作者号"十分英勇，乘风破浪，船员能够在15英尺高的海上操作遥控潜水器。2013年3月2日，他们抵达恢复中心，天气逐渐变好。他们准备从海底打捞金属。"在船上走走，能感受到每个人都无比激动，"杰夫的哥哥马克说道，"不过，也会感到一些惊恐不安，因为谁也不能保证一定就能成功。"

遥控潜水器在3月3日、星期日上午11点探入海底，几乎立刻就显示出引擎部件的图像，图像在此次任务专用的高清巨型电视屏幕上播放。"我们在几分钟内发现了首个物件，并在第一天的第一小时内发现了第一个引擎。"肯嘉尼表示。

海床上有火箭发动机、涡轮泵和热交换器。对有的人来说，它们看起来就像废品场里形态扭曲的大金属块，而贝佐斯认为它们是艺术和历史的完美结合。

"我脚下3英里的地方是个奇境，是'阿波罗'任务的有力证明。"贝佐斯在一个船上拍摄的视频中说道，"这儿看起来像个神奇的雕塑花园，所有的残骸是历次任务的遗迹，它们有的保存完好，有的则因扭曲变成了优美的形状。"

数小时内，他们的搜寻已经延伸到了330英尺外。处在如此深度的海床，被他们戏称为"草地飞镖"。在接下来的数天，他们对这块区域展开搜寻，拍摄图像，记录下位置和环境情况。与此同时，天气逐渐恶化，海面在上升。冬季风暴"土星"东进，他们知道应该迅速行动了。

"我们来到这里时，天气恶劣。在搜寻过程中依然如此。"肯嘉尼说，"海面在最初的几天平静下来，我们也得以开展工作。然而风暴在酝酿，我们知道情况会变糟。因此，我们和天气斗争，和时间竞赛，争取把目标打捞上船。在天气恶劣时，我们就能在船上开展一些工作。"

3月6日，风暴摧毁了马里兰岛西北方数百英里开外的一艘渔船，"海床工作者号"的船员们打捞起第一个引擎——虽然不清楚这个引擎属于"阿波罗"任务的哪个具体阶段。

然后，风暴降临。他们只能等待风暴过去。

"土星"风暴肆虐了五天，船员只得暂时停工。雷达显示风暴席卷整个东海岸和大西洋大部分海域，海浪推动船体剧烈摇晃。治疗晕动病的东莨菪碱贴片"肯定是免费发放的"，肯嘉尼说。

他们打算往南边行驶，躲避风暴。"问题是风暴太大，没法从中逃脱。"肯嘉尼解释道。没别的办法，他们只能"待在船上经受考验"。

对那些不晕船的人来说，可以玩飞镖，最后，贝佐斯的父亲赢得了比赛。他们在这时补觉，抱怨违反了海员不成文的和香蕉有关的规定。

"世界各地的海员都有一些不成文的规矩，"贝佐斯说，"不能摇动船铃，不能在船上带旅行包。而不幸的是，我们带了。我们有很多香蕉，而香蕉也是不能带上船的。现在我们位于百慕大三角洲。不过，目前的天气是经历丰富的船员们从没遇到过的。"

不过，大多数船员都开始研究起捞上船的物件来，包括那些位于他们下方3英里的物件。

"我们不可能就呆坐在这儿，晕船呕吐，"肯嘉尼说，"我们必须工作。杰夫提出了这一想法，而要付诸现实，我们都得克服困难。实际上，没有哪个船员会被风暴吓倒。这不过是一个让人不适的烦恼。这是一艘约300英尺长的巨型船，它在经受风暴的考验。不过没人会放弃。"

到3月11日，暴风雨终于结束，船员们重新开始工作，将搜寻艇部署到海底。不久他们就把各种金属运到船上，日夜工作不息。贝佐斯胡子拉碴的，穿着橙色工装连身衣，戴着安全帽和护目镜，正努力清除发动机上的泥土。

漫长的时间过去，大海带给他们的与世隔绝感以及风暴的威胁都没有打垮他们，因为他们在所有活动中坚持一句箴言：不做贡献，就会被带走。

"我们正在整理文物，清理泥浆。我们都在工作。"肯嘉尼说，"我们没有亚马逊的首席执行官。我们只有杰夫和他的妈妈（和爸爸），以及他的哥哥和他的小叔。每个人的手都脏兮兮的，每个人都睡得很少。当天气太差被迫停工时，大家就会去玩玩飞镖。"

几天后，他们有了一大堆发动机零件——这足以表示任务取得成功，并且能回家了。他们决定将发动机带回卡纳维拉尔港——40 多年前爆炸的地方。在海洋上待了三周之后，"海床工作者号"日出后抵达海岸。船员聚集在甲板上，从远处依稀看到了 39A 机库。

他们猜至少有一些已经回收到的发动机部件属于"阿波罗 11 号"，但他们并不确定。

这些部分被带到堪萨斯宇宙及太空中心，这个博物馆与史密森学会常年合作，共同恢复和保存航空航天文物。那里的工作人员保持部件湿润，以防止进一步腐蚀，同时轻轻冲洗，用干冰爆破它们，甚至用剔牙工具清除沉积物。但是他们没找到任何能确定发动机部件所属任务的序列号。根据搜索区域，贝佐斯的团队确信这中间有"阿波罗 11 号"的引擎，现在只需要证明这一点。

最后，一位保护员有一个想法。也许他们搜索的序列号是肉眼看不见的，但能在黑暗中显现。

某天早上，在他去工作的路上，他停下来买了一盏黑光灯和护目镜。然后，在一个推力室内照射，终于，他看到了"2044"。他非常兴奋，以至在跑到电话前报告他的发现时摔倒，然后又爬了起来。

贝佐斯在 2013 年 7 月 19 日的另一篇博客中向全球发布了这则消息：

"当我们四个月前在卡纳维拉尔港从'海床工作者号'下去时，我们有足够的主要部件来展示两架 F-1 发动机，然后将它们带回了推力室，还有气体发生器、喷射器、热交换器、涡轮机、燃油总管和其他几十种工件——它们都非常华丽，这是'阿波罗计划'的有力证据。海洋有一个不变的秘密：任务识别。这些组件经历过爆炸和 43 年来水下的严重腐蚀后，大部分原始序列号消失或被覆盖了。我们离开了佛罗里达州，知道保护团队很有能力做这项工作，从此我们就一直为此祈祷。

"今天，我很高兴分享一些令人兴奋的消息。其中一位保护员用黑光和特殊镜头过滤器扫描物体，然后有了一个突破性的发现——2044——位于一个大推力室的侧面，用黑色油漆模板印刷。2044 是 Rocketdnye 的序列号，与 NASA 的号码 6044 相关，该号码是'阿波罗 11 号'F-1 发动机 # 5 的序号。强大的保护员们不断挖掘更多的证据，并在同一推力室上消除更多的腐蚀影响，然后就在金属表面发现了'2044 组'。"

在离佛罗里达海岸约 450 英里、深 3 英里处，他们发现了火箭的中心引擎，就是它首次将人类带到月球。

自 1904 年成立以来，探险俱乐部一直在庆祝真正的冒险旅程，并且选出了世界上最勇敢的探险家，比如首次抵达北极的罗伯特·皮里和马修·亨森与第一个到达南极的罗纳德·阿蒙森。查尔斯·林德伯格是埃德蒙·希拉里爵士的成员，他与夏尔巴人丹增·诺盖一起，首次攀上珠穆朗玛峰。当然，它也表彰那些开拓太空的人，包括"阿波罗 11 号"的尼尔·阿姆斯特朗、巴兹·奥尔德林和迈克尔·柯林斯。

每年，俱乐部都会在纽约华尔道夫酒店举行豪华的黑色领带颁奖晚宴，那里的美食和成员们的探险一样冒险。菜单上有蚯蚓炒菜、蛆虫和臭虫草莓、烤面包配蝎子、比利时莴苣配鸭舌、甜酸牛鞭等美味佳肴。

有一年，俱乐部主席在舞台上骑着一匹白马进入会场。马在埃德蒙·希拉里的餐盘上大便，当时他还坐在讲台上。

2014 年的晚餐，3 月 15 日，没有马。但有惯例的异国情调食物：串烧蟑螂、北美海狸、鸵鸟蛋、狼蛛、山羊和山羊鞭，还有一对鳄鱼，头部仍然连着，在客人面前像烤猪那样切开。

宴会结束后，巴兹·奥尔德林来到舞台上介绍贝佐斯，贝佐斯代表 F-1 修复团队领了奖。"你相信吗？那些火箭发动机，那些带领我们实现几个世纪的梦想的大型 F-1 发动机，"奥尔德林满怀敬意地说，"第一阶段的中心引擎。你能想象吗——在所有这些引擎中，杰夫恰好找到了那个特殊的引擎。"

这位著名的宇航员也抨击了一下贝佐斯，认为他和他的太空公司保密性太强。

"杰夫正试图送人们进入太空，"奥尔德林说，"但他没有告诉任何人。他非常安静。但我想他会告诉我一点关于它的事情。"

贝佐斯站在舞台上，开玩笑说："我仍然确定我的牙齿没有蟑螂。"在一个简短的演讲中，他说团队已经有"正在重拾历史并创造历史的感觉"。"我可以肯定地告诉你，我们玩得很开心。这个过程并不快。找到发动机很困难，只能用侧扫声呐发现它们，这工作必须在非常大的搜索区域内艰苦地完成。

"我被整个团队的专业精神和技巧打动。这不是一个小团体可以完成的事情。需要一群专业人士。而找到引擎的小组，他们真是太棒了。这些人是堪称外科医生的远程操作专家，而现在他们正在 3 英里外工作。起重机操控员，你看过起重机操控员在深海中操作吗？在颠簸的甲板上。整个起重机开始像钟摆一样摆动。这些家伙是优秀的职业选手，看到我们任务中的每一个人都令我很高兴。这个奖项绝对是代表了整个团队。"

于是，他请所有船员站起来，要求客人为他们鼓掌，然后冲他们说："这些人干得漂亮！"

F-1 团队并不是当晚唯一与太空有关的奖项。探险俱乐部的主席已经对埃隆·马斯克和他在太空中做的事着迷，并决定向他颁发主席特别奖。作为一种标志性的形象，马斯克身穿紧身 T 恤，双臂交叉，肱二头肌膨胀，显示在一个巨大的屏幕上。然后马斯克跳上舞台，接受他的奖项。

就像贝佐斯一样，马斯克认为，降低太空飞行成本的方式将是重新创造一种可重复使用的火箭，一种可以像飞机一样频繁飞行的火箭。只有这样才能有大的突破，才能让太空向群众开放，并让他能够到达火星。SpaceX 距此目标越来越近。而与贝佐斯不同的是，他从未公开讨论蓝色起源的计划。而马斯克习惯于发表演讲，向客人介绍公司的进展情况。

"我认为到目前为止我们所做的只是进化，不是革命，"他说，"而 SpaceX 或其他人需做的是造出完全可重复使用的火箭系统。这是真正阻止我们在火星上生存的事情。

"火箭现在的工作方式表明,它们都是消耗品。所以,你飞一次,然后就得扔掉。你可以想象,如果一种运输方式只是消耗品,那么它将不会被使用太多。但无论是飞机上的一艘船,还是一辆自行车、一匹马,它们都是可重复使用的。如果一架747的价格大约为2.5亿美元,而你需要两架才能往返,那么没有人会从伦敦到纽约再支付5亿美元。"

SpaceX 一直致力于开发这项技术,正如马斯克所说, "我们就从我们把助推器带回来开始"。公司下一次发射所用的火箭将是首次配备"着陆腿"的。SpaceX 将首先尝试将它降落在海里的一艘船上——而不是在陆地上。"因为我们不能百分之百确定我们可以准确地将其着陆。"他说, "所以,在陆地上着陆只是一个美好的想法而已,但还是会努力降落到比较开阔的地点,然后装上齿轮,最后在驳船上修复。"

当马斯克公开谈论 SpaceX 计划如何发射、着陆和重新使用火箭时,贝佐斯也在悄悄地部署他的计划——在联邦政府的一个几乎无人知晓的应用程序中。

2014年3月25日,马斯克详细描述了 SpaceX 在探险俱乐部颁奖晚宴的10天后,美国专利局批准了题为《海上登陆太空车的相关系统和方法》的第8678321号专利。

十页的专利定义了修复火箭的系统,模拟了马斯克在演讲中详述的方法。它声称自己在这样一种系统中, "可重复使用的太空运载火箭从沿海发射场通过水上弹道发射"。在第一阶段发动机切断、分离并开始倒退之后, "助推器重新进入地球大气,以尾翼朝上的方向。然后,增压发动机重新启动,升压台在海上平台的甲板上进行垂直动力着陆"。

该专利解释说,该技术是必要的,能降低航天飞行成本,并使该行业效率提高。

"尽管有人驾驶和无人驾驶太空飞行都取得了飞快的进展,但向太空提供宇航员、卫星和其他有效载荷仍然是一项昂贵的任务。其中一个原因是,大多数常规运载火箭仅能使用一次,因此被称为'消耗性运载火箭',或简称'ELV'。

可重复使用运载火箭（RLV）的优点包括提供低成本访问空间。"

专利的视野非常广阔，详细描述了不仅在海洋中，还有在"其他水体，例如湖泊、海湾甚至是大型河流"中的火箭计划。它不仅包括从陆地发射火箭的能力，还包括"从远洋平台上的海上"发射火箭的能力。并讨论了在驳船上运回大海时，如何快速维修火箭，或者助推器如何被转移到更小、更快的船只上，以尽快让它们回到陆地上。

当马斯克发现这件事时，他非常愤怒。在 39A 机库的权利纠纷发生后，对于专利，他认为是劣等竞争对手的另一种侮辱。在海上登陆的想法"已经被讨论了太久，将近半个世纪"，马斯克回忆说。"这个想法并不是独一无二的，它在虚构电影中出现；它有多个技术提案；有太多的现有技术，这很疯狂。因此，半个世纪以来一直在讨论的内容显然是荒谬的。"

几年之后，这一争议依然存在于马斯克的生活中。

"杰夫'一键点击'贝佐斯，"他说，这里是指贝佐斯的另一个有争议的专利，"我是说，来吧，杰夫。别管它。"

SpaceX 立即提起诉讼，质疑该专利。马斯克的律师认为，在船上登陆火箭的想法并不是蓝色起源的发明，尽管蓝色起源的专利只是对现有技术的存在提供了"口头服务"。

如果蓝色起源的专利不受挑战，它将独家声明能够在船上登陆火箭——这对 SpaceX 可能造成毁灭性的打击。就像莱特兄弟在 1904 年赢得了他们飞行技术的大量专利一样，蓝色起源公司将能够冻结其他所有人，或者要求技术许可费用。

在其挑战中，SpaceX 证明了其他人早在蓝色起源的专利之前就已经构思了这个想法，并且有图纸证明。甚至，还有一部 1959 年的俄罗斯科幻电影，显示火箭在海上登陆。

蓝色起源撤销大部分索赔，这是 SpaceX 的一次胜利。不过，最终的胜利将会在第一批火箭开始登陆时出现。

在探险俱乐部举行的演讲中，马斯克预测说，SpaceX 将在即将发布的一场发射中取消在海中船上着陆的壮举。第一次尝试的可能性不大——"我认为我们可能有 40％的机会做这项工作。"他说。

但公司会继续努力，就像体操运动员下马时一样，每次尝试都会变得更好。"今年晚些时候，我们会推出一系列的发射，每种发射成功的可能性都会提高，"他补充道，"我开始觉得更自信了，这事情能成。"

反过来，这将有助于"移民火星的成本降到 50 万美元以下"，他认为这样一个数字让那些想要搬到火星的人可以承受。

最后，探险俱乐部主席要求所有获奖者和主持人登场，并再次致敬。他们一个个地上台，一共十几个。马斯克处于舞台的一端。贝佐斯在另一端。他们没有说话。

12
"太空很难"

火箭突然爆炸，巨大的橘色火球腾空而起，得克萨斯州阳光明媚的天空升起一片巨大的蘑菇云。火箭的碎片纷纷掉落，伴随着烟雾和火花，宛如烟花一般，暴力而又美丽。

火箭在公司的麦格雷戈试验场地中上升几百英尺之后，突然失去控制并开始迅速坠落。在其彻底失控之前，内部的飞行终止系统开始生效，将其带往空地上方几百英尺的上空。没有任何人员伤亡。而这只是一次测试，SpaceX 强调说，"这次试飞非常复杂，超出极限的程度比之前的任何一次都大"。马斯克甚至为这场壮观的失败起了个名字：RUD，即计划外的快速解体。

但这也提醒了人们，对火箭科学的所有进展来说，发射实际上只是可燃混合推进剂的受控爆炸。马斯克和其他人都知道，一个小小的错误，哪怕是一个生锈的螺母，都可能会使一切毁于火焰。"仍然非常困难，"马斯克在最近一次发射后发布了推文，"希望有朝一日能正常发射。"

火箭在测试过程中爆炸之后，他发推文说："火箭很棘手。"尽管如此，SpaceX 还是举了"猎鹰 9 号"的例子，"猎鹰 9 号"的发射全部成功，无一失败，这听上去几乎匪夷所思。连续四年的成功非常惊人，也让之后的行动开始变得习以为常。但埃隆·马斯克仍然给每个人都派了活儿，他给公司的全体员工发送电子邮件，表示就算有人有充分理由叫停飞行行动，也必须继续向前。他是 CEO 兼婚礼主席——现在发言或永远保持缄默。

SpaceX 的成功提高了人们的期待，但它的嚣张气焰也招致了批评。它的粉丝群很庞大，粉丝数也越来越多。2014 年 6 月，社交媒体网站 Reddit 上的 SpaceX 页面拥有 1 万名订阅者。越来越多的人从 SpaceX 在线商店购买 22 美元的"占领火星"T 恤衫。而且马斯克不仅仅是一位商业主管，他现在已经成了一名偶像，其传奇故事的传播范围已经远远超过了硅谷。

马斯克通过与特斯拉和太阳能公司太阳能城市合作，开始着手改变美国的交通方式和能源使用方式。SpaceX 的成功听上去匪夷所思，它不仅扰乱了这个行业，而且单枪匹马就重新激发了公众对太空的兴趣。哥伦比亚广播公司的节目《60 分钟》宣布马斯克建立了"工业帝国"。《时代》杂志将他放在"最具影响力的 100 人"专刊的封面。《大西洋月刊》将他标榜为"也许是这个时代最雄心勃勃的创新者"。

"本着像达·芬奇和本杰明·富兰克林一样的不懈追求和应用广泛的补锅匠精神，马斯克几乎改变了他感兴趣的各个领域，从电子支付到商业航天再到电动汽车。"该杂志写道，"马斯克野心的范围和规模已经引发了质疑，但随着时间的推移，他已证明自己并不只会空想，还是一位精明的商业思想家。"

但是在排外性很强的太空领域中，SpaceX 正在成为人们讨厌的公司。在太空行业派对上，马斯克的一张照片贴在厕所内，以便他的竞争对手可以轮流在他身上撒尿。

SpaceX 一度被其他公司不屑一顾地称为"小不点儿"，但是它现在已经成了令其他公司畏惧的竞争对手，需要谨慎对待。SpaceX 也对联合发射联盟的面包篮——利润丰厚的五角大楼和其他情报单位的发射项目造成了一定的麻烦。

十年来，该公司垄断了价值数亿美元的合同。十年前，马斯克曾提起上诉，认为应该允许 SpaceX 参与竞争。但是由于 SpaceX 没有能成功飞行的火箭，他的诉讼被驳回了。

现在他有火箭了，但还没有获得发射火箭所需的美国空军认证——五角大楼即将向联合发射联盟提供另外一批大合同，这意味着 SpaceX 在未来很多年将彻底被太空圈拒之门外。提起另一起诉讼是有风险的——起诉试图雇用你的机构通常不是最佳商业惯例。

提起诉讼的确有很大的风险，但也的确会为公司带来好处。国家安全发射部门提供了大笔资金——这项多年计划的价值可能高达 700 亿美元——而 SpaceX 则知道它可以削弱洛克希德和波音公司的价格，扰乱市场，为其带来稳定的收入源以支撑未来很多年的运作，并帮助它去火星。但是时间不多了，如果公司要对合同提出抗议，就必须迅速采取行动。

"起诉军工复合体是一件绝不能掉以轻心的事。"马斯克回忆说。

在华盛顿特区访问期间，马斯克在一次演讲结束后坐在轿车后面，一对顾问问他想要做什么。

马斯克安静下来，闭上了眼睛，把头往后仰。他就这么待了两分钟、三分钟，待了很长时间。他有几个怪癖，其中之一就是会突然陷入沉思，SpaceX 的人对此已经司空见惯。对马斯克进行采访的人会被对此做出警告：马斯克沉默时就代表他在思考，此时最好不要打断他。所以顾问们知道自己什么也不要说。六分钟过去了，然后是八分钟，时间仿佛陷入了静止。

"我以前见过他进入禅定状态，但我从来没有见过他像这次一样进入禅定状态。"其中一位顾问回忆道。

然后，马斯克睁开了眼睛。"提起诉讼。"他说。然后他走下车，迈入下一个会场。

顾问们看着对方，其中一个说道："他只是把自己传送到了未来！"

提交法律诉讼后，马斯克在 2014 年春季和夏季继续发起攻击，这让首都的记者们十分高兴，而他们还不习惯这种夸夸其谈的性格。一位国防记者写道："马斯克是一个很好的采访对象。"

这意味着他并未被禁言，这一点对于那座官员们都循规蹈矩的小城市是一个令人耳目一新的风格变化。在国家新闻俱乐部的一次活动中，马斯克为这场官司辩护，说 SpaceX 应该有机会参与竞争，他嘲笑空军的认证过程，称之为文书工作。

他说，如果他的火箭对 NASA 来说已经足够好，那么对五角大楼来说也应如此。

他有目的地选择与联合发射联盟战斗。联合发射联盟在该领域一直占主导地位，但也有一个很大的弱点。它用在"阿特拉斯 5 号"火箭上的 RD-180 型发动机是俄罗斯制造的，而在这个节点，美国和俄罗斯之间的关系正因为俄方对克里米亚的吞并而变得更加紧张。马斯克针对这一点对联合发射联盟开展了无情的攻势。

那年春天，在国会大厦附近新闻博物馆召开的一个招待会上，马斯克展示了"龙飞船"的新版本。与此同时，身处无数媒体之中，马斯克开始对整个过程进行控诉。

"我们在国际发射市场上最棘手的竞争对手是俄罗斯人，然而美国空军每年要花费数亿美元向俄罗斯购买发动机，"他说，"这简直是一团糟。我的意思是，你知道吗？……

"想象一下如果你回到四十年前告诉那时的人们，2014 年美国仅仅为了进入近地轨道就不得不听命于俄罗斯，更不用说登月或其他事情。人们绝对会认为你疯了。我们目前这样的情况真是令人难以置信。我们需要做些什么才能摆脱困境。"

在回答一个关于反对联盟是否明智的问题时，他说道："艾森豪威尔对军工复合体做出过警告，而他也应该知道。那么艾森豪威尔之后变得更好还是更糟？并没有变得更好……洛克希德和波音习惯打压新公司，他们当然也试图打压我们。我认为我们需要尝试反击。当然，我们就像是对抗巨人的新人。"

轰炸、官司、媒体的关注开始激怒五角大楼。当时空军太空司令部的负责人告诉记者："一般来说，与你做生意的人是不会起诉你的。"

联盟第一次开始公开反击，强调了其与 SpaceX 在营销活动中缺乏经验相比的悠久历史——被称为结果胜于雄辩。

"这场活动的全部目的就是清楚说明，成功的太空发射过程中存在很多危险——就是字面意义上的生命受到威胁。"联盟首席执行官迈克·加斯在新闻发布会上表示，"我们还想明确指出，一方是拥有百年历史并曾成功将卫星送入轨道的公司，另一方则是尚未获得发射认证的公司，这二者之间存在巨大差异……"

"SpaceX 正在试图走捷径，希望美国空军能够迅速对其进行批准。"加斯说道，"SpaceX 的观点只是'相信我们'，显然，我们认为这是一种危险的做法，幸好大多数人都与我们想法一致。"

SpaceX 不怕输，并已经准备好战斗了。

"联合发射联盟不相信竞争。垄断者从来不会这样做。"发言人约翰·泰勒在一份声明中说，"联合发射联盟宁愿召开新闻发布会来宣布一场内部游说活动，旨在让立法者不再关注利益竞争带给市场的好处，即更好的技术、更高的可靠性和可承受的价格。"

两个月后，加斯被赶下了台。联盟新任首席执行官托里·布鲁诺进入公司，旨在让公司能够更加精简，更加高效，从而能更好地与 SpaceX 竞争，鉴于后者现在正在威胁其业务。布鲁诺发誓通过将发射价格降低一半和开发新的火箭，"实际上对公司进行改造"。

除了精简业务之外，联盟在与 SpaceX 的斗争之中还拥有秘密武器：杰夫·贝佐斯。

多年来，蓝色起源一直在建造一个新型怪物火箭发动机，高 12 英尺，有550000 磅的推力——甚至超过为航天飞机提供动力的发动机。众所周知，BE-4并不像贝佐斯钟爱的 F-1 那样强大，毕竟 F-1 依旧是迄今为止最强大的火箭发动机。但是 BE-4 的设计主打可靠性与重负荷性，可以以相对较低的成本一次又一次地飞行。

蓝色起源公司正在开发自己的发动机，并在得克萨斯州西部建设基础设施以对其进行测试，该迹象表明贝佐斯对太空领域的重视程度，并且他单单为开发发动机就倾注了大量资源——可能多达 10 亿美元。

在全国新闻俱乐部举行的新闻发布会上，布鲁诺和贝佐斯在一个名为"点燃未来"的旗帜前并排坐在一起，并宣布他们正式展开合作。蓝色起源公司将 BE-4出售给联盟。这可以让联盟避免使用俄制 RD-180，同样重要的是，这将使马斯克的攻击变得毫无意义。

这次看似不可能的合作震惊了所有人——洛克希德·马丁－波音集团在太空领域有着近百年的历史，而蓝色起源只是一个在阴影中小心翼翼前进的安静新贵。但现在，蓝色起源正式成为聚光灯下的主角——成了 SpaceX 的大敌。

"这是两全其美的。"布鲁诺说，"我们结合了蓝色起源公司创新的企业家精神，和联合发射联盟在成功、确定性及可靠性方面的良好记录。"

贝佐斯对其新合作伙伴及其悠久的传统赞不绝口，并指出联盟"在过去八年中几乎每个月都会将卫星送入轨道。这是一项无与伦比的成功纪录，也是对细节定位和卓越运营的无比赞誉"。

他曾与人探讨过发动机的技术细节，讨论其"富氧阶段燃烧循环"是如何比"气体生产器"更好的，以及发动机如何只有"单一涡轮泵"并且只有"一个轴，简单的同时仍然具有高性能和高可靠性"。

那天晚些时候，当马斯克被问及联合发射联盟与蓝色起源的合作伙伴关系时，他一如既往地直言不讳。"如果你们所有的竞争对手团结在一起攻击你，那其实是对你的赞扬，"他说，"我认为这是非常诚挚的赞扬。"

它也增加了对 SpaceX 的压力。马斯克不能承受失误。现在不能。与他的竞争对手不同，奥巴马政府对 SpaceX 投入巨资，而马斯克现在已经是一位有能力通过推销推动市场并使媒体黯然失色的名人。所有这一切都正在推动马斯克和他的太空公司经历着好莱坞式的进步，最终到达高处不胜寒的境地，也最终失去了一些东西。

2014 年 9 月 16 日是美国宇航局从美国本土向太空发送宇航员以来的第 1167 天，这是一个尴尬的时间段，从 2011 年的最后一次航天飞机飞行以来就再也没有宇航员进入太空。每多一天没有载人飞船进入太空，美国宇航局就更加接近打破可耻纪录：在"阿波罗号"最后一次发射和 1981 年第一次航天飞机之间，人类航天飞行有着 2098 天的中断。

但就在第 1167 天，有了一个好消息：航天局已经在计划如何再次将宇航员送入太空；据 NASA 局长查理·博尔登所说，该计划将会为"美国宇航局和人类航天事业的历史书写下最具雄心壮志且令人振奋的章节"。

航天局宣布，已经与 SpaceX 和波音签下了合同，将作为 NASA 商业计划的一部分，将下一批宇航员送往国际空间站。两家公司提供飞行数量相同的航班，并被要求达到同样的里程碑。但是 SpaceX 的出价较少，因此与其竞争对手形成鲜明对比。

波音将获得 42 亿美元，SpaceX 将获得 26 亿美元。

马斯克多年来一直说，SpaceX 可以比传统承包商更便宜、更高效地飞行，美国航空航天局接受了他的这一说法，同时也会雇用更昂贵但经验丰富的波音公司。

到目前为止，SpaceX 已经多次将 Falcon 9 和"龙飞船"送往空间站。但是马斯克渴望进入下一个阶段——登陆火星并用他的新版"龙飞船"在火星上寻找人类。与将宇航员送往太空的"阿波罗号"相比，"龙号"看上去更时尚，也更性感。飞船配有斜倚座椅、巨大屏幕和闪亮的内饰，它可能已经通过了夜总会瓶装服务的 VIP 资格。（除了担任 SpaceX 的创始人兼首席执行官外，马斯克还是首席设计师。）但与只能降落在海洋中的传统宇宙飞船相比，"龙号"有自己的发动机，可以使用发动机推力减缓速度，从而使其有能力在地球上几乎任何地方着陆。

"这就是 21 世纪的宇宙飞船应该如何着陆。"他说。

白宫现在由 SpaceX 领导的依靠商业部门的冒险赌注似乎正在按照奥巴马政府所希望的进行。

在赢得商业发射合同四天后，SpaceX 又成功将货物送至空间站，"龙飞船"即将返回家园。轨道科学公司同 SpaceX 一起被 NASA 雇用，负责将宇航员和少量货物送到该站，而该公司已经将其"天鹅座"宇宙飞船发射到该站三次。

而现在，10 月 28 日，他们又要进行飞行了。在发射之前，轨道科学公司的执行副总裁兼美国国家航空航天局前宇航员弗兰克·卡伯特森开玩笑说，登上该站的宇航员可能需要"一些他们在航空母舰甲板上使用的红绿色指挥棒"来指挥宇宙飞船的交通情况。

与 SpaceX 一样，轨道科学公司已经准备好"在未来的许多年内越来越频繁地飞往空间站"，他说道。目标是使进入空间站成为日常——"这是我们接下来要做的事情的敲门砖，我们接下来要超越近地轨道，去往月球继续探索，最终去火星和其他小行星，并继续探索我们的太阳系。"

天气非常适合发射，情绪很乐观。NASA 和商业部门现在拥有巨大的动力，并且迫切希望继续保持下去，即使有人担心为仍旧年轻的产业搭载 NASA 最宝贵的资源——宇航员这一行为是否会出岔子。

弗吉尼亚海岸线聚集了很多的人，都在期待晚上的发射。孩子们坐在父母的肩上，想看得清楚些。有些人甚至爬到了汽车上。空气中充满了手机亮起的屏幕，准备记录火箭爆炸。他们齐声倒数："五，四，三，二，一！"下午 6 点 22 分，正是日落 15 分钟后，轨道科学公司的"安塔瑞斯号"火箭随着一团橙黄色的火焰和烟雾腾空而起，人们纷纷欢呼起来。

但就在几秒钟之后，发射的威严瞬间被一道来势汹汹的亮光所取代。火箭化为一个巨大火球，碎片喷涌而出。一片巨大的蘑菇云填满了天空，碎片像烟花一样四处散落。几英里以外的观众在听到声音之前就目睹了这一景象，并感受到其散发出来的热量。然后，爆炸像炮弹一样抵达，击中了一些人的脚，其他人四散躲藏。

爆炸焚毁了火箭，也焚毁了准备运送到国际空间站的 5000 磅货物。它毁坏了发射台，留下一个 30 英尺深、60 英尺宽的大坑，需要花费 1500 万美元修理。

然而，NASA 的计划严重依赖商业部门，这其实是一个更大的漏洞。

三天后，2014 年 10 月 31 日，布兰森从加勒比海回到位于内克尔岛的家中。他正在给他的儿子萨姆打电话。萨姆正在为他的太空飞行做准备，他刚刚完成了费城附近的在一台离心机上进行的培训。

多年来，布兰森一直承诺，"世界上第一条太空航线"很快便会让游客飞向太空。第一批航班理应在 2009 年开启，但日期却一再向后拖延，直到公司对具体日期不再提及。取而代之的是，他说："虽然预计并期望成为第一家向公众提供亚轨道飞行的公司（当然这是最好的！），但只有当我们对'白色骑士 2 号'和'太空船 2 号'飞行程序的结果感到满意时才会启动。"

然而，航空公司并未淡化其宣传材料。投资 25 万美元，维珍公司颇为兴奋地承诺并宣称："宇航员告诉我们并没有什么可以真正为您的第一次太空体验做好准备，但我们会确保您完全有能力体验飞行中的每一秒激动、美妙并难以忘怀。"

现在，经过了数年的延迟，维珍银河终于做好了飞行的准备。尽管公司高管曾警告过他不要透露航班时间表，但布兰森还是抑制不住自己。布兰森与维珍银河公司的关系十分密切，以至于他告诉媒体人类第一次飞往太空的航班将在圣诞节前开启，并且，他和他的儿子以及付费客户们将会在 2015 年年初一同前往。

太空飞行器已经完成了 50 多次飞行测试，但大部分都只是尚未施加动力的"滑翔飞行"，并对鲁坦发明的"羽毛系统"进行了测试，这将会帮助飞行器更加平稳地返回地球。但是，尽管只进行了四次点火引擎的动力试飞，布兰森和维珍银河公司其实已经完全进入一种营销模式。

维珍银河公司在新闻发布会上声称已经与伏特加生产商灰雁以及路虎签署了协议，这些赞助商将会赞助这次四位优胜者前往太空的竞赛；并且，维珍银河公司也与美国全国广播公司（NBC）签订了一项协议，让美国全国广播公司在飞船发射的前一晚于黄金时段特别播出"第一次飞行"，以及举行由马特·劳厄尔和萨凡纳·格斯里主持的《今日》节目 3 小时现场活动。此外，维珍银河公司已经签署了一项协议，让其付费客户从美国太空港航空公司起飞，并且，新墨西哥州还将让纳税人投入 2.2 亿美元用于未来航空港的建设。

第一批航班现已近乎成形——蓄势待发只在几周之后——布兰森此刻已经开始展望未来。

布兰森告诉一位采访者："我想我们可以在未来几年把价格降下来，这样很多人将有机会成为宇航员。"

和他的儿子一样，布兰森也一直在进行飞往太空前的训练。两周前，他乘坐特技飞机进行特技飞行，让自己的身体去习惯空中额外的气压。

在莫哈韦沙漠上空飞行时，他还曾经作为表演者问及飞行员："我们能够做一个循环吗？我们为什么不在跑道上做一点可以炫耀的动作呢？"

当他们旋转颠倒时，地球旋涡就在他们的下方。"你感觉还好吗？"飞行员问道。

"很完美！"布兰森兴奋地回答："这感觉太棒啦！"

但是，现在当布兰森收到一份紧急通知时，他正在内克尔岛和儿子谈论着他在离心机中的经历。来自维珍银河公司首席执行官乔治·怀特塞兹的这份紧急通知声称这儿曾有过灾难性的事故。布兰森不得不离开。

彼得·西博尔德再次坐进驾驶舱内。鲁坦的缩尺复合体公司为维珍银河设计并建成了"太空船2号"，在经过43年的飞行测试后，这一次已经蓄势待发。

十年前，在安萨里X大奖比赛期间，他曾对"太空船1号"的安全有过疑虑，并退出了该项目。但是，他始终在坚持着发展"太空船2号"，并于10月31日的早晨让自己坐在了副驾驶的座位上，与旁边的另一个试飞员迈克尔·阿尔斯伯里一起。

他们俩是很亲密的朋友。他们的孩子在周末也一起玩耍。他们两个都是自命不凡的狂热飞行者，他们想要自己的飞行驾驶证发挥出其最大的效果。他们曾就读于同一所大学，并有机会成为鲁坦试飞员，尝试鲁坦最新的发明。阿尔斯伯里在2011年退役之前已经被选中飞行鲁坦建造的最后一辆"飞行汽车"。西博尔德可谓是在他父亲驾驶的飞机里长大的，五岁的时候，他便把头埋在一堆枕头里面，以便可以体验到那种飞行的快感，仿佛自己也是飞行员一样。

现在，10月一个晴朗的清晨，"太空船2号"已经被附在母舰"白骑士2号"上面，它将使宇宙飞船飞得越来越高。当它达到5万英尺时，飞行员将会点燃引擎，"太空船2号"将会被发射。

西博尔德认为这项任务是具有"高风险"的。当被问及为什么时，他表示："他们当天正在进行重大的外壳扩张。在未经探测的空气动力学状态下飞行未经证明的火箭发动机……经典测试危险评估会将此视为高风险飞行。"

此外，机组人员正在使用"历史显示并不是十分可靠的推进系统，或者说比涡轮机或往复式更不可靠的发动机"。

鉴于航班的风险程度，在宇宙飞船从母舰释放之前，西博尔德花了一些时间来平复自己的心情。他将手放在他的降落伞撕裂线、氧气面罩和他的安全带周围，仿佛正在演练稍后他将不得不采取的步骤，以此来增强他的"肌肉记忆"。

在"白骑士2号"释放了宇宙飞船以后，西博尔德和阿尔斯伯里点燃了发动机，打破了10英里高的声障，不久他们便向太空飞去。

该公司在上午10点7分发推文："点火！＃'太空船2号'＃再次以火箭的力量飞行。待调整更新。"

然而，6分钟以后的更新并不乐观。"＃'太空船2号'＃飞行中出现异常。补充信息和声明即将到来。"

西博尔德在航天器中记得的最后一件事是一个令人作呕的颠簸——呼噜般的噪声以及一声巨响，之后便是座舱减压。飞机颠簸得很厉害，他将会告诉国家运输安全委员会的调查人员。该航天器离开母舰的声音听起来怪怪的，微妙得甚至像"纸在风中飘扬的声音"，然后强烈的气压导致脑部缺氧，他昏了过去。

醒来的时候，西博尔德正自由坠落在飞行器外面，他的头盔和氧气面罩已经歪斜。寒风在他耳边怒吼，极度寒冷的空气近乎吞没了他的身体。他感觉似乎有什么东西在他的眼前晃动，当他睁开眼睛时，他俯瞰到广袤无边的沙漠。

莫哈韦沙漠呈现得越来越清晰了。

正如几分钟前排练的那样，西博尔德用他的双手，敲打盲文般地摸索着找到了他的安全带扣并将其解开。在纤细的朵朵卷云中落下来，他的训练开始了，他做出了自由落体的姿势，张开双臂和双腿，全身伸展，如老鹰一般从空中降落。

之后他记得的是又一次令人惊讶的、可能会把他吵醒的颠簸。他告诉调查人员，他不确定自己是否再次失去了知觉。但如果他真的又一次失去了知觉，就是那自动部署的明亮的红色降落伞将他带回的。他的肩膀快要把他杀了——他认为这应该是肩膀脱臼。当他飘过降落伞时，他试图将它推回原位，以便他可以使用它进行转向操控。

他为硬着陆做好了准备，正好落入沙漠中间一个被风横扫的碳酸灌木丛里。当他在等待救援时，他注意到了他的胸部已被血液覆盖。他的手臂有四个地方受了伤，并且他的右手已经麻木，麻木得好像是没戴手套扔雪球一样的感觉。他的角膜也有划痕，后来在医院从他的眼睛里取出了一块玻璃纤维。但是他活了下来。

急救人员发现阿尔斯伯里那没有生命体征的躯体就在残骸不远处，仍然在他的座位上。验尸官确定死因是"头部、颈部、胸部、腹部、盆腔、四肢和内脏器官的钝力外伤"。

他享年三十九岁。有两个孩子，一个十岁，一个七岁。

当布兰森挂断儿子的电话后，他跳上飞机并前往坠机现场。他知道自己必须尽快赶到那里。

这是该飞行计划的第二起致命事故。2007 年，三位来自缩尺复合体公司的员工在地面测试发动机的氧化亚氮系统时遇难。爆炸已经烧焦了沙漠地表，那里看起来像一个战区，随处可见碎片散落，造成多人受伤。

加州职业安全与健康管理局对鲁坦的缩尺复合体公司罚款 28870 美元，后来在上诉后降至 18560 美元。

"爆炸事件对家庭而言，显然是极其可怕的，这也导致了我们的飞行计划受挫。"布兰森后来在回忆时说道，"在那之后，我们还是决定在内部进行测试，并让自己的团队来做这项工作。"

同年，他的火车公司在英格兰的东北部也发生了一起致命的事故。他从瑞士采尔马特的度假中急忙抽身，尽快赶到了现场。

"我知道尽可能快地到达那里的重要性，无论这是不是你的错，你都要直面它——并且事实上这可能真是你的错。"他回忆着说道。

到那儿以后，在向媒体说明情况之前，他立即与维珍银河团队进行交谈。

"我尽我所能解决了他们的所有问题，他们已经打造了一个很美丽的飞行器。我们得到了历史上最大的拥抱，而我明确表示，我们可以继续了解飞船还是相当好的。"他说道。

但是，国家运输安全委员会的调查才刚刚开始，并且来自新闻界的问题也在逐步增加。

在《今日》节目中，事故发生三天之后，马特·劳厄尔发布了关于布兰森和这间公司的未来的消息。

"人们已经开始怀疑这起事故是否会造成人员死亡。这对副驾驶而言是一个残酷的打击，"劳厄尔说，"的确存在延误，过去这个飞行计划也是一直受挫。在全世界都知道其航天器于 45 万英尺的高空分崩离析的情况下，维珍银河公司还能够继续存活吗？"

劳厄尔想知道，这是否值得去冒险？

布兰森在乘坐飞机前往莫哈韦沙漠时也考虑了这个值得深思的问题。他很高兴让自己的生命在热气球里、快艇里以及各种特技里冒险。这些铤而走险的行动对商业而言是有益的。但这次的事故并非如此。或许是因为一切都运转得太快、太响、太久了，这可谓是一个让旋转木马停止的令人清醒的标志。

也许他应该就此作罢。也许探索太空实在太艰难。该公司已经斥资 5 亿多美元，但还是没能让一个人飞向太空。然而，当布兰森登陆并且与团队会面时，他们会催促他继续进行下去。他开始认为他不仅仅亏欠不希望他们此刻退出的阿尔斯伯里，还有更多的人。是不是每个探险家都会面临这样的困难呢？这正是维珍银河以及航天产业所害怕的——并且时刻为之准备的时刻。这是他们所面临的严峻考验，这是他们的"阿波罗 1 号"时刻。这个伤痕累累的时刻，决定他们是否会从此退出，还是重新组装起来、发起更强的攻击。

"这次冒险绝对是值得的！"布兰森说，"尽管这中间存在着可怕的挫折，但这仍是一个宏伟的计划。我认为没有人会希望看到我们在眼下这个阶段放弃这个计划。"

他已经做出了决定。他们会继续前行。

无论你是否愿意看到，伴随着众多大型节日派对，SpaceX 结束了它最成功的几年。为什么不庆祝呢？它已经证明它可以可靠地飞向国际空间站，并且，它已经赢得了承载宇航员的权利。这些宇航员结合货物配送的合同，其数额比 NASA 投资的 42 亿美元还要多。SpaceX 正在与新的商业卫星客户签署协议，增加了 39A 发射台，在华盛顿赢得了国家安全启动项目。而且它越来越靠近火箭的安全着陆，以使资源可以被重复利用。

一切正呈现出连连获胜的景象。

2014 年的假期派对非常大，一张地图详尽地绘制了场地，其中包括一个带吊床的室内沙滩和沙子卡车，一个赌场，一个员工可以全身穿着白色衣服并在上面进行涂鸦的"不干净的房间"。还有一个灯光照射下的旋转舞厅，以及那些从天花板上跳出巨大呼啦圈的马戏团杂技演员。好多人力车和一辆名叫"SpaceX 快车"的迷你小火车载着那些洋溢着快乐的派对参加者在不同房间来回穿梭，从储备酒吧到游戏室，再到似乎墙壁都可以被啃的"糖果"房间，以及巨大的沙漠展示区。在 SpaceX 标志的前面，有一面铺满了甜甜圈的墙；在酒吧旁边还有一个成人尺寸的球坑。

美国太空探索技术公司执行官和前美国航空航天局宇航员加勒特·雷斯曼在推特中写道："@SpaceX X- Mas 派对中我最喜欢的部分——绝对是球坑！"他执行过两次航天飞行任务，曾在国际空间站待了三个月的时间。

六个月后，他们在一个星期日的黎明时分进入美国太空探索技术公司的总部，准备再次开派对庆祝又一里程碑的诞生。他们几个聚集在"猎鹰 9 号"发射任务控制中心周围。"猎鹰 9 号"预计在太平洋时间 2015 年 6 月 28 日早上 7 点以后发射。地处佛罗里达州，现在是一个晴朗的清晨：80年代中期，轻风。由于天气原因而取消发射的可能性只有1%。

导致飞行发生戏剧性情节的不是发射，而是着陆。或者说，是登陆尝试。几个月来，美国太空探索技术公司一直在练习一个前所未有的举动，在飞行的第一阶段降落到被其称为"自主航天港无人机船"的地方。尽管之前两次尝试的每一次都在火球中结束——未曾预料到的急剧解体——公司侥幸脱险。

在两次尝试中，火箭实际上都已击中了这艘船。考虑到助推器不得不在呼啸着进入太空后飞回地球，这是一种难以置信的成就。但每次在最后一分钟时都出现了问题，给公司以足够的材料制作炽热的卷轴。

现在，马斯克觉得美国太空探索技术公司终于想出了对策，并且对当前的机遇充满了信心。他邀请了一名来自国家地理组织的船员在 SpaceX 总部进行拍摄，以便捕捉到航天史上这一重大时刻。

如果 SpaceX 第一阶段能够成功登陆，这将成为一大创举——对公司以及整个行业而言都是一个巨大的飞跃。它向联盟和蓝色起源发出挑衅信息。当时正值马斯克43岁生日——比起创造历史，这是一个更好的庆祝方式，为什么要公然挑衅批评者呢？

这次发射同样也很关键。

七个月后，轨道科学公司的火箭在向俄罗斯空间站运送物资的途中爆炸了，这些俄罗斯宇宙飞船载满了大量的货物、供应物资和食物，开始疯狂地旋转，仿佛在零重力游乐园中不受控制地驾驶。

向空间站的又一次发射。也是又一次失败。

现在，该轮到 SpaceX 了。

接二连三的失败后，来自联盟和蓝色起源的竞争越来越激烈，加上随之而来的人们对飞行员赢得飞往太空站奖励的高度期望，压力已经开始向 SpaceX 袭来。另一场灾难会削弱奥巴马政府将任务外包给太空站的大胆尝试，这可以使美国国家航空航天局追求更加宏伟的飞向火星的使命。这将引发一个关于新兴行业的问题——失败很常见，要在蘑菇云烟雾中进行衡量，并且花费巨大。

然后是关于两个失败任务耗费空间站的问题。2015 年夏天，NASA 的官员认为轨道实验室的宇航员没有危险。但是，NASA 的幻灯片表明在目前的食物水平下，空间站在 7 月底前将达到 NASA 称之为"储备水平"的状态，并于 9 月 5 日消耗殆尽。

在时间减少到 13 分钟的时候，发射指挥官对发射准备小组的 13 名成员进行了"去 / 不去"的民意调查，这是对所有系统的最后一次检查，以确保火箭准备就绪。这是从 NASA 传来的一个呼叫和应答仪式，SpaceX 现在轻松自信地做到了。

"所有空间站都准备好发射了。"发射指挥官对着他的耳机说道。当他开始在电话会议中对这些团队进行民意调查时，每个空间站在回复的结尾都坚定地回答道："准备好了！"

助推器已就位。航空电子设备也已就绪。从导航到探测再到控制部门，最后传达给总工程师，这样一路传递下来，直到任务指挥官说"MD 已就绪"，发射指挥官说"LD 正在启动终端计数"。

倒计时很快，也很顺利。"'猎鹰 9 号'已发射。'猎鹰 9 号'已越过发射塔！"

员工们在 SpaceX 总部疯狂欢呼，仿佛是在一场足球比赛中取得了胜利。他们高举拳头，一旦此次飞行尘埃落定，他们便开始准备派对。

随着火箭的攀升，它看起来非常出色——或者说"象征性的"，这在火箭事业中意味着一切都很顺利。

"第一阶段的推进器只是象征性的。"推进工程师马上说道。"功率和遥测也是象征性的。"航空电子设备工程师说。

在时间过去 1 分 30 秒多时，"猎鹰 9 号"通过了所谓的 Max-Q 或最大动态压力，这是火箭飞向天空时受到最大压力的时刻。不过，地位还是不错的："第一阶段的推进器仍然是象征性的。"

在时间过去 2 分钟多的时候，"猎鹰 9 号"的高度只有 20 英里，正在以每秒

0.6 英里的速度飞向太空。它后面的火焰和烟尘已经扩大了，这是正常的，因为在那个高度气压降低了。一切都很顺利。

直到情况不妙时。

就在发射后的两分钟，火箭爆炸了，被一片白色的小云朵吞没了。一会儿，烟雾和碎片消散，只剩下淡蓝的天空。就好像一个魔术师不知何故制造了火箭，然后让携带 4000 磅货物的火箭一下子消失了。

在太空站上，NASA 的宇航员马克·凯利在推特上发布了推文，表示他已经从空间站观看到了发射过程。"发射失败了。这太可悲了！"

SpaceX 总部的人群保持沉默，有些人双手捂住嘴巴。国家地理队保持着摄像机的高速运转，捕捉到的本应是诞辰胜利的庆典，而现在却是毁灭性的沉默，现在的感觉更像是一场葬礼。

在发射后几个星期的时间里，SpaceX 找出了失败的原因：一个有缺陷的钢支柱，长 2 英尺，宽 1 英寸。它应该能够承受 10000 磅的压力，实际上却没承受住 2000 磅以下的压力，导致在第二阶段氦使氧气罐超压，进而产生爆炸。

一个月后，马斯克在接受记者采访时表示，他已成为他想成为的火箭科学家，他对这次失败做了初步但详细的分析。但这同样犹如他正在进行的一场商业学校讲座，讲座的内容是关于一个成功的创业公司如何保持其创新文化和优势、成为企业巨人。

他还指出另一个可能的原因，他说，随着 SpaceX 的不断发展，公司早期那些内在的惶恐和疑虑逐渐减弱——因为在当时我们还不清楚公司发射火箭是否可靠、是否让人信服。

除了一连串的成功之外，这次爆炸是"试飞之外，我们在七年内的第一次失败"，马斯克说。"在某种程度上，我认为整个公司可能会有点自满。"

早期，当公司失去了一系列火箭时，只有几百人在 SpaceX 工作，而现在有 4000 人。他坦言："今天公司里的绝大多数人都只见证过成功，你不用太担心失败。"

因此，当他在每次发射之前给他的婚礼司仪发送电子邮件时，都要求人们主动提供服务，正如当公司规模小而零碎且害怕停业时那样，人们会挺身而出。但这一次，并没有产生共鸣。

人们的反应变成"埃隆又陷入偏执啦"。他说。

但是，现在即使是那些不知情的人也知道失败的驱动力——还有恐惧——"我们会变得更强大！"他说。

13
"老鹰号"着陆

多年来，记者们尝试探秘蓝色起源公司，试图了解这犹如中情局一样运作十分神秘的公司。2015年11月24日，蓝色起源同意向记者们开放大门。凌晨时分，天还没亮，记者们的手机就响了。还在沉睡状态的迷迷糊糊的记者们收到蓝色起源公司发来的通知，要求他们检查自己的电子邮件，查看刚刚发来的新闻稿。记者们当天晚些时候有机会与亚马逊和蓝色起源公司创始人杰夫·贝佐斯通话。

贝佐斯有消息要告知大家。

就在一天前，蓝色起源公司在得州西部的沙漠深处发射了一枚火箭。火箭飞入太空，最高速度达到3.72马赫。航天器"新谢泼德号"是以美国第一位进入太空的宇航员艾伦·谢泼德命名的。航天器飞入了距离地面100.5千米的预定测试高度。该高度被广泛认为是太空边缘。

本次发射时，火箭顶部的太空舱中没有乘客。太空舱从增压器分离，并在降落伞协助下缓缓着陆。更重要的是，火箭降落期间，需要穿过速度高达119英里／小时的高空侧向风。GPS制导系统和减摇鳍系统有助于火箭在下降过程中保持稳定，增压器点燃发动机使得火箭在下降过程中减速。之后，火箭展开着陆支架，成功在目标着陆场进行垂直降落。

火箭着陆点离发射点仅仅只有4.5英尺之差。这是火箭的第一次着陆，可谓是万众瞩目。

在蓝色起源总部，员工们聚集在一起观看电视上播放的着陆画面。大家看到火箭着陆成功、顺利立在地面时，现场爆发出一阵欢呼。400多名工程师聚在一起，他们疯狂地欢呼，挥动着拳头，拥抱彼此来庆祝这一胜利时刻。

蓝色起源自创建伊始就致力于建造可重复使用的火箭，也就是一个发射后像飞机一样能够再次飞行的火箭。这是整个火箭行业一直在等待的重大突破。该项突破最终能够大幅降低太空旅行的成本，从而让大众能够负担起太空旅行。现在，蓝色起源公司已经成功实现火箭着陆，算得上公司在过去十几年来取得的最伟大的成就。

贝佐斯喜气洋洋。在随后的访谈中，他称这是"完美的"任务，也是"一生中最伟大的时刻之一，让自己热泪盈眶"。

15年前，贝佐斯创办了蓝色起源公司，并决定建造化学燃料火箭。这种火箭能够在首次发射的几年之后都反复使用。现在，蓝色起源终于实现了这一愿景。

之后，贝佐斯补充说，火箭成功着陆给他带来的喜悦使他想起了一句俗语，"上帝知道如何合理地给物品定价"。

贝佐斯说："你为之奋斗时间最长、付出最大努力的事情总会给你带来最满意的结果。假设一件事只需要花十分钟就能完成，那么这件事情能给你带来多大的满足感？而另一件需要你兢兢业业辛勤工作十年才能完成的事，它的成功又会带给你多大的喜悦？从某种意义上讲，我一直在努力完成从五岁起就在做的事情。也正因如此，现在取得的成功令我十分满意。整个团队也十分赞同。大家之所以积极投身于火箭降落研发任务，就是因为感觉自己有如传教士一般，肩担重任，任重而道远。"

"新谢泼德"火箭立在着陆台上，外壳因火焰燃烧而呈现烧焦状态。火箭的成功着陆再次证明了数学、工程学和科学的正确性。"新谢泼德"与之前飞行过的任何一枚火箭都大不相同。

传统的火箭都是肌肉发达，没有大脑。其强大的助推器只做一个单一的任务：让火箭摆脱重力吸引。一旦助推器完成这一任务，就变得就毫无用途了，直接坠入大海。

但"新谢泼德"既有肌肉也有大脑。它犹如一个有自主意识的机器人，可以自主飞行。在计算机算法、风速测量传感器以及 GPS 系统的指导下，"新谢泼德"在发射后能够重新落回地球。在距离地面 4896 英尺时，火箭发动机重新打火启动，减慢下落速度，让火箭落回着陆点。

此时，下降过程最吸引眼球的部分发生了。火箭在降落台上方盘旋飞行片刻，用极短的时间检查此刻所处的地理坐标，明确目前是否已处在正确的位置。如果系统认为火箭还没有处在合适的位置，会用推进器轻微推动火箭，改变位置。一个回旋后，火箭再次回到降落垫上空。当系统认为火箭已经处在合适位置后，火箭会以 4.4 英里每小时的速度缓缓降落在降落台上，激起缕缕灰尘和烟雾。

这一成功将使蓝色起源向着最初的目标前进一大步。蓝色起源希望游客们在付费后能够跨过太空门槛，享受从太空中俯视地球波澜壮阔的美景。游客们可以在太空中看到地球的曲率、大气层的细线和广阔的宇宙空间，无不令人为之惊叹。本次飞行中，虽然太空舱中没有乘客，但是蓝色起源公司还是对太空舱进行了返回测试。在降落伞下的缓冲下，太空舱在发射 11 分钟后成功着陆。

贝佐斯称，此次飞行也是迈向长期目标的重要一步，蓝色起源致力于建造更加强大的火箭。在两年前，埃隆·马斯克曾说"独角兽在火焰中跳舞"的概率都大于蓝色起源建造出能将有效载荷运送到轨道上的火箭的概率。但现在，就如贝佐斯所言，蓝色起源正努力朝这一方向前进。

火箭发射时，SpaceX 将 39A 发射台尽收眼底。几个月前，贝佐斯宣布，蓝色起源正在接管 36 号发射场。就客观条件而言，36 号发射场比不上 39A 发射台。36 号发射场位于公路边，在关闭前已经使用了长达 43 年之久，完成过 145 次发射任务，包括"水手"计划。"水手号"太空船是美国设计的第一艘飞行到其他行星的航天器，计划飞至金星和火星。"先驱者 10 号"是第一艘穿越小行星带的宇宙飞船，也从 36 号发射场发射升空。

但与佛罗里达太空海岸的大部分基础设施一样，36 号发射场已经被废弃并生锈了。"36 号发射场已经废弃了整整十年之久，这太久了。"贝佐斯在揭幕仪式上说，

"现在需要我们来解决这个问题。"

随着"新谢泼德"的着陆，贝佐斯又一次赢得了胜利，为此欢呼庆祝。他用马斯克最喜欢的社交媒体推特向公众宣布蓝色起源取得的成功：

"最稀有的野兽——一枚二手火箭。" 尽管贝佐斯在 2008 年 7 月就开通了推特，但直到此时，他才发布了自己的第一条推文，"控制火箭着陆可不容易，但成功以后再看就觉得容易多了。"

但这条推特在马斯克看来，却不怎么令人高兴了。马斯克好不容易打败多位竞争对手，获得了 39A 发射场，但是专利纠纷、洛克希德·马丁 – 波音联盟之间的联手以及猎头挖墙脚导致的员工间关系紧张，都让马斯克勃然大怒。

马斯克认为，贝佐斯的庆祝是极不体面的卖弄，而且这一庆祝并不准确。

因为好几年前，SpaceX 就曾多次将一枚叫"蚱蜢"的试验火箭射入空中，飞行几百英尺后再次降落。其中有一次，火箭飞行高度近半英里。所以，从技术上来说，马斯克是最先完成这一壮举的人。

"@Jeff Bezos 并不是什么稀罕事。SpaceX 的'蚱蜢'火箭在 3 年前进行了 6 次轨道飞行，并且现在仍然可以使用。"马斯克在推特回应道。他补充说："贝佐斯可能不知道 SpaceX 在 2013 年就开始了轨道 VTOL（垂直起飞和着陆）飞行。"

但是，SpaceX 测试火箭的飞行高度最高仅为 1000 米（3280 英尺）。而"新谢泼德"火箭却飞到了 32.9 万英尺的高空中，火箭上的太空舱飞行高度更高。之前没有一枚火箭曾经飞进太空，然后再成功地垂直降落回地面。"新谢泼德"是历史上第一枚。

另一个困扰马斯克的是，一般公众似乎不明白 SpaceX 在做什么，也不明白 SpaceX 与蓝色起源和维珍银河所做事情的区别在哪儿。SpaceX 的火箭发射到轨道上；而后两者发射的火箭只是发射到了亚轨道太空，然后又返回。

多年来，马斯克曾试图让采访者和广大公众理解他们之间的区别。他甚至让 SpaceX 的新闻部门工作人员主动给记者打电话解释他们之间的不同，他们到达的目的地可是大有区别。他说："轨道和太空是不同级别的'联赛'。"早在 2007 年，马斯克就曾主动为一个记者解释这几家公司之间的差异。现在，在推特上，他再次扮演马斯克教授的角色，给大众上起了物理课。

他在推特中写道："明确'太空'和'轨道'之间的差别是很重要的。要想飞往太空，只需要 3 马赫的速度，但是要想飞往 GTO（地球静止传输轨道），就需要 30 马赫的速度。而需要的能量是速度的平方数，也就是说飞到太空需要 9 单位的能量，而飞往轨道需要 900 单位的能量。"

要到达轨道需要大量的能量，这样航天器的向外加速度才能平衡重力的吸引力，并再次落回地球。由于将物体送入轨道需要极高的速度——轨道太空站的速度高达 17500 英里每小时，每隔 90 分钟就能绕地球转一圈。而这种高速度让"轨道级"火箭着陆变得更加困难。正如马斯克曾经说过的那样，"你需要在流星火球中释放能量，如果有一种违背完整性的行为，你就完蛋了"。

马斯克的推特引发了媒体的狂热关注，他们都在等待贝佐斯的回应，让这两名亿万富翁在太空大战中决一胜负。但正如乌龟不会对野兔做出反应，贝佐斯对马斯克的评论保持沉默——至少现在依然是沉默的。

在"新谢泼德"火箭成功着陆后的第 28 天，马斯克来到发射控制中心外、卡纳维拉尔角的堤道上，注视着大约 1 英里外的发射场。这次他要近距离观看火箭现场发射的场景。此次火箭发射对他至关重要。这是自"猎鹰 9 号"爆炸以来 SpaceX 进行的首次发射，也是他在推特嘲讽贝佐斯以来的第一次发射。

SpaceX 可以在一次失败中幸存下来，但两次失败将造成毁灭性的打击。马斯克也很着急，他打算尝试一次着陆。这是一个机会，让他兑现承诺，并摆脱目前的困境。

2015 年 12 月 21 日，是火箭预计返回飞行的日子。但此时，地面情况较差，并不适合火箭发射，更不用说进行大胆的火箭着陆了。与液态氧燃料温度有关的技术故障问题迫使 SpaceX 推迟着陆日期。公司竭力让燃料保持在 −212℃的极端低温状态。

低温是 SpaceX 进行的部分创新，能够赋予火箭更高的性能。过冷燃料能使火箭更加致密。燃料密度越大，SpaceX 就能将更多燃料装进火箭里。而燃料越多，火箭能产生的能量就越多。

着陆进行的另一个尝试是将所有燃料都塞进增压器，这样发动机在返回的过程中才能再次发动。但对 SpaceX 来说，超低温度保存燃料是一个崭新的挑战，其间可能会遇到问题。

阀门发生故障，需要调整点火顺序。这是新的升级后的火箭，也是 SpaceX 爆炸后尝试的更强大的火箭。但是这一火箭还不够成熟，令人有些坐立不安。

此时离圣诞节越来越近了，一些业内人士预测马斯克得将发射日期推迟到假期后了。然而，由于受到来自商业通信公司客户的压力，马斯克仍然需要在年底前将 11 颗卫星发射到轨道上。尽管有所耽搁，马斯克有信心 SpaceX 能成功发射，摆脱困境。

在一个乌云密布、飘着细雨的夜晚，马斯克在晚上 8 点 30 分来到佛罗里达州太空海岸，听着飞行指挥官在现场发出的发射倒计时指令。接着传来了引擎的轰鸣声，火光与烟雾出现。最后，他听到了播音员在 SpaceX 的现场直播中说"我们已经成功发射'猎鹰 9 号'火箭"。

距离发射场大约 1 英里外，是 SpaceX 在卡纳维拉尔角建立的第一个降落台。这一降落台类似一个巨大的直升机着陆区，上面用 SpaceX 公司的标志来标明火箭应该降落的区域。该降落台恰好位于美国首位环绕地球飞行的宇航员约翰·赫歇尔·格伦在"水星"飞船完成轨道飞行的发射点旁边。这是一个神圣的舞台，SpaceX 有可能在此完成历史性太空壮举，这将进一步巩固 SpaceX 作为商业太空飞行行业宠儿的地位。马斯克作为引领者，将带领他的火箭团队迈过公认不可能越过的门槛。

尽管马斯克在推特上很有信心地抨击贝佐斯，但他后来承认，当时他对于 SpaceX 能够完成着陆这一艰难任务只有 60%~70% 的把握。着陆需要特定编排，十分复杂，令人望而生畏。

在将火箭送入轨道后，第一级发动机在 2 分 20 秒后就会切断。第一级发动机和第二级发动机分离 4 秒，此间火箭继续在距离地面 50 英里的上空以约 3700 英里每小时的速度飞行。然后，第二级发动机在轨道上点火，同时，第一级发动机发射氮气进入推进器，翻转增压器，从而让火箭向相反的方向飞行。此过程结束后，飞行的尾端会变成首端。

再之后，火箭会重新点燃 9 个引擎中的 3 个，让其升压后燃烧，留下烟雾。就像一次巨大的刹车在天空中留下痕迹一样。增压器开始朝相反的方向飞行，飞回卡纳维拉尔角。

计算机预设的 GPS 坐标瞄准其着陆地点。由于火箭穿过的空气密度不断增大，火箭配置了栅格翼。这些小翅膀长得好像华夫饼一般，只有 4~5 英尺宽，是用来操纵空气的。小翅膀操作时，看起来就好像孩子在高速公路上把手从汽车窗户里伸出来一样。

再之后，助推器如潜水员一般完美地坠落，在着陆过程中，火箭将再次点燃引擎，同时 GPS 系统将火箭定向到着陆区所在位置。

SpaceX 将这一过程比作"试图在风暴中平衡手中的一个橡皮扫帚"。

难怪人们说这是不可能完成的任务。

联邦航空管理局针对着陆事宜与 SpaceX 签署了协议，授予 SpaceX 一份许可。美国空军也与 SpaceX 签了协议。空军控制器也在降落地点附近驻扎，以防万一。如果有任何迹象表明火箭已偏离航向，比如说正朝着市中心泰特斯维尔飞行，那么空军就会远程炸毁火箭，让火箭碎片落入大西洋，避免造成伤亡事故。

即便如此，布里瓦德县紧急行动中心也将该地警戒状态提高到二级，以防万一。二级是所有状态中第二紧急的情况。让事件更具有戏剧性的是 SpaceX 在其官网对火箭发射和着陆进行了实况转播。简直就是另一种形式的真人秀，数以万计的观众能够亲眼见证这一事件，不论是胜利或是失败。这是一个巨大的风险。如果失败，直播画面将出现一个巨大的火球，这一画面肯定会被媒体反复播放，对 SpaceX 造成莫大影响。

SpaceX 的做法与贝佐斯形成了鲜明的对比。在"新谢泼德"成功着陆一天后，贝佐斯才宣布了这一事件，蓝色起源公司的公关才开始通知记者，为他们提供 24 小时以前发生的事件的相关消息。而消息也是通过蓝色起源公司写好的新闻稿和精心制作的视频传递出来的。

乌龟做事往往是深思熟虑、小心翼翼的。但野兔会把事情公之于众，哪怕不知道最终结果，也会实时公开事情进展。野兔有时是鲁莽的，还有时让人倒胃口，但它有胆量，有勇气。

在"猎鹰 9 号"安全地进入太空后，马斯克一直待在堤道上，等待它再次出现。大约 10 分钟后，"猎鹰 9 号"开始归来。一开始，只能看见遥远的微光，犹如街灯照亮了阴天夜晚的雾气。"猎鹰 9 号"开始下落了！看到这一场面，聚在卡纳维拉尔角的 SpaceX 员工们无不兴高采烈，热泪盈眶。而聚集在洛杉矶旁、SpaceX 加州霍桑公司总部的员工们也都疯狂地欢呼着。

"我们在创造历史。"SpaceX 的评论员之一在现场直播时说道。

马斯克在堤道上看着这一切，他在这里能听到和感觉到在总部的人无法感受到的。巨大的爆炸隆隆作响，震动地面，就像重重的一拳击中了他的胸口。

马斯克想过最坏的结果。

"嗯，至少我们离目标更近了。"他自言自语道。

站在堤道上，马斯克以为火箭坠毁了，他等着爆炸后出现的隆隆大火。

但是没有火球出现。

马斯克冲进了发射控制中心。在那里，人们为电脑屏幕上清楚展现的景象而欢呼喝彩。他们看到了"猎鹰 9 号"成功地降落在发射场上。"'猎鹰 9 号'已经成功着陆。"发射指挥宣布。马斯克听到的爆炸是声波的震荡，而不是火箭爆炸。

不管是否是有意而为，SpaceX 公司宣布火箭成功降落时采用的话语是"'猎鹰 9 号'已着陆"。这与尼尔·阿姆斯特朗所说的"'老鹰'已着陆"十分呼应。

后者是阿姆斯特朗在宇宙飞船登上月球之后所说的。

SpaceX 在加利福尼亚的总部是一片欢笑的海洋。公司几百名员工都兴高采烈，互相拥抱，上下跳跃，就好像他们刚刚赢得了超级碗冠军一样。这与蓝色起源的员工们在"新谢泼德"火箭成功着陆后欢天喜地的庆祝十分相似。只不过庆祝的规模更大，参与庆祝的员工人数也更多。SpaceX 公司总裁格温·肖特维尔坐在任务控制中心的前排，她用手抱着头，以触地的姿势拥抱了周围的每个人。玻璃大门外，一群员工拥进了控制中心，自发地高声呼喊"美国！美国！"的口号。

这个口号听起来也许有些奇怪。员工们欢呼庆祝的是一个私人公司的胜利，而不是一个国家取得的壮举。但在这一片欢声笑语中，"美国"这一口号似乎也是合情合理的。因为 SpaceX 完成的任务不仅让本公司的员工为之欢欣鼓舞，也能够让全体美国国民为之欢庆振奋。这还反映出对未来火箭行业的乐观态度。"猎鹰 9 号"的成功着陆肯定了 SpaceX 长期以来的努力。SpaceX 一直致力于完成的目标不再是不可能实现的，而是确确实实能够成真的愿景。这一愿景不仅存在于亿万富翁马斯克的想象中，而且真的有希望成为现实。40 年前，这一愿景引导了当时的一代人，赋予他们饱满的热情和宏伟的雄心，让他们完成了许多人认为不可能做到的事情。

对马斯克来说，这也是巨大的肯定。成功着陆验证了他多年一直相信的事情，证明他的最终目标实际上是可能实现的。"这确实大大提高了我的信心，在火星上建造一座城市是可能的！"他说，"这就够了。"

欢庆聚会一直持续到天亮。察看完降落台后，马斯克来到了可可海滩。在沙滩上，他仍然穿着反光背心，戴着硬帽子。醉酒的雇员大多是二三十岁，他们与马斯克打招呼，将马斯克视作英雄，彼此击掌拥抱，笑容满面。

在 SpaceX 霍桑总部的聚会也十分尽兴。肖特维尔称自己是"派对妈妈"，她要确保大家都安全到家了。她回忆道："我努力安排好所有参与发射成功庆祝活动的人，这可是一个不小的挑战。"

没有什么能减少这种高兴的感觉。但在喜悦之下，他们也很愤怒，SpaceX 的对手贝佐斯忍不住嘲弄马斯克，用马斯克嘲笑自己的方式反过来戏弄他。

蓝色起源一直奉行一种极端形式的纪律，有无处不在的保密协议和与电影《教父》中维托·柯里昂一般"严格"的商业精神。

但现在这是个人恩怨了。或是为了反击马斯克之前对蓝色起源火箭降落时所发的推特，称这是"不罕见"的事情；或是为了抨击马斯克所说"独角兽在导焰槽中跳舞"的言论；或是由于任何其他贝佐斯认定为侮辱性和被轻视的言论，贝佐斯现在引发了全面的竞争。

"恭喜 @SpaceX 实现'猎鹰号'轨道助推器着陆阶段，"贝佐斯在"猎鹰"火箭着陆后不久发了这条推特，"欢迎加入火箭成功降落俱乐部！"

不管是不是有意为之，这条推特都在给马斯克泼冷水：是贝佐斯和蓝色起源最先完成的火箭降落。

随着推特的不断转发，SpaceX 的员工越来越生气，马斯克也是如此。

"贝佐斯说这些话，可谓是相当刻薄了。"马斯克说。

肖特维尔说她对此"翻个白眼，并保持沉默。贝佐斯这么说话真的很愚蠢"。

但是在马斯克发怒前，团队向他展示了推特上发生的后续：SpaceX 的粉丝们已经为他报复了贝佐斯。粉丝们从马斯克反复强调的物理知识中了解到太空不是轨道，火箭飞到太空着陆与火箭飞到轨道着陆大不相同。粉丝们不断发文反击贝佐斯。

"@Jeff Bezos@SpaceX 你们甚至不在同一个等级上，兄弟。不错的尝试。"

"@Jeff Bezos@SpaceX，如果你想获得支持者，那就亲切些吧。当一个浑蛋可不是你该选择的路。"

"@Jeff Bezos@SpaceX 如图所示。"这句话所在的推特还附了一张图，两个公司的火箭并排出现。粉丝用有图有真相的方式，说明"猎鹰 9 号"是如何让"新谢泼德"看起来像技术渣的。

马斯克回忆，他一看到推特上的反应就放松了，并决定"我不会回应这样荒谬的言辞"，尤其是"网友们已经为此给了他当头一棒了"。

一切都很好。火箭高高地挺立在着陆台上。今晚不会再有推特大战。

　　理查德·布兰森爵士看着马斯克和贝佐斯这两位亿万富翁之间的竞争，不由得产生退缩之意。他是个冲动的人，信奉活在当下的理念，但他提出要避免冲突。冲突是令人反感的，这是一场没有人能赢的战争。

　　"竞争通常是好的，我的意思是从消费者的角度看肯定是好的。"他说。多年来，他和马斯克已经建立起深厚的友谊。"我是马斯克的朋友，我很了解他。他时不时就会来到内克尔岛。"内克尔岛位于英属维尔京群岛，也是英国维珍集团创始人布兰森创建的一座私岛度假村。但直到几年后，马斯克才肯见贝佐斯。当被问及他与贝佐斯在推特上的争执时，马斯克停顿了一下，再尝试用合适的言辞和语气回答。

　　"如果只是用推特来竞争，情况不一定会变成这样。"马斯克说，然后抓着自己，"无论如何，我宁愿只是彼此间的争执。"

　　最好的竞争方式其实是保持专注于自己的产品，而不是瓦解竞争对手。维珍银河公司的商业宇宙飞船——"太空船2号"在美国加利福尼亚州的沙漠地带坠毁，给了布兰森重重的打击。但现在，一年多以后，布兰森再次归来。他的团队重建了太空船，更安全，更可靠，布兰森准备再次炫耀自己的太空船。

　　他站在一辆白色路虎的天窗内，抛着飞吻，向人群挥手，就像凯旋的恺撒驾着战车进入了罗马圆形斗兽场。上次布兰森在莫哈韦公共场合露面时，他的太空船在沙漠地上摔成碎片。现在，他有了一艘新的宇宙飞船来接受洗礼，他希望能净化过去失败的痛苦，重振新的希望。

　　美国国家运输安全委员会已经完成了长达九个月的调查。调查结果是"对人为因素缺乏考虑"导致航天器在空中解体。委员会发现，为维珍银河建造太空船的缩尺复合体公司未能正确训练飞行员，也没有实施基本的保障措施来防止造成事故的人为失误。

的确，迈克尔·阿尔斯伯里之所以在坠机中丧生，就是因为他过早地解开了羽毛系统。他在 0.92 马赫的速度下就解锁了羽毛系统，而不是驾驶手册规定的 1.4 马赫，这引发了羽毛机动过早地发生，最终造成飞船灾难性的结构失效。安全委员会表示，阿尔斯伯里根本不应该这样做。但是缩尺复合体公司却没有考虑过人为失误的可能性，而这正是导致一系列系统性故障的根本原因。正如董事会成员罗伯特·萨姆沃特所言，缩尺复合体公司"把所有的鸡蛋都放在飞行员做正确决定的篮子里"。不幸的是，人类总是不可避免地会犯错误，"而错误往往是一个有缺陷的系统的征兆"。

对此，维珍银河为飞船添加抑制设备，防止飞行员过早解开羽毛系统。同时，维珍银河公司宣布不再与缩尺复合体公司合作，选择自行建造宇宙飞船。

"从现在起，我们会尽己所能，充分利用一切资源，维珍银河会自行研发制作所有设备。"布兰森说。

此刻，布兰森要为新的太空船揭幕。在入口处，有音乐、旋涡灯和冰镇香槟，这就是世界对布兰森的固有印象——世界上最著名的花花公子之一。布兰森很乐意扮演这个角色，他穿着摇滚明星穿的皮夹克和牛仔裤，挥舞着头发，面带笑容，展示着他的英国魅力。《星球大战》中汉·索罗扮演者哈里森·福特也坐在前排。但这一天真正的明星是世界著名物理学家斯蒂芬·霍金。

维珍银河公司内部，管理人员很担心在那场致命事故发生后，这样做会让公司显得过于傲慢。他们想尝试抹去一些痛苦的记忆，让大家恢复对公司的信心。但他们也很清楚地认识到现在的艰难处境。公司的进展比订立的计划要晚好几年，而且到现在还没有吸引到付费客户。此次坠机事件和随后的延误也意味着，美国太空港未来设施的建造将花费纳税人 2.2 亿美元。太空港坐落在新墨西哥州的沙漠处。

维珍银河公司太空船发生的不幸事件带来的后果远远不止耗尽政府的宇航中心。这一事故让一名飞行员丧失了生命。现在维珍银河的管理人员必须表明他们是十分清醒和认真的。霍金教授就是一个绝妙的选择，显示出公司的重视。由于身体不适，霍金教授无法亲自前往活动现场，但他独特的机器音仍然在现场响起。

"我一直梦想着太空飞行，"霍金说，"但这么多年，我以为这只是一个梦想。我的躯体被限制在了地球上，只能坐在轮椅上，除了想象力和理论物理以外，我怎么能体验到太空的威严呢？"

他说，几年前，布兰森曾提出让他搭乘飞船前往太空，"如果我当时在那艘宇宙飞船上飞行，我会非常自豪的"。

维珍银河没有试图抹去过去犯过的错误，而是选择正视错误。一位高管在谈到宇航员阿尔斯伯里的死亡和遗产时哽咽了。公司的首席执行官乔治·怀特塞兹也没有回避这一事故。

"现在距离飞行测试事故发生已经过去 16 个月了。那是艰难的一天。" 怀特赛兹开始说道。

在坠机事故发生后，怀特赛兹回忆起就是在"这个机库"里，他见到了布兰森。"当时我们多年的辛勤工作被公众怀疑。一个勇敢的测试飞行员，失去了自己的生命。他是我们的家人，也是我们当中许多人的朋友。我们走过这个机库，站在未建成的'太空船 2 号'前。飞船就在那边。我们当时就想，这个精心构造的部件是代表我们的过去，还是我们的未来？"

在庆祝和纪念之间，在重生与葬礼之间，维珍银河公司已经发生了巨大转变。随着公司进一步发展，曾经的浮躁、不成熟和不耐烦，以及那急于到宇宙中的心态，都已经发生了改变。维珍银河的脚步放慢，充分从磨炼中吸取教训。

即使在事故发生之前，为了吸引潜在客户，维珍银河特意宣传安全至上。维珍银河首席执行官乔治·怀特塞兹 2014 年 11 月 5 日对美联社表示，他不认为这次事故会成为发展太空旅游的一个障碍，尽管他承认事故无疑是一个悲剧性的挫折，但公司有能力从挫折中重新站起来。"我们会建造一艘更强壮、更好的太空船，我认为我们能够很快进入试飞并继续进程。"怀特塞兹对美联社说。

布兰森和他的维珍银河致力于让虚幻变成真实。死亡令人迅速清醒过来。维珍银河努力改善最新的航天器，让被认为是不可能的常规太空旅行成为现实。

首先，新的航天器将进行一系列严格的测试，甚至在部件组装之前，公司将说明如何"戳、刺、拉伸、挤压并扭曲所有的材料来建立飞行器"。维珍银河好像正在研发婴儿的汽车座椅，而不是宇宙飞船。

了解布兰森的人经常说花花公子的形象只是个烟幕弹，他的内心其实是一个居家好男人，为人认真、和蔼、喜欢自嘲。不像马斯克和贝佐斯，他们只喜欢对火箭的技术方面喋喋不休。布兰森给人的印象好像不怎么靠谱，需要工程师在自己身边才能回答详细的技术问题。这是因为布兰森提供了发展远景，而不是具体的技术。

布兰森可能还是个花花公子，但他现在是一名祖父。他现在六十五岁，在揭幕仪式上，全家四代人都出现了。他的母亲年近百岁，坐在观众席上，旁边是布兰森的儿子和刚刚过周岁生日的孙女。

在机库的后面有大量的香槟，但"太空船2号"不会被命名为泡沫。相反，布兰森他把象征"启航"的砸酒瓶仪式交给自己一岁大的孙女——伊娃·蒂亚。伊娃·蒂亚是一个天真的小天使，有明亮的眼睛和金色的头发。但是小朋友怎么能喝酒呢？所以，香槟就被宝宝的奶瓶取代了。

随后几个月，马斯克和贝佐斯相处得不错，至少在公开场合如此。他们推特上的争吵已经引发媒体的狂热追捕，并希望两人彼此对立——两位技术型亿万富翁为争夺宇宙的统治而战——连大字标题都想好了。

对像贝佐斯那样精心培植自己形象的人来说，即使被认为是与马斯克进行争斗，也会显得自己不够体面。对他来说，如果竞争者紧跟亚马逊的步伐不断发展，就会驱使贝佐斯更努力，为更大的成功而奋斗。不论是在网络零售业，还是在太空火箭行业，贝佐斯都是如此。贝佐斯将继续专注于离开地球走向宇宙这一巨大挑战，正如他在亚马逊工作时，敦促团队保持不懈、始终专注于客户。

"对蓝色起源来说，我们最大的对手是地球重力。"他在颁奖典礼上说，"与这个问题相关的物理学就是巨大的挑战。重力并不会对着我们说'哦，那些蓝色起源的家伙真的很棒。我要增加我的引力常数对抗他们'。重力根本不在乎我们。"

宇宙伸展得很远，有足够的空间让大家各显才能，不断发展。宇宙的大空间能让许多公司长寿而繁荣。太空业务并非零和游戏，不存在你赢我输的局面。

贝佐斯在 2016 年的一次太空会议上对美国科技网站 Geekwire 的艾伦·博伊尔说："通常，人们会像体育赛事那样思考商业竞争，这是很自然的事。有人离开竞技场时是赢家，也有人离开竞技场时是失败者。但商业却有些不同之处。伟大的行业通常是由不止三家公司建造的，而是由许多公司构成。一个真正伟大的行业有很多赢家，甚至成百上千的公司都是这一行业的赢家。我想这就是我们为之前进的方向。

"从我的角度来看，赢家越多我就越快乐。我希望维珍银河成功。我希望 SpaceX 成功。我希望联合发射联盟成功。我希望阿丽亚娜太空公司成功。当然，我也希望蓝色起源成功。我认为它们都可以成功。"

当人们把 SpaceX 的成就与蓝色起源的成就进行比较时，马斯克会因此受到困扰，而贝佐斯则显得更加温和。

"总的来说，我认为我们为人类的美好未来而发展太空飞行是很重要的。"贝佐斯说，"如果我可以按一个按钮，使蓝色起源消失，我不会按那个按钮。我认为我现在正在做的事情还是很好的。"

火箭公司们被太空中的商业机会、冒险和自负所吸引，他们最终有可能会留下普罗米修斯般独创性的遗产。

但没有什么比直接竞争更具有驱动力了。没有人比马斯克和贝佐斯更了解这一点。如果没有全球第二大网上书店巴诺公司，亚马逊不会成为今日的亚马逊。如果没有底特律，特斯拉也不会是今日的特斯拉。而 SpaceX，从成立之初就瞄准了联合发射联盟，试图打破它多年来所持有的轻松垄断，并成功打破了美国国防部五角大楼的垄断。

竞争推动了原始的太空竞赛。如果没有苏联要拥有终极高地的威胁，美国就不会登上月球。在苏联人加加林成为第一个绕地球轨道的人之后，肯尼迪总统一直很痛苦，在白宫的一次会议上用手抱头，不断捋头发，紧张地用指甲敲击牙齿。

"要是有人可以告诉我如何赶上苏联就好了。让我们找个人，谁都行，来帮我们。我不在乎是否是看门人、清洁工。"肯尼迪恳求道，"没有什么比这更重要的了。"

不到十年后，阿姆斯特朗越过苏联人，成为第一个登上月球的人，宣布他的胜利为"人类的一大步"。

比赛结束了，胜利者胜利了，失败者被打败了。此后，人类在太空飞行事业中出现了漫长的消退，甚至是倒退。缺乏竞争导致自满，舒适的环境导致枯萎。尽管美国总统们一再许诺要执行肯尼迪总统的意志并召唤武器，下一个巨大的飞跃却从未实现过，不论是火星基地、月球基地还是恒星文明。在演说台上，希望和梦想可能听起来很棒。但在发射台上，我们至今只走了那么远。

如果马斯克和贝佐斯将是阿波罗的真正继承人，如果，最后他们将推动人类进一步进入宇宙这一事业的发展，能够在恒星中建立起系统，那他们就得彼此合作，准备好一起前进。一只眼睛清楚地盯着那遥远的、似乎不可能实现的目标；另外一只眼睛则盯着身旁的竞争对手。

事实是，所有和解和谈话证明他们需要彼此。

最终结果却发现，竞争是最好的推动火箭发展的燃料。

14
火星

节目开始的几小时前，铁杆粉丝们就已经开始大排长队。第一批人早早就拥到了位于墨西哥西部城市瓜达拉哈拉的会议长廊前，他们一撮一撮地聚到一起，像执意求见的信徒。这群人外宿街头，像是等待《星球大战》放票一样，让这场等待变成了"原力与你同在"仪式，他们仿佛是精心打扮过的暴风兵在路边帐篷里聚会，此刻他们就是现实版汉·索罗加尤达大师。

而在紧锁的门内，这些人的"尤达"——埃隆·马斯克，也正在准备。马斯克想让每一个细节都准确无误，这可是他人生中重要的一刻，他可不想草草了事。2016 年 9 月 27 日，国际宇航大会年度太空会议，他最近几个月来一直在调侃的演讲就在这一天。有关他的炒作已经发展到了狂热的地步，马斯克让一切都黯然失色，这个长达数天的国际宇航大会俨然成了一场"埃隆秀"。

2002 年刚建立 SpaceX 时，他还只是个默默无闻的怪人，尽管有太空私营这一大胆想法，却不相信自己可以做到。而如今，他已举世闻名，成为特斯拉的现实版"托尼·史塔克"（特斯拉宣布拥有建造全球最大锂离子电池的权力），他的太空探索公司也吸引了数百万追随者，公司主页和 YouTube 上的相关视频也有数百万的点击量。

SpaceX 超越了美国公司，就像 NASA 摆脱了官僚体制一样，成为希望与灵感的迸发地。

如今埃隆是美国空间项目的新面孔，是太空探索的化身，是现代版肯尼迪和尼尔·阿姆斯特朗的结合体，有高达 1000 万的推特粉丝。

瓜达拉哈拉的新闻发布会上人潮涌动，世界各地的记者都在等候着这场题为《让人类成为多维星球物种》的演讲，这场演讲中，马斯克会提到他征服火星的计划。

在前往瓜达拉哈拉的几个月前，他向《华盛顿邮报》透露了一些细节——他打算建一个像穿越美国的公路一样可以到达火星的运输系统，并预计在 2025 年让第一批人类登陆火星。此外，NASA 已经宣布同 SpaceX 合作，共同发射"龙飞船"，在不运载乘客的情况下登陆火星表面，并在每隔两年、火星与地球轨道最接近时，由 SpaceX 发送额外补给，这些操作预计在第一批人类定居火星前全部完成。

"我们所研究的基本上是建立一条到达火星的航线。"马斯克向《华盛顿邮报》记者透露道，"这是一条常规货运路线，你可以计算出来——每 26 个月循环一次——就像计算火车的发车时间一样。"

马斯克创立 SpaceX 的初衷是登陆火星。史蒂夫·戴维斯是 SpaceX 的老员工，他仍记得早在 2004 年从马斯克那里收到的简报——"着陆火星需要多少推进剂？"后来绩效评估谈话时，马斯克也没有提及戴维斯的业绩表现，戴维斯回忆说："我们整场谈话都在谈火星，谈'怎么到达火星？'。"

至少在马斯克看来，今昔不同以往，愿望即将达成。在接受《华盛顿邮报》的采访时，马斯克对登陆火星的乐观前景感到抑制不住的兴奋，他说："我真想爆料更多细节！但是为了让人们在演讲中有所期待，我决定先克制一下自己。"

SpaceX 的第一项任务就是发射"猎鹰"重型火箭，这台运载火箭采用 27 台发动机，相当于将三架"猎鹰 9 号"绑在一起。为了完成殖民火星的想法，SpaceX 将会建造一个火星殖民运输系统，即 SpaceX 内部俗称的"超大火箭"。

马斯克告诉《华盛顿邮报》的记者："这个名字起得很好，突出了这款运载火箭巨大无比的特点。9 月发射日前我不透露过多细节，想吊起大家的胃口。"

"吊起大家的胃口，"马斯克的语调里洋溢着兴奋，"想想就觉得有趣啊。"

大会终于要开始了，会议大厅的门一打开，人潮便涌向离讲台最近的位置，几分钟后就座的人周围又围上来一群人，会场内一片喧嚣。突然，整个会场安静下来，只见马斯克身着黑色西装、白衬衣，满脸胡须浓密，走向讲台，站在一幅巨大而明亮的火星照片前。"那么，"他开口道，"我们怎样能把你们带到火星呢？"

就在演讲的前几天，许多人都觉得马斯克会取消这场演讲，就连马斯克本人也没有勇气去完成这场演讲。就在三个星期前，他研制的又一枚运载火箭爆炸成巨大火球，爆炸原因无从知晓。这次爆炸发生于发射前几天，火箭在发射台上加燃料，准备进行发动机测试，但不知哪里出了问题，火箭突然引爆，黑色浓烟在佛罗里达海岸上空翻滚。虽然无人伤亡，但是爆炸后的冲击波可能会绵延数英里远。SpaceX 一年内在爆炸事故中损失了两枚火箭。此次爆炸火箭的有效载荷不是运输到国际空间站的货物，而是一颗即将投入使用的价值 1.95 亿美元的以色列卫星，这颗卫星是由 Facebook 委托制造，用于给发展中国家特别是撒哈拉以南的国家提供网络服务的。

第一次爆炸已让其损失惨重，但为了节约时间，当时 SpaceX 在试发射前就将昂贵的卫星装入第二枚火箭里了。回顾这一决定确实有失误，等火箭试发射成功，确保万无一失再投入卫星是常识。但 SpaceX 就是喜欢冒险，想要快速地完成各类发射项目。

马克·扎克伯格，Facebook 的首席执行官，得知爆炸消息时人在非洲，他在 Facebook 上写道："我在非洲听到了这一令人遗憾的消息，SpaceX 发射失败也摧毁了我们的卫星，这颗卫星再也无法为非洲大陆的企业家和居民提供网络服务了。"

在爆炸发生后第一晚的《晚间秀》上，主持人史蒂芬·科尔伯特展示了一些爆炸片段。

"'砰'的一声！炸得那叫一个壮观啊！"他说道，"现在的火箭还是无人的，也就是没有人员伤亡，但是它携带了一颗本应给撒哈拉以南地区带去网络的卫星，所以，现在那里的人不仅没有干净水喝，还不能在 Yelp（美国最大评点网站）上喋喋不休！"

就在调查人员对爆炸展开调查期间，SpaceX 的火箭再次停飞了。一年前爆炸发生后，SpaceX 一直在了解故障原因和解决方法，而这次停飞的原因又在哪里？到底是什么原因让火箭还在发射台上时就突然爆炸？

接二连三的失败让马斯克目瞪口呆。爆炸当天他就在推特上发文，称"损失火箭是这 14 年来最困难、最复杂的失败"。一周后，他再次补充道："值得注意的是一切操作都在例行规范中，没有启动发动机，也没有明显热源。"他恳请公众帮忙分析爆炸的信息。不久后，他补充了可能的导火索，发文称："调查人员迫切地想知道在火球出现前，安静的爆炸声持续了几秒的原因，我们怀疑故障出现在火箭内部或者有其他原因。"

网络上阴谋论蔓延，有人推测火箭受到外力撞击，甚至是子弹或不明飞行物的撞击。马斯克在推特上被问及爆炸是否与外力撞击有关时，他甚至推测说"我们不排除这种可能"。

尽管当时没有公开表态，但 SpaceX 的专家们都紧盯蓄意破坏这一原因。

"我们确实认为有人射击了火箭。"马斯克后来回忆说，"我们发现了一些看起来像弹孔的东西，猜测是有人使用强力步枪击中火箭。如果这个人击中了火箭的要害，火箭就会爆炸。"

最初，公司内部对爆炸原因困惑不解。"你最先能想到的就是外力导致爆炸，"SpaceX 的总裁格温·肖特维尔说道，"因为我们实在不知道原因到底在哪里。"

如果有人的确射击了火箭，SpaceX 必须尽快收集各类证据。"因此，我们向空军和联邦航空管理局施加压力，收集任何可能的取证数据。"肖特维尔说。

早期的迹象表明，火箭爆炸是某些东西导致上层氦气瓶爆炸所致，工程师们正努力在 SpaceX 位于得克萨斯州麦格雷戈的试验场地上复制爆炸场景，然而"我们很难引爆这些氦气瓶"，肖特维尔说。"因此我们找来一支步枪，朝氦气瓶射击，瓶上的弹孔和爆炸火箭的氦气瓶上的弹孔形状吻合。这个试验很容易，因为在得克萨斯州，人人都有枪，可以朝任何你想引爆的东西开枪。"

　　就在 SpaceX 步履艰难之际，联合发射联盟发起攻势，希望通过加大商业发射推销力度来挖走 SpaceX 的一些客户，ULA 拥有超凡的发射纪录，让新的竞争对手至今都无法比拟——一百多次连续发射零失误。

　　"我们顾客的首要要求包括，确保航天器按期发射，确保有最快的舱单日期，还要确保发射零失误。"ULA 首席执行官兼总裁托里·布鲁诺在一份声明中表示，"为了满足客户的这些要求，我们会在客户下单后的三个月内完成任务，这项服务已经存在了一年多。"

　　公司之间的竞争与以往一样激烈。经过了多年的诉讼，SpaceX 终于赢得了竞标权——竞标利润不菲的五角大楼国家安全启动计划项目。要知道十年来，ULA 一直垄断着美国军事订单，但 SpaceX 的加入无疑威胁了 ULA 的主要收入来源。

　　但是在"猎鹰 9 号"火箭爆炸两周后，这一长期争执出现了扭转，一名 SpaceX 员工突然出现在位于卡纳维拉尔角航空海岸的 ULA 公司中，并提出了奇怪的要求：他能否到屋顶一瞧？

　　他解释道，SpaceX 储存的一段影像中出现一道阴影，随后出现一个明亮的白斑，像是从屋顶处照射过来的。ULA 的建筑距离发射台约一英里远，可以清晰地看到发射台。

　　尽管 SpaceX 的员工态度温和，但从他的话里明显能听出他是在怀疑 ULA 蓄意破坏，这让 ULA 的人又惊又怒，拒绝了这位员工的请求，随后便找来空军进行鉴定，以示清白。

　　马斯克站在瓜达拉哈拉的演讲台上，爆炸的秘密仍未揭开，阴谋论也一直是个谜。

　　"那么，我们怎样能把你们带到火星呢？"在演讲开场时他问道。

　　答案是：用一个大型火箭。为了描述出这个火箭到底有多大，马斯克在演讲时以一幅图开场，图中有一个人站在火箭旁边，随着视野的缩小捕捉火箭的大小，相比之下，这个人变得越来越小，最后消失在画面中。

　　"它巨大无比。"马斯克严肃地说。

它现在可以飞向火星甚至更远的地方，有些人称它为火星殖民运输者，或星际交通系统（ITS），无论名字是什么，它都是一个超过 400 英尺高的庞然大物，拥有 42 个发动机和一个可载 100 多人的太空船，可以在轨道上加油，并以时速 62634 英里的速度飞向火星，然后降落。在讲台上，马斯克描绘了未来的乐观画面，并发誓在第一次发射的 40 年到 100 年内，100 万人可以在火星上维持生命、自给自足，他还提到了"火星殖民舰队"将会离开群体，驶向火星。

通往火星的旅行一定"非常有趣、非常令人兴奋"，他说。"人们不会感觉到拥挤或者无聊。但是工作人员舱和乘客舱是分开的，这样乘客可以在飞船中玩 0-G 游戏，在舱内四处飘浮。飞船内有电影室、演讲厅、小客舱、餐厅等有趣的设施，乘客将会度过一段难忘的时光。"

演讲的亮点是一段长达四分钟的影像，影像中可以看到飞船巨大的助推器起飞，太空船巡航时火星金红相间的魅影映在船身巨大的风挡玻璃上，还可以看到火星这片乐土周围的大气像光环一样熠熠生辉。

视频以曾经被科学家断言有生命存在过的火星的时光流逝过程结尾，这颗干涸、死亡、红色沙漠遍布的行星最终化为绿草茵茵、海水蔚蓝的近地行星。

马斯克是对的，演讲的所有内容都吊足了大家的胃口——超大型火箭，太空船风挡玻璃上映出的模糊的火星身影，还有火星表面人为加热后可以像地球一样宜居……

但这一切过于奇妙，与超现实主义相似，具有科幻小说共同的特征，正如一位著名的空间专家观察后称，"可信但不一定可能"。火箭在 SpacesX 的发射台上都能燃为灰烬，更不用说载着卫星、货物或者一个人飞向太空了，近地轨道都没有到达过，到火星更是天方夜谭。

"猎鹰"重型火箭经历了一系列延误和技术问题，仍未发射，第一次发射将在 2018 年——这个时间也未必能确定发射。平均而言，火星距离地球 1.4 亿公里，尽管这两颗行星每隔 26 个月彼此接近，但飞向火星仍然是最艰难的任务。在 43 个飞往火星的任务中（包括由 4 个国家以政府名义发射的近天体探测航天器），只有 18 个被视为取得圆满成功。

如果马斯克能够成功，那将是"一项人类工程学的巨大进步，比曼哈顿计划的范围、规模、成本都要大很多"，美国宇航局喷气推进实验室太阳能系统勘探总工程师金特里·李说。

对人类来说，马斯克计划表上征服火星这一项目想取得成功的话，"必须以比我们以前在任何项目上实现过的快得多的速度开发和注入新技术"。

专家们并不是唯一对马斯克的梦想持怀疑态度的人。Verge 网站的知名太空记者洛伦·格鲁什向马斯克发难，在马斯克演讲结束时问了他一个演讲中忽略的关键问题。

她说："你们并没有涉及如何保持人类在太空辐射下或者在火星上的安全的问题。""你能给我们一些有关如何维持生命、探测栖息地等的意见吗？"

对马斯克这样注意细节的人来说，他只是轻描淡写地做出回应，忽略了问题的症结所在，只是简略地说："辐射不是什么大不了的事。"

演讲中存在的一个大问题是：谁会为这一切买单？ 马斯克说他会用自己的个人财富"做出能做的最大贡献"。然而有一次他开玩笑说 SpaceX 可能要使用网上筹款平台 Kickstarter 来筹集资金。

"正如我们所展示的一样，这个梦想可以实现……随着时间的推移，支持也会逐渐增加。"他说。

但这更多的只是一个愿望，而不是一个具体的商业计划。他 "公私合作"的想法实现的可能性也不大。美国宇航局有自己的火星计划，正在建造自己的火箭和宇宙飞船。

虽然奥巴马废除了布什时期的"星座计划"，但洛克希德·马丁公司的"猎户座"飞船免于刀俎。2014 年，它飞至 3600 英里高，比任何载人航天器 40 多年来飞过的路程都要多。尽管没有宇航员进行首次试飞，美国宇航局仍将这一任务视为人类太空探索的"新时代"。

然而没过多久，政府监管机构警告，称这项任务成本超支、计划延期，拖累了奥巴马政府的相应计划，取而代之的是一个被称为"太空发射系统"（SLS）的运载火箭计划，这枚火箭尚未发射，便被评论家嘲笑为"参议院发射系统"，因为它的建造旨在为国会议员所在地区创造就业，而不是飞往火星。

美国政府问责办公室说，耗资 230 亿美元的 SLS/Orion 计划执行时，美国宇航局面临"成本估算不足、监管不力、风险低估"等情况。美国宇航局的火星登陆计划会在 2030 年启动，难以服众，一些资深记者厌倦了 NASA 的频繁鼓吹，嘲笑这一计划是"无处可去的旅程"，国会中支持的声音也在逐渐减弱。

"我们执行该计划时，就意识到当初做了错误决定。"加州共和党议员达纳·罗拉巴赫说。

但这并不意味着他们准备取消 NASA 的 SLS/Orion 计划，而去资助马斯克的火星登陆计划，即使他承诺会先登陆火星。

几周以来，马斯克和由 SpaceX 的员工组成的小组每周六都会讨论火星架构及如何展示，但是他们忽略了一个关键细节——问答环节。

主办方让观众席的任何一个人都可以拿到麦克风，问题开始变得荒谬，因为普通观众有机会问马斯克任何问题：有个叫阿尔多的人，声音像石头一样厚重，他说自己刚从内华达沙漠一年一度的朝圣活动——火人节回来，他说那里又冷，沙尘又大，让人不舒服，而且到处都是污水。

"火星是什么样的呢？它也像那里一样尘土飞扬、缺水、四周阴霾吗？"阿尔多问道。

还有一个人告诉马斯克，他想给他一本关于"像你一样的火星第一人"的漫画书，但是无法通过演讲台前的安保，便问："我应该把它扔到讲台上吗？"

还有一位女士问道："我可以代表所有的女士，走上讲台给你一个幸运之吻吗？"

人群开始欢呼尖叫着起哄，马斯克浑身僵硬，仿佛身处妓院般不自在。

"谢谢你女士，"他笨拙地说，"心意我领了。"

尽管这些人没把他的演讲当回事，但是很多人至少有所启发——演讲前的长队就是最好的证明。人们冲进会议大厅的那一刻起，美国公民对科学与探索的热情就被重新点燃了。

也许马斯克的火星登陆计划都只是一场空想，更适合放进那位观众要丢上讲台送给他的漫画书里。但这也没什么大不了，整个项目的重点哪怕只是让它看起来像真的、仿佛可以做到，又能怎么样呢？

毕竟，如肖特维尔所说，SpaceX 的座右铭是："大胆假设一个几乎不可能完成的目标，永不退缩、低头，跨过每一道阻碍——这就是 SpaceX。"

如果打败一切"不可能"是其目标，那么火箭爆炸只是个减速带，绝不是拦路虎——爆炸只是暂时的麻烦，不意味着彻底败北。

乌龟满足于慢就是快的原则，可野兔早就不耐烦了。这项研究耗时太久，国家为了复制"阿波罗"已经浪费了太多钱，结果却只是一次又一次的失败。

马斯克公司的同僚们都意识到了，这个最低谷的时刻——火箭爆炸、停飞，调查员种种猜测，四处流传阴谋论，竞争对手钻空子——也正是公布最大胆的计划的时刻。

取消演讲？绝不可能！

SpaceX 最近设计了一款复古风旅行海报，展示了火星上像杰森一家（*The Jetsons*）那样的游客，穿着喷气式背包穿过水手号谷，乘坐有轨电车到达太阳系最高峰——奥林帕斯山的最高点，凝望广阔的天际线，进行太空时代的巡航。这些结合了商业营销和奇思妙想的方式迅速大热，也标志着人类太空旅行出现了新的领导者。

尽管 NASA 取得了种种成绩，但它不再提出冠上独家头衔的要求。航天飞机项目就是一个折中方案，由于 NASA 没有提供可靠的支持，昂贵又危险的航天飞机夺走了 14 名飞行员的生命；布什的星座计划——让人类重返月球，已经被叫停；而 NASA 取而代之的登陆火星计划，由于预算超支、太空飞行系统和"猎户座"

飞船发射延期，数十年内恐难完成。

随后，马斯克的 SpaceX 填补了这个巨大的空白。

"他的工作是为 SpaceX 和更大的太空社区提供鼓舞人心的领导力。"曾为肯尼迪和尼克松的太空项目撰写过书籍的著名太空历史学家约翰·洛格斯登说，"很长一段时间以来都没有像马斯克这样的人才了。"

或者从未有过。SpaceX 成为赢家着实不可思议，这是因为它坚定的商业战略、标新立异的工程设计，而最重要的可能是大胆的想象力。

马斯克现在想要完成的项目本就和以一己之力创办太空公司一样荒谬，但太空公司确实成功了。

马斯克好像也想证明这一点，因此在瓜达拉哈拉演讲时展示了一张 SpaceX 创立之初的画面——几名员工和墨西哥街头乐队欢度公司聚会。

"这张照片只是想展示我们 2002 年刚起步时的情景，SpaceX 只有'地毯般'的规模和一支墨西哥街头流浪乐队，这些是 SpaceX 的全部了。"他说，"我那时候觉得，哪怕是把火箭送入轨道，我们成功的概率也只有 10%，更不用说超越轨道飞向火星了。但我得出的结论是，如果没有进入太空领域这一强烈动机，那我们始终不能踏上航天飞行文明的轨迹，与星辰肩并肩。"

现在，他有 5000 多名员工，分别在霍桑、麦格雷戈和好望角工作，该公司还在加利福尼亚州的范登堡空军基地设有发射台，并正在得克萨斯州布朗斯维尔建造自己的私人发射台，在那里可以自由发射，不必再受制于政府发射设施的日程安排。

SpaceX 起诉美国空军争夺国家安全发射权之后，各方终于达成协议，美国国防部也终于通过了"猎鹰 9 号"运载火箭执行任务的认证。马斯克很多年来一直想拿下这项利润不菲的发射任务，如今终于可以和联合发射联盟——这个长期垄断数十亿美元军事发射任务的公司相竞争。SpaceX 的总法律顾问蒂姆·休斯称，这是"十年磨一剑"式的成功。

"从第一天起我们的口号就是：努力争取一下，输了也没什么大不了。"他说，

"关键是让竞争心理蓬勃发展，我们还得发挥主场优势，让主场'踢球'，所谓主场就是制造美国人自己的火箭，不依靠俄罗斯的发动机和其他主要部件。"

然而，空军组织双方竞标第一次发射权时，联合发射联盟却拒绝了，称他们无法投标，并称组织竞标的初衷就是把机会给价格更低的竞争对手——SpaceX，而不是经验丰富的联盟公司。

该公司还表示，国会限制其公司在"阿特拉斯5号"运载火箭中使用俄制发动机，这些限制也让他们无法投标。为此，SpaceX和其他公司可不买账，SpaceX的肖特维尔说："懦夫之举，他们知道自己会输，但又不想输。"

从马斯克建立公司的那一刻起，SpaceX这只"野兔"就开始开辟小径，并且一路为其他人扫除障碍，马斯克还劝NASA信任像SpaceX这样的公司。他与空军对簿公堂、大获胜利，让太空探索热冷静下来，一个新的商业化太空产业出现，这一切，他都做到了。

曾经怀疑风险行业投资的投资人也纷纷加入，据非营利性太空倡导组织太空基金会称，2014年，全球太空经济总额为3300亿美元，比上一年增长9%，远高于2005年的1760亿美元。2015年，谷歌和富达投资10亿美元，支持马斯克的另一项大胆的投资项目：使成千上万颗小型卫星聚集在地球上，将互联网带到世界的偏远地区。

硅谷最成功的风险投资人，也是SpaceX的早期投资人史蒂夫·尤尔韦松说："SpaceX的吸引力巨大，以至于现在不得不拒绝其他的资金投入，对我们感兴趣的人太多了，我们不能全部接受。"

到2017年年中为止，SpaceX在新一轮的资本注入中得到了3.5亿美元的投资后，市值攀升至2100亿美元，"成为世界上市值最高的私人持股公司之一"（《纽约时报》）。

SpaceX制造的可重复使用火箭大大降低了发射成本，体积缩小的卫星也省下一笔不小的开销。几十年前，卫星一直像垃圾车一样庞大，且造价昂贵，耗资数亿美元，但随着技术的进步，卫星现在只有鞋盒大小，成本大大降低。

马斯克不是唯一一个想利用新卫星技术获利的企业家，由理查德·布兰森支持的 OneWeb 公司也在计划搭建由数百个微型卫星组成的卫星星座群，据说它可以让数十亿人摆脱无网状态，进入数字经济时代。

谷歌高管拉里·佩奇和埃里克·施密特投资了计划发掘小行星的行星资源开发公司，该公司的创始人埃里克·安德森告诉美国全国广播公司财经频道的记者："小行星上有许多贵重金属，是'太阳系中的钻石'。"

"小行星上有稀有金属、工业金属和燃料。"他说，"所以我们可以建一个太空加油站，像'星际迷航'一样在太空中穿行。"

这听起来像是詹姆斯·卡梅隆电影中的东西，说不定该公司的顾问正是好莱坞导演呢。这项计划在 2015 年已经得到奥巴马政府的授权——该公司有权利用他们所发掘到的行星上的资源，这也引起了许多银行投资家的注意。

"空间开采以及商业化仍需一段时间，但空间管制已经显露放松趋势，促进了太空制造业的经济发展。"高盛银行分析师在给投资者的一份报告中写道，"空间开采可行性较大，一个足球场大小的小行星可能包含价值 250 亿至 500 亿美元的铂金。"

美国连锁酒店大王，百万富翁罗伯特·毕格罗开发了太空栖息设备，使用可以放在轨道上、状如气球的充气式材料。另一名为"太空制造"的创业公司将第一台 3D 打印机放在了国际空间站上，致力于在太空制造各类设施。

新公司的制造浪潮带来了顶级航空航天工程项目中的"阿波罗复兴计划"。普渡大学本科航空航天工程专业的申请人数增长了 50%。

航空航天学院教授斯蒂芬·海斯特说："得益于维珍公司、SpaceX 和蓝色起源公司的发展，我们专业的申请人数剧增，但我们有人数规定，所以也不得不拒绝一些优秀的人才……我 20 世纪 80 年代初毕业，在我整个职业生涯中，这是最激动的时候。"

无疑，马斯克是功劳最大的人。他是这个新兴行业的领军人物，他是瓜达拉哈拉演讲台上对任何问题都对答如流的人，他是那只低头冲过终点线的"野兔"。后来居上者，包括蓝色起源公司在内，都多多少少借鉴了 SpaceX 的成功。

马斯克告诉《华盛顿邮报》的记者，他的目标是重燃人们对太空的兴趣，"点燃人们的热情"。他说，登陆火星将是"有史以来最伟大的冒险"。在瓜达拉哈拉演讲时，他说他的目标是"让不可能看起来可能，并在有生之年实现"。

布兰森的亚轨道空间旅行票价为 20 万美元，而在 SpaceX，最低 20 万美元，你就可以完成一次火星往返旅行。当然，往返火星艰难又危险，正如马斯克所说："人们可能在旅途中遇难。"

所有伟大的梦想都是一样的，超人演员克里斯托弗·里夫说过："伟大的梦想最初看起来都是不可能实现的，然后变成不大可能，然后是大获成功。" 你只需要相信自己，不囿于迷惑怀疑的茂密丛林中，坚持问自己一个"不大可能的"问题：如果马斯克所说的都实现了呢？

15
"大反转"

　　这儿连个交通告示牌都没有，也没有公司标志，顺着地址而来只见一幢莫名其妙、不可名状的库房。一进门，接待人员就问，你之前是否来过，是否签署已经记录在案的保密协议。之后会带你走过长长的阶梯，你这个到访者沿路能看到各式各样的太空事物陈列在周围，让你感觉似乎是在参观一个古怪的博物馆系列展，而非在一家公司的大厅里。

　　硬木地板铺就的这一层中心，是最早的《星际迷航》电影里"进取号"星舰的模型。展品中还有一套俄罗斯的航天服，一个计划建造却从未实行的空间站，以及如同建在火星之上的穹顶栖息地模型。这儿还有一张巨型火箭引擎的海报，以及一个年代久远的铁砧，它来自1780年的法国特鲁瓦市。

　　在蓝色起源的大厅墙壁上还悬挂着一句激励人心的话，来自达·芬奇："当你尝过飞行的滋味，即便你走在地面上，眼神也会抛向空中，渴望再回到天上去。"

　　但贝佐斯的一件核心藏品，是一艘火箭飞船模型，形状像一颗子弹，独自占了楼上的一整层。这是一枚儒勒·凡尔纳风格的维多利亚时代的火箭。里头的空间能乘下五个人，发动机指向地下正对着的火坑，看起来好像要从大厅发射出去一样。内里是天鹅绒装饰的豪华沙发，边上一个书架上放着《海底两万里》和《从地球到月球》，还有威士忌酒柜和一把手枪。行头齐全又古怪，给人一种陌生的熟悉感。

　　对热衷探险的人来说，整个大厅就像是一份情人节大礼，这里象征着太空时代早期的峥嵘岁月，是科幻小说与艺术的交汇点，是童年时代的美梦成真。如果一个火箭工厂兼员工休息室不足以让游客觉得自己进入了一个奇怪而令人好奇的地方——连员工养的狗都在那里自由漫步——那就再让他们看看蓝色起源的徽章。它镌刻了蓝色起源期冀的人类未来，像一幅壁画一般挂在墙上。

这是一件兼收并蓄的艺术品，其上满是寓意深刻的符号，有太阳、星星，也有进入不同太空高度所需的速率。有一对乌龟向天空上看，这是向龟兔赛跑中的获胜者致敬，也倡导了条理分明、按部就班的处事方式。但也有一个象征人类死亡的沙漏，告知我们需要迅速行动。

贝佐斯在通过亚马逊取得财富之前，曾在苏富比的太空纪念品拍卖会上输了。但在此后的几年里，他所做的已经远比弥补当时的遗憾要多。他买下了"水星"时代的 NASA 安全帽、"阿波罗 1 号"训练服和航天飞机的隔热瓦。

在角落里还藏着一件引人好奇的艺术品。它由 442 个线轴垂直叠放在一起组成，就像在调料架上一样。这些线轴摆在一起，看着就像一个巨大针线包的内部，随机的颜色分类毫无意义。但是，如果你通过悬挂在墙上的玻璃球看着它，那么线轴就变成了一幅达·芬奇的肖像，仿佛被施了魔法。

在各种各样的太空藏品中，这件作品看起来不合时宜，好像策展人昏了头，在航空航天博物馆挂上了印象派的油画，好比是把德加[1]的芭蕾舞者挂在 F-1 引擎硬件旁边。但是，在贝佐斯一手营造的仙境里——这里的墙上还写着苏斯博士的名言："如果你要抓的是平时少见的珍奇异兽，那么你必须去更远的地方。"——这却并不突兀。要想去往太空，你就得像棱镜折射一样，多角度地看问题，这样才能看到哪条路走得通。

在一间叫"木星 2 号"的会议室里，杰夫·贝佐斯坐在椅子上，面前放了一杯黑咖啡。他从一碗什锦坚果中拿起一颗啃了一口。秘而不宣多年之后，蓝色起

1　埃德加·德加（1834—1917），法国印象派画家，代表作有《舞蹈课》《调整舞鞋的舞者》等。

源终于开始开放，一年前甚至邀请了一小撮记者到总部来。但贝佐斯很少答应进行这样的一对一采访，甚至对《华盛顿邮报》这个在 2013 年被他收购的媒体来说都很难。我坚持不懈地花了好几个月，才促成了这次会面。

转机似乎是，我从档案中发现了 1961 年的新闻稿，报道了他外祖父劳伦斯·P. 吉斯离开 ARPA 返回原子能委员会供职的事情。我在他参加完一个活动之后拦住了他，硬将新闻稿塞给他看，这是我为了赢得这次采访能使的最后一招了。他的外祖父对他来说意义非凡，也许我能通过自己的调查能力来让他松口。

整个世界都是通过亚马逊来了解他的，但如果要真正了解他，还要从他真正的激情所在入手，那就是太空。这是人类太空旅行史上的一个重要时刻，需要更加彻底地细细讲来。他愿意坐下来谈论他对太空的野心吗？

他端详着这份报道，看着他外祖父的照片，听着我的请求。

"我倒是倾向于接受。"他仔细地说。

过了两个月，"很想接受"才变成一个肯定的答案。

《华盛顿邮报》执行编辑马丁·巴伦在该媒体举办的一次会议上对贝佐斯做了采访，他承认当时的处境可谓非常棘手，而且潜在风险也很大。"在新闻界，采访公司老板被认为是高风险行为。"他说。

作为《华盛顿邮报》的记者，现在对我来说也是如此。

贝佐斯坐在"木星 2 号"会议室内，非常放松，而且心情愉快。他开始谈论他长期以来对太空的热情，以及他希望实现的目标。亚马逊仍然是他的主要职业——他热衷于此，特别是从销售书籍到销售几乎所有东西。但在周三，他会偷跑到位于华盛顿州肯特、西雅图市中心以南 20 公里的蓝色起源总部。他的每个周三都是拨给太空的。

他高中时的女友曾经告诉一位采访者，说贝佐斯为了有钱能办太空公司，才创立了亚马逊。2017 年 5 月的一个周三，他承认"这么说也算有道理"。这笔巨大的财富现在已经超过 800 亿美元，让他能够创建蓝色起源。

尽管马斯克最初自己掏钱向 SpaceX 投了 1 亿美元，但该公司还从 NASA 获得了 40 多亿美元的合同。相比之下，贝佐斯是"他自己的 NASA"，以一己之力向蓝色起源供资。他曾开玩笑说蓝色起源的商业模式就是"我每年出售约 10 亿美元的亚马逊股票，用来投资蓝色起源"。他在 2013 年以 2.5 亿美元的价格收购了《华盛顿邮报》。相比之下，他自己花了 25 亿美元买了新格伦火箭，没有接受任何政府投资。

但亚马逊也是他的激情所在，他说，并不仅仅是蓝色起源的"垫脚石"。

贝佐斯最近出席了奥斯卡颁奖典礼，亚马逊工作室的电影《海边的曼彻斯特》获得了奥斯卡奖。亚马逊的个人家庭助理 Alexa 很受欢迎，该公司正在深入人工智能领域。还有食品杂货领域，亚马逊很快就会收购全食超市（Whole Foods）了。这些许许多多的事被他称为自己的"日常工作"，而且排得满满当当的。

"我已经爱上它了。"他说。

他也爱上了蓝色起源。如果你问 Alexa 如何看待唐纳德·特朗普，她会回答说："谈到政治时，我喜欢从大局着眼。我们应该资助深空探索。我很乐意回答关于火星的问题。"而且他最近还参演了电影《星际迷航：超越星辰》，在其中扮演一个外星人。

几天前，贝佐斯去过西雅图飞行博物馆，他从大西洋海底收回来的"阿波罗"时代 F-1 引擎刚刚展出。他和一群小学生做了交谈，谈及他的任务和他对宇宙的兴趣，他从小就对"太空、火箭、引擎和太空旅行充满热情"。

"我们都有热情，"他告诉面前坐在地上的小学生们，"你不需要去选择你的梦想，它自会找上门来。但你要对之足够警觉。你要踊跃地去寻找。当你找到的时候，这个天赐之礼将会指引你前进的方向。它会给你一个目标。你能为此从事一份工作，开创一项事业，或者听到召唤。"

当他五岁时，他看到尼尔·阿姆斯特朗在月球上迈出第一步，他就听到了召唤。

他坐在会议室里说道："我有一份非常独特的记忆。"他说，月球任务和太空当时占据了他所有思绪。他的外祖父母和母亲挤在电视机旁。"我记得房间里的兴奋氛围，"他继续说道，"我记得那台黑白电视。"

最重要的是，他记得这种感觉："重要的事情正在发生。"

蓝色起源也发生了一些重要的事情。离贝佐斯所在的地方不远，工厂车间里的工作人员正在制造下一代"新谢泼德"火箭，这些火箭可以将人类带入太空。

在过去的一年里，蓝色起源连续五次试飞了同样的"新谢泼德"助推器，在两次飞行之间进行了最小程度的翻新，每次都精确着陆，这证明重复使用是可能的。每次飞行之后，公司都会在助推器上画一只乌龟，提示自己要缓慢而谨慎。公司有一个新的座右铭："发射。着陆。再来一次。"

下一步就是载人穿越太空边缘的亚轨道旅行了。首先会来测试的，是乘客而非飞行员。火箭会自动飞行，乘客唯一的工作就是从客户的角度评估体验。座椅舒适吗？视野如何？椅子把手是否在正确的位置？这世上第一批真正意义上的太空旅客，自然也包括贝佐斯自己。

"我特别关注的是太空中的人类，"贝佐斯说，"我希望人类能够进入太空。"

他还是个孩子时，他曾想成为一名宇航员。但是随着年龄的增长，他学习了火箭相关的知识，并意识到他也想成为一名工程师。阿姆斯特朗是一位英雄，但他也十分敬佩德国出生的"阿波罗"时代"土星5号"火箭首席建筑师沃纳·冯·布劳恩。

"我觉得如果我们没能进入太空，他也会非常失望的。"贝佐斯在回答关于布劳恩将会如何看待当前太空计划状态的问题时说，"我想他会为无人能够重返月球而感到震惊。他还会因为进入太空的人类纪录一直保持在13个感到震惊。他会说：'这么长时间你们一直在做什么？什么，我死了整个事情就停止了？伙计们，赶紧继续吧！'"

维珍银河对其太空旅游项目做了几年的调整之后，马上就要参与到竞争之中。理查德·布兰森有他维珍旗下的所有奢侈品做后盾。但是对亚马逊来说，贝佐斯有着悠久的客户服务经验，他也将之带去了蓝色起源。

发射前两天，蓝色起源的乘客们抵达了得州西部，公司在其网站上称"该地区的与世隔绝将会在您体验人生仅有的时刻时为您增添一份清明和专注"。一个为期一天的培训课程将包括关于火箭和太空飞船的概述、安全简报、模拟人物和"如何在失重环境中行动"——"所有这一切都是为了能让你最大限度地在太空中像一个宇航员"。

在发射的那个早晨，发射前 30 分钟，多达 6 名乘客登上了太空船。舱内是白色填充内壁，他们被固定住，斜躺在看起来像"拉兹男孩"[1]牌的座椅上。每个座位都位于一扇巨大的窗户旁边，进入太空的载具从没配备过这么大的窗。

他们在一阵烈火和烟雾中起飞了。很快客舱就会从助推器中分离出来，并飘过太空边缘。乘客将解开他们的安全带，并有 4 分钟的时间在客舱内飘浮，体验失重。推进器将慢慢地旋转客舱，给乘客 360 度的视野。然后他们会将自己重新绑回座位上，整个飞船会在降落伞下落回地球，然后在沙漠中着陆。整个旅程将持续 10~11 分钟。

从没有人能像布兰森那样兜售太空，并向他的顾客保证这将会是此生仅有的经历。但是现在，蓝色起源已经进入了营销模式，并且同样在高调宣传着自己的项目。

"当你第一次看到这些巨大的窗户时，你就会迷失在蓝色和黑色的全景中，"曾担任蓝色起源人类整合架构师的 NASA 前宇航员尼古拉斯·帕特里克在公司网站发布的宣传视频中说，"你能从每个方向看清数百万光年的图景。它给了你一种对宇宙规模的感知。解开安全带的那一秒，你就自由了。它为你在地球上从未有过的移动方式提供了可能性。这是你与同行人员共同分享的经验，也是深刻的个人体会。所以，你真的感受到了宇宙深不可测的一部分。"

也感到了和地球的联系。至少这就是宇航员总说的——他们只是为了发现家乡而去往太空。"阿波罗 8 号"的宇航员们曾经到达月球的远端。当他们绕月球飞行时，眼前就出现了"淡蓝色的圆点"，在视野之中微微发亮的精致的行星，独自悬停在黑暗之中。他们这张名为"地球升起"的照片将成为静物摄影史上最

---

1 拉兹男孩（La-Z-Boy），家具公司，以舒适座椅出名。

具代表性的照片之一。

2017 年年中，贝佐斯邀请硕果仅存的几位"阿波罗"时代宇航员前往威斯康星州奥什科什的一个航空展，在那里他展示了"新谢泼德号"的助推器和船员舱的模型，它们很快就会带着付费游客飞上太空。这个非凡的时刻重聚了最为特别的一群人。到场的有巴兹·奥尔德林，还有"阿波罗 8 号"机组成员詹姆斯·洛弗尔、弗兰克·博尔曼及弗雷德·海斯——他曾在"阿波罗 13 号"上与洛弗尔一起服役过。在场的还有"阿波罗 7 号"的沃尔特·坎宁安和 NASA 的传奇飞行总监吉恩·克兰兹。

他们一个接一个地走进贝佐斯的太空船，就像跨过了"阿波罗"之后出现的断层，跨到了下一个"人类一大步"的承诺之上。即使他们的许多弟兄已经去世，永远也看不到它成真了。新设计的乘员舱里巨大的窗户边上是那个倾斜的座位。看着几个老人纷纷坐上去尝试一番、还用手指检查了椅子扶手在失重环境下是否够稳定，贝佐斯很激动。这些是他的英雄啊。

"太空会改变人类。"他在欢迎词中说道，"每次你和一位宇航员，一个进入过太空的人谈话时，他们都会告诉你，当你回头看地球，看到它如此美丽又如此脆弱，看到它形成的地球大气薄层时，你真的会发自内心地爱自己的家园。"

没人比此时此刻太空船里的这群老人更清楚这一点了。

"这是我全部的心血。"贝佐斯后来在集会中说，"我真是百感交集，我有四个孩子，三个都跟我一起上去了。"

几十年来，太空一直是他的梦想，他期待着体验失重、看到地球的曲线和太空的黑暗。

"我一定会到那儿去。我一定会去的。其实我已经等不及了。"

他曾在 2007 年查理·罗斯的脱口秀上这么说过。但现在他终于接近了他的梦想。

长此以往，蓝色起源都极尽神秘。这只乌龟把自己藏在保护性的外壳之下，完全不想招惹注意，对大张旗鼓的野兔听之任之。

"我们蓝色起源真的有什么事情要公布的时候，才会出声。"贝佐斯说。

现在它有话要说——而且已经开始稍微开放了。2016 年年初的几个月间，"新谢泼德号"完成了两次飞行，贝佐斯代表蓝色起源，因其突破性的着陆，赢得了一系列奖项。他在演讲和采访中明确表示，他的野心远远超出了让游客往返太空边界。

经过这么多年的研究和测试之后，他告诉首次受邀而来参观蓝色起源的一小群媒体记者："绝非炒作，令人兴奋的酷炫事物马上就要出现了。"

他没有提到马斯克的名字，他说："太空很容易被夸大其词，按所说和所做的之间相比，没什么比这更悬殊的了。"

当被问及马斯克时，他表示他们"对很多事情的看法非常相似。我们对未来的概念却不全然相同"。

贝佐斯想要去火星，但也想去"其他地方"。马斯克喜欢称火星为"一颗等待修缮的行星"。他说，如果一颗小行星撞到地球并威胁到人类生存时，火星可能会因此升温，而变得适宜居住。

贝佐斯似乎对火星可能成为人类的后备居住地持怀疑态度。"对于那些终有一天想要搬去火星的朋友，我想说：'你为何不先在南极住上三年，然后看看你的想法呢？'"他在一次会议上对《华盛顿邮报》说道，"'因为与火星相比，南极简直像是天堂一样。'"

"想想吧，"他又说，"在火星上，没有威士忌，没有培根，没有游泳池，没有海洋，没有徒步旅行，没有城市中心。未来的火星可能会很棒，但还有很长的一段路要走。"

NASA 就曾探访过太阳系中的每一颗行星，他会说："相信我，地球是最好的……这个星球好到不可思议。有瀑布、海滩和棕榈树，还有梦幻般的城市、餐馆以及这样的派对和活动。而且，你真的、真的在很长一段时间内都不会在地球以外的地方能体验到这些了。"

那么更好的计划就是保存被称为地球的"这颗宝石"。"我们不希望把火星当成备选方案，"他说，"备选方案是为了使首选方案能够良好运行。首选方案的目的是确保我们尽可能长地延续我们现居的星球。"

这番言论已经成了一份精心打磨的政治演说，被一遍又一遍、丝毫不差地重复着。而且，将太空作为地球存续的手段是他高中时代就开始形成的概念了。

"我们的全部想法就是为了保护地球。"1982年，他在高中毕业典礼演讲后告诉《迈阿密先驱报》。当时他18岁，说地球应该被当成国家公园。40年后的现在，他只是略微修改了他的演讲。他并没有使用"国家公园"的字眼，而是说地球应该是"住宅区和轻工业区"。

观点是一样的：所有的"重工业"都会进入太空。他现在将之称为"大反转"——在太空中开发能源，留地球一片清净。贝佐斯说，这个星球是极其有限的，没法满足未来空前发展、千变万化的世界对资源的需求。

"在太阳能上你确实能搞些花样出来，但真的能改变人类处境的，还是在近地天体上进行资源开采，并在其上建立制造业和基础设施，"他坐在蓝色起源的会议室里说道，"这是件大事。"

可能要在他去世之后的遥远未来才能实现了——"除非有些人在延长寿命方面做得很好，"他补充道，但也不可能真的活到那个未来，"我们只有一两百年的寿命吧。"

他说："如果你以当今能耗为基准，拿其中太阳能所占的极小百分比做一个未来几百年的能耗复利计算，那你就会发现，要把地球铺满太阳能板才能满足需求。你要么进入太空，要么控制地球上的人口，还要控制地球上的能量使用。所有这些都完全不符合自由社会。它会让人生变得无聊。我希望自己的子孙后代能使用的能源比我多得多。他们能够比我拥有更多人均能源的唯一途径就是对太阳系的拓展。然后，我们可以真正将地球视为无价之宝。"

蓝色起源反复提及的目标，是"让数以百万计的人在太空中生活、工作"。但从长远来看，他们的目标其实更加具有野心。"如果我们想的话，我们可以让一万亿人生活在太阳系中，"他在华盛顿举行的颁奖仪式上说，"然后我们会有

1000 个爱因斯坦和 1000 个莫扎特。这将是多么酷的文明啊。"

当他创立亚马逊时，基础设施已经到位，所以即使在 1995 年，一家互联网创业公司也可能取得成功。现在他想开始建设太空的交通网络。他说，虽然他受"阿波罗"时代成就的启发，但国家的人类航天计划"长时间以来只是原地踩水，没有进展"。在《名利场》的新成就峰会上，他接受采访时的言论听起来非常像马斯克，他谈到要创建一个"货运航线"，就像过去铁路曾打开了美国西部一样。

"我希望通过蓝色起源来实现的目标，是建立起将在未来挑大梁的基础设施，使未来成千上万的公司能够在其之上百花齐放，就好比过去 21 年我在互联网行业看到的那样。"他说。

亚马逊是走在已经铺好的道路之上的。它发展起来的时候，互联网电缆早已准备就绪，邮政服务也能将包裹交付给它的顾客。"支付系统也有现成的，我们不必自己再搞一个，"他说，"那就是信用卡，它最初就是为旅客准备的。"

亚马逊当时所做的一切就是"利用所有这些重要的基础设施，并以全新的方式重新组合，用它做出新的、有创意的事情……但在今天的太空中，这是不可能的。在当今的互联网世界，两个孩子在宿舍里就能重建一个行业，因为关键基础设施已经到位。但这两个孩子对太空却没有任何涉足的办法"。

他想要用他巨大的财富在太空中为这个基础设施打下基础，并将之作为他的遗产留给世人。

"如果我已经 80 岁了，我正在回顾我的生活，"他在颁奖仪式上说道，"我可以说，在蓝色起源诸位同僚的帮助下，我造出了能让太空变得更廉价更经济的重要基础设施，未来我们的下一代能够在其上大有作为，就像过去我在互联网行业所见的那样。那样的 80 岁一定很有成就感。"

但首先，他们得先跨出相对较小的一步。蓝色起源必须善于以可靠、高效、经济、可反复利用的方式来进行发射，这样才能让进入太空成为例行公事。尽管有些人认为亚轨道太空旅游并不重要，不过是提供给超级富豪们的新式蹦极，但就像一位科幻小说作者所说的那样，贝佐斯认为这至关重要。此类飞行将会是很好的实践。

"人类总是没法把这件我们一年要做上十几次的事做到极致。"贝佐斯在2016年的一次问答环节中表示，这样的发射频率"并不足以令其发展到极致"。"如果你需要做手术，那你绝不会希望自己的医生一年只做几次手术，你会找那些一周就做20~25次手术的医生。这是正确的练习频率。"

太空旅游不仅仅是人们尤其是富人体验太空的一种方式，它还让太空变得触手可及。

"旅游常常会带来新技术，"贝佐斯在《华盛顿邮报》论坛上说道，"然后这些新技术会回流，并以一种更切实、更重要的方式被加以利用。"例如，图形处理器（GPU）是为视频游戏而发明的，但是现在正用于机器学习，他说。

除了10分钟的太空之旅外，蓝色起源的未来还包括了一枚更大、更宏伟的火箭。公司内部将之称为"老大哥"，但现在它有一个更正式的名字："新格伦号"，以第一个进入轨道的美国人约翰·格伦命名。

与"新谢泼德号"相比，这将会是一枚巨型火箭，拥有7台发动机，能够承受350万磅的推力，高达313英尺，几乎与"土星5号"一样高。

2016年，约翰·格伦95岁，在他逝世的11天前，他给贝佐斯写了一封信，说他"非常"感动，这枚火箭能以他的名字命名。1962年，当他完成历史性的进入轨道的飞行时，"还有两年你才出生"，格伦写道。当格伦在1998年以77岁高龄完成航天飞机任务重返太空时，他觉得再过两年蓝色起源那样的公司也不会建立起来，但"你已经被太空旅行的愿景所驱使，而且这旅行并非只面向训练有素的飞行员、工程师或科学家，而是面向所有人……

"就像当年的格伦一样，我可以告诉你，我能看到人们登上太空船的那一天，就像现在有数百万人登上喷气式飞机一样。这一天终于到来之时，一定是极大地仰仗了你今时今日取得的成就。"

在这位全美的英雄去世的前几天，这封信成为NASA载人太空计划盛世之后的一座桥梁，把格伦时代的"水星号""双子座号"和"阿波罗号"，连接到这个新时代——贝佐斯称之为"太空探索的黄金时代"。

"新格伦号"是他制造的最小的轨道火箭，它不仅可以把卫星和人类送入近地轨道，还可以做更多。在佛罗里达州，蓝色起源正在建设一座庞大的制造设施，并在那里建造"新格伦号"。它也在改造 36 号发射台，这个发射台离 SpaceX 的 39A 发射台只有一条路的距离。在过去的一年里，该公司已经进行了招聘，现在大约有 1000 名员工。

虽然"新格伦号"距离飞行至少还有 3 年时间，但在 2017 年年初，贝佐斯宣布蓝色起源已经签下了其第一个火箭客户——欧洲通信卫星公司（Eutelsat），一家法国卫星公司。这笔交易将为蓝色起源带来公司历史上极其少见的东西——实际收入。这标志着该公司进入了市场，现在它将与 SpaceX 竞争。

"新格伦号"再次证明了循序渐进法的行之有效。首先是花了十年时间开发，并以第一位美国太空人命名的"新谢泼德号"，然后是 2020 年计划飞行的"新格伦号"。这标志着另一个十年工作的高潮。

"我们每十年就要做一件重要的事，"贝佐斯坐在蓝色起源总部的会议室里说道，"我认为在我 80 岁之前，我们有足够的时间完成两个主要周期，甚至可能是两个半周期。所以我现在不需要急着对这些事物下定论。现在还是早期，远未成熟。但如果我能保持身体健康，我还是想看到这一切。我会确保有人继续完成这项事业，即使当时我已经不在了。我很想看到它。我对未来很好奇。"

每周在蓝色起源工作的那一天意味着时间是宝贵的。他站起来前往下一次会议的地点。周三是拨出来给太空的。"现在我要赶回去制造火箭了！"他边说着，边走出大厅。

你很难想象几百年以后的未来是什么样子的。但他对自己未来五年如何实现梦想却胸有成竹。而且最近，他刚刚给我们来了一个未来工作的大剧透。

他的下一枚火箭将命名为"新阿姆斯特朗"。

后记
再一次，是月球了

保罗・艾伦不会离开。

在"太空船 1 号"创造了第一辆到达太空边缘的商用载具的历史之后，他已经将技术许可给了理查德・布兰森。他对这种努力可能带来的危险感到不安，并准备将他的注意力和财富转移到其他地方。

但自他还是个孩子以来，他一直对太空和航天充满热情，并且在 2011 年，他宣布将打造世界上最大的飞机。这架飞机翼展将比包括球门区域的足球场还宽；它甚至会比第二次世界大战期间著名飞行员霍华德・休斯建造的"云杉鹅"飞机还要大。"云杉鹅"飞机是为了运输多达 700 名的士兵而设计建造的，但只在1947 年飞行过一次。

艾伦的飞机不是专为乘客设计的；相反，火箭将可以从这架飞机的腹部下降到 35000 英尺，然后再发射到太空。由于它的大小，它将能够携带比"太空船 1 号"更强大的火箭、卫星和实验，并最终将宇航员带入轨道——而不仅仅是太空的入口。

获得了安萨里 X 大奖的艾伦一直是商业太空运动的先锋，但现在，主导的人变成了他的同僚——亿万富翁埃隆・马斯克、杰夫・贝佐斯和理查德・布兰森。他们都在推进他们自己的计划，展示着他们可以完成目标。艾伦想回到这场比赛中。

"你的一生想要实现一定数量的梦想，"他当时说，"而这是令我非常兴奋的一个梦想。"

在航天飞机结束最后一次任务且 NASA 突然无法将宇航员送入太空后不久，

他的声明就发表了。尽管 SpaceX 和其他人取得了进展，但仍处于对未来的人类太空旅行不确定的时期。他指出："随着政府资助的太空飞行逐渐减少，私人资助的机会将大大增加。"他总结到，他的新冒险将会保持"美国在太空探索的前沿地位"。

声明发表五年之后，这架飞机还没有准备好飞行。但它正在逐步成形。伯特·鲁坦已经从缩尺复合体公司退休，但是艾伦已经雇用他的老同事在莫哈韦航空航天港的一个巨大的飞机库里建造同温层发射，这项工程大到公司甚至必须为脚手架申请特殊施工许可证。

2017 年 8 月，艾伦坐在西雅图的办公室里欣赏着海港的景色以及附近的海鹰队超级碗奖杯活动，他说飞机即将竣工。即使尚未完成，它也已经是一个庞然大物。它的翼展看起来和跑道一样长，其 385 英尺的长度比莱特兄弟在"小鹰号"上第一次动力飞行的距离还要长。它的起落架共有 28 个车轮。它拥有双机身，满载时重达 130 万磅，由 6 个 747 引擎提供动力，并有 60 英里的电缆环绕它。

在航空史上，从来没有那样的东西。除了迷恋太空外，艾伦还是古董飞机的鉴赏家，并积累了一系列他精心翻修过的"二战"遗骸。他把它们从以前的战场中找回并修复：从法国沙滩上的一个沙丘中挖出来一架已经埋葬了数十年的梅塞施密特德国战斗机；用俄罗斯西北部四架飞机残骸拼凑成一架伊尔 -2 攻击机。

为了展示他的收藏品，艾伦在华盛顿埃弗里特创建了一个博物馆，取名为飞行遗产和战斗装甲博物馆，展品包括一架格鲁曼 F6F-5 "地狱猫"和一架 B-25 轰炸机等。

"当我 12 岁左右的时候，我会去大学图书馆找出像《第二次世界大战中的简氏战斗机》这样的书籍，然后花上几小时读一读关于这些飞机的引擎的内容。"艾伦回忆说，"我当时就在试图理解飞机是如何运作的，从飞机发动机到火箭和核电站，我在思考它们怎么样被拼凑在一起。我深深地被飞行的复杂性、力量和优雅等所吸引。"

现在他在建造一架和那些飞机一样强大而复杂的飞机，不是为了战争而建造的，而是为了了解宇宙。艾伦的愿景和他的同伴太空男爵一样，想降低太空旅行的成本，并使其更容易被大众使用。贝佐斯曾表示，开放宇宙将触发"数千家太空公司的活跃和创业激增，就像我在过去的 21 年中目睹过的互联网爆发一样"。

艾伦还看到了太空前沿开发与互联网的相似之处。

"当这样的太空访问成为常规的时候，创新将以超出我们目前可想象的方式加速。"他说，"这是关于新平台的变革：当它们变得易于使用、方便且经济实惠时，它们将吸引并帮助其他有远见的人和企业家实现更多的新概念……

"30 年前，私人电脑革命使得数百万人具备计算处理能力，并释放出了不可估量的人类潜能。20 年前，网络的出现和随后智能手机的普及，使得数十亿人克服了地理和贸易的传统限制。今天，扩大对近地轨道的使用权限也具有类似的革命潜力。"

就像电脑的尺寸已经从冰箱那么大缩小到了可以放在口袋里一样，曾经庞大而昂贵的卫星也会变得更小、更便宜，有些甚至只有一个鞋盒那么大。能够一次搭建数千个卫星的能力，也使我们可以进行各种尝试，比如让互联网覆盖世界各地，增加沟通，更好地监测地球的健康状况，让农民对农作物的生长保持密切关注，甚至是让五角大楼监视它的敌人。

"这些小型卫星的功能是非常有趣且令人着迷的，尤其在通信方面，很多人都在建立卫星星座，并用于监测地球备受挑战的健康状况。"他坐在办公室里说。他也对如何利用太空来关注 "日益严重的海洋非法捕鱼"这类问题很感兴趣。

2017 年年中，美国空军新任秘书希瑟·威尔逊来到莫哈韦访问了公司的机库，讨论如何将其用于保障国家安全的卫星发射。随着太空正在迅速成为战争的下一个前线，具有在机场起飞和降落能力的同温层发射可能将成为快速且经济地发射这些卫星的关键。

虽然安萨里 X 大奖的那次飞行让他感到害怕，但艾伦已经开始重新考虑人类的太空旅行了。"我必须长时间努力思考再一次的冒险。"他在回忆录中写道，"随着时间的推移，我对此的兴趣开始超过了我的预期。"

"对我来说，最让我兴奋的是这种能够让人们一次性在太空里待好几天或者好几周的可能性。"他写道，"我很乐意将亚轨道高容量的太空旅游交给理查德·布兰森和维珍银河公司来管理。但在轨道飞行方面也有一些令人无比激动的事情，比如回顾约翰·格伦在'友谊7号'飞船上的那一次超出6分钟的亚轨道飞行试验。"

理查德·布兰森在为亚轨道旅行建造"太空船2号"，但其公司一直在研究发展能够将人类送入轨道的更强大的火箭。到2017年，布兰森和艾伦开始讨论同温层发射的可能性，这标志着一个意义重大的再次合作。

会谈是初步的，但"希望我们能够一起努力"，布兰森说。"实际上，既然我们已经一起开始，如果我们最终能够再次完成合作，这将是非常好的。"

艾伦并没有否认这一点。但他也有自己的计划。除了创造更加可靠和有效的卫星发射方式之外，他还在思考更大的问题。同温层发射非常庞大，它一次能携带三枚火箭而不是一枚，能像战斗机携带导弹那样把它们聚集在机体腹部。但即使三枚火箭也不会达到飞机的容量。他还在考虑一种名为黑冰的可重复使用的航天飞机。这种飞机能够飞往国际空间站，将卫星和实验带入轨道，甚至有一天将人类也带进去。

同温层发射的首席执行官让·弗洛伊德说，我们的最终目标是要进行"航空运营"，但是是在太空层面。"你把你的火箭想象成一架飞机。"他说，"这样一来，你就可以有一架飞机搭载着另一架可完全重复使用的飞机。并且除了燃料，你不会浪费任何东西。"

一种不仅能够将卫星送入轨道，还能够坚持至少三天时间的航天飞机还处于研发阶段，它几乎可以从世界任何地方发射。但这是一种危险的推至极限的理论，有可能无法实现。

"我很乐意看到我们拥有一套完整的可重复使用系统，以每周或者更高的频率进行机场式的检测来实现重复操作。"艾伦坐在他西雅图的办公室时回答道。

在未来某个时候回归人类航天飞行是有可能的，他说："如果你在'水星'时代发现了这个问题——当然那是在你脑海的想象里——但我认为你现在看到，除了空间站补给任务外，大多数航天飞行都是用于发射卫星。这就是现实。它们对世界各地的电视信号以及数据信号而言，都非常重要。你可以在卡拉哈里沙漠获得信号就是因为那里的上空有卫星。"

同时，为了测试飞行，"维珍号"已经从新的"太空船2号"中被取出，并命名为"团结号"。一次又一次地，母舰"白骑士2号"将飞船在高空举起，放在莫哈韦沙漠地面的高处。每次测试都会进一步推动理论，直到太空船在半空中解体，公司才终于接近了这个从2014年就开始的测试项目的目标点。

随着测试的推进，布兰森演奏了他多年来一直演奏的歌曲：第一次飞行即将来临。总是即将来临。经过十多年的等待，布兰森快接近70岁了，并且越来越心痒难耐，他的顾客们也是如此。

"我正在接近，所以我们必须快一点。"他说。

现在他的公司在与贝佐斯的蓝色起源竞争，这也是他所期待的。太空旅游体验将显著不同，这是维珍银河的航天飞机与蓝色起源更传统的火箭之争。

"我的猜测是，相当多的人会想先尝试一种，然后尝试另一种。"他说，"这将会很有趣，让我们来看看到底哪些乘客体验最受人欢迎。"

不过，他对于谁更有优势这一点也有明确表示："我们相信乘坐太空船进入宇宙然后乘坐有轮子的那种太空船回来，会成为人们更喜欢的消费体验，而不是他们也在考虑的另外一两种方案。并且我们也很期待看到我们的预测是否正确。"

在2017年2月，美国太空探索技术公司经历了一次实验爆炸，公司也从混杂着沉思和大胆的爆炸中反弹。在上一次航天飞行任务中，也就是一次飞往太空站的货运任务中，它利用了"猎鹰9号"的火热飞行营救了曾经处于休眠状态的发射台。这次经历第一次为历史悠久的39A发射台冠名。

一个月前，该公司宣布它已经找到了爆炸的原因：不是来复枪枪击，而是第二级液氧罐中的压力容器问题。该公司报道说，水槽是扣上的，过冷液氧推进剂也已经集中在内层里。燃料爆炸是由断裂的纤维或摩擦所引起的。

美国联邦航空管理局已经排除了破坏行为的可能，并授予美国太空探索技术公司发射许可证。马斯克总结说："这是一种自我伤害。这花了我们很长时间，但我们可以重现那次失败。它确实提醒我们破坏活动是真实发生的事情，所以我们提高了安全防范的级别。"（几个月后，由波音公司官员护送的一名 CBS 的《史蒂芬·科尔伯特的今夜秀》节目的工作人员被拦在了大门外，检查美国太空探索技术公司对于 39A 的使用情况时，公司叫来了安保，工作人员和护送人员都被拦截、询问以及要求出示身份证件之后才得以进入。）

没有证据证明火箭爆炸时发生了犯规行为，美国太空探索技术公司在继续不断发展，相信它可以承受另一次失败，即使这次爆炸已经对公司财务和声誉造成了严重打击。

"我们在银行有现金，我们也没有债务，"格温·肖特维尔在当时的新闻发布会上说，"所以我们在经济状况上没有问题。但是，在有过一次失败的那一年里，赚钱是很难的。所以，我不会去欺骗任何人，也会坦率地说，去年，也就是 2015 年，对我们来说是一个痛苦的财政年度。但这并不意味着我们不是一家健康且充满活力的公司。可以肯定地说，我们能够承受另一次失败。如果我们没有为此做好准备的话，那就是我工作的失职。"

没有什么能够巩固其作为新兴行业崛起的领导者的地位，除了"猎鹰 9 号"再一次从这神圣的土地上升空，就像"阿波罗"时代的"土星 5 号"那样，那是一次有着马斯克称之为"令人难以置信的荣誉"的发射。上午 9 点多，火箭伴随着雷鸣般的刺耳轰鸣声发射了，消失在一片密密的云层之中。然而，10 分钟后，它又出现了；它飞回了着陆台，在那里轻轻地落下了。

到目前为止，助推器着陆几乎已经成为美国太空探索技术公司的常态。它积累了越来越多的所谓的飞行验证第一阶段，而所有这些阶段都已成功在着陆场或海上的无人舰上着陆。然而，该公司没有做的是重新使用那些使用过的火箭助推器。在 YouTube 视频网站上，降落是一种获得数百万次点击的表演艺术。但从商业角度来看，除非火箭能够一次又一次地飞行，否则它们毫无意义。

正如马斯克常说的那样，高达 70% 的发射成本用于了助推阶段。它安置了"猎鹰 9 号"最昂贵和重要的部分：它的 9 个引擎。

一架先前是飞行助推器的飞机在一个月后也从 39A 平台首次发射。发射后，马斯克充满感情地称之为"太空史上一个令人难以置信的里程碑"，这也是美国太空探索技术公司为之努力工作了 15 年的目标。他说，这将最终降低航天飞行的成本，可能降低 100 倍甚至更多，"这一切的关键是要开放太空，使其逐步成为一个航天文明，拥有多样性物种、让未来变得无比令人兴奋和鼓舞人心的文明"。

随着美国太空探索技术公司在 2017 年逐渐从上一次爆炸中恢复，它全速扩张，通过积压的 70 次任务积累了大量的、高达 100 亿美元的资金。靠着大约 6000 名员工，它一度在 48 小时内执行背靠背任务，因为它占据了国际发射市场的巨大份额。

然而，美国太空探索技术公司也在因为其"猎鹰"重型火箭而感到挣扎。这比计划晚了好几年，并且马斯克承认，这种一共有 27 台发动机且必须全部一次性点火的重型火箭，"比我们原先想象的情况要困难得多。我们在这件事上想得太天真了"。他还警告说，首次发射有可能会以一团火球的失败告终。

"我希望它和发射台之间的距离足够远，不会造成发射台损坏。说实话，我甚至觉得这就已经是一场胜利。"他说，"真正的因素是褶皱。没有其他方式来描述它了。"

与此同时，太空探索技术公司正在努力达到美国国家航空航天局对"龙飞船"的严格要求——将宇航员送往太空站。在美国国家航空航天局流传着一种说法，就是马斯克关于火星的所有言论都是一个幌子，而他真正需要关注的是如何将机构最宝贵的货物，也就是人类，送上太空站去。该代理机构通过选择太空探索技术公司进行了一场巨大的赌博，并且它不会让宇航员登上已经炸了两次的"猎鹰 9 号"，除非确信火箭是安全的。

马斯克说这是太空探索技术公司的首要任务，并且推迟了火星计划的时间表，来更好地专注于将宇航员送入太空站。但是，仿佛殖民火星还不够，他还计划扩大公司早已过大的野心，并想重写未来。在 2017 年年初，他发布了一个令人惊讶的声明，宣布公司的行程里又添加了一个新的目的地，一个他曾经避开但现在又回归的地方：月球。

马斯克宣布，这项任务将带领两名普通公民参加一次旅行，该旅行将环绕月球并"比之前任何一次都更快更深入地进入太阳系"。

马斯克拒绝透露乘客的姓名或他们将支付的价格，但他表示，这项任务将是"超过 1969 年'阿波罗'计划制订的高水位标志"的又一进步。他们不会降落在月球表面，但这为期一周的行程将标志着人类数十年来首次离开低地球轨道。

这项任务并不像火星那么具有挑战性，但月球行动也异常困难且具有野心，因为该公司至今没有搭载任何人飞过。这次旅行将带着乘客在距离月球 30 万英里远的环月球轨道上穿过，并在那里利用月球的重力将其弹回地球。

就像起飞一样，返回地球将是危险的。当太空船触碰到地球的大气层时，它的飞行速度要比从太空站返回的飞行速度快 40%。并且只有一个非常狭窄的进入窗口，如果没有通过它进入，太空船就会从大气中反弹并跳落进太空。

在瓜达拉哈拉，马斯克展示了一枚巨大的火箭，它庞大到看上去野心勃勃，令人难以置信，以至批评者说它脱离了现实。此后，他做了一些改动，并于 2017 年 9 月提交了一份修订计划，以制作一个庞大但尺寸更合理的火箭，并称之为 BFR 或"巨型火箭"。

不过，尽管它的规模已经缩小，但野心并没有。除了帮助在火星上创建一座城市，新的 BFR 还将有助于在月球上建立一个大本营。

"这是 2017 年，我们现在应该有一个月球基地。"他在演讲中说，"但到底发生了些什么呢？"

令人意外的反转是，他还表示，那些比空客 A380 拥有更多乘客空间的大型火箭和太空船，也可以在一小时内将人们带到地球上的任何地方。他举例说，在地球大气层上方以每小时近 17000 英里的最高速度行驶，那么从纽约到上海的行程将只需要 39 分钟，而从洛杉矶到纽约会在 25 分钟内完成。

"如果我们正在建造这个能去月球和火星的东西，为什么不可以也去其他地方呢？"他反问道。

这个新的系统将能够在一系列任务中运载宇航员和货物，包括去往国际空间站和低地球轨道。他说，它也可以发射卫星，所有这些都可以让它有效地取代"猎鹰 9 号""猎鹰"重型火箭和"龙飞船"。

但他明确表示，火星仍然是终极目标。在他的演讲中，一张图展示了一个非常雄心勃勃的时间表——美国太空探索技术公司计划在 2022 年前向火星进行两次货运运输任务。

"这个年份不是一个输入错误，"他纠正道，"这是理想。"

到 2024 年，他表示该公司可以再飞 4 艘飞船去往火星，其中 2 艘各有 100 名乘客，每个舱内睡 2~3 个人；另外两艘就当作货运飞船。

美国太空探索技术公司在一系列不可思议的成功中一再证明了自己。它有一连串的成功发射。它实现了没有人认为可能实现的着陆。它与联盟竞争并赢得了胜利。它曾经有过失败，但是每次都以更惊人的成绩反弹回归。

而现在，当"野兔"沿着轨道飞奔时，造就了又一个大胆的预测，它模糊了现实与幻想之间的界限，以及那些在不为人知的角落里发生的令人瞩目的事情。

人们开始相信。

当马斯克宣布他入驻月球的计划时，贝佐斯一直暗中与美国国家航空航天局讨论他自己的月球行动。虽然马斯克一直专注于火星，但贝佐斯认为月球是一个更好的短期目的地。

蓝色起源向 NASA 的领导层分发了一个名为"蓝月亮"的秘密计划，敦促高层支持一个类似亚马逊送货服务的方案，该方案将提供运载货物和补给品以支持月球表面的"未来人类居住"。

"现在是美国重返月球的时候了——并且这一次是留守。" 贝佐斯在获得7页报告的副本后告诉《华盛顿邮报》说，"解决在月球的永久居住问题是一个困难但有价值的目标。"他表示，去往月球的航班可能会在2020年前开始，但只能提供给与航天局合作的伙伴。但他"准备把自己的钱一起投资到NASA，让它成为现实"。

正如美国前总统奥巴马指出的NASA对火星的计划那样，他说月球是"我们以前去过的地方"。这从技术层面上来说是真的，人们在月球上留下了"旗帜和脚印"。但是他们并没有像贝佐斯和其他人现在提出的那种永久留在那里的方式。

贝佐斯计划在月球南极的沙克尔顿火山口进行一系列货物降落的任务，那里有几乎持续不断的阳光可以为太空船的太阳能电池阵提供动力。科学家们还有一个重大发现，在火山口的阴影下找到了水。水不仅是人类生存的关键，而且氧气和氢气可以作为另一种资源，即燃料来使用。这样，就可以让月球成为太空中的一个巨型加油站。

国际空间站是围绕着地球旋转的一个永久的、即便很小的"殖民地"。现在月球也可以如此，并且它更大，能够容纳几个国家并排设立营地。

正在建造可用于绕月球运行的充气式太空栖息地的罗伯特·毕格罗说："火星此时还为时尚早。但月球不是。"

贝佐斯也是这样认为的。

"我认为，如果你先登月，把月球变成你的家，那么你可以更容易地到达火星。"他说。

那么，是月球了。再一次，是月球了。

人类历史上最伟大的成就被重新审视了。只是现在，这么长时间过去了，在月球表面上行走过的12名"阿波罗号"宇航员也一个接一个地死去了。

1991年，"阿波罗15号"的詹姆斯·埃尔文第一个离开了我们。

"阿波罗14号"的艾伦·谢泼德，7年后去世。

在那之后一年，"阿波罗 12 号"的皮蒂·康拉德也去世了。

接着是"阿波罗 11 号"的尼尔·阿姆斯特朗。

然后是"阿波罗 14 号"的埃德加·米切尔。

2017 年 1 月，最后一个在月球行走的男子，"阿波罗 17 号"的尤金·塞尔南去世。离开月球时，塞尔南说："我们来过这里，现在我们要离开这里，如果上帝允许的话，我们将带着全人类的和平与希望回到这里。"他预测这次回归会伴随着下一个巨大的飞跃——到 20 世纪末，或者更早一点，去往火星。

现在，人们在太空时代达到的这一高度已经保持了近 50 年。"阿波罗号"的宇航员们所开辟的，是一条后无来者的道路，他们的预言落空了。

尽管如此，现在我们有新一代人：一代准备好重新激活他们童年的梦想的人，一代准备重现他们少年英雄壮举的人，一代受到无限鼓舞而激发灵感的人。

当贝佐斯看着阿姆斯特朗在月球上行走时，他才五岁。马斯克尚未出生。但是凭借雄厚的财富和雄心壮志，他们正在重演冷战时期的太空竞赛。这是一对扮演国家角色的太空男爵，希望能衔接早在上一代出现的"阿波罗"计划停止后的空缺。他们的太空竞赛不是为了战争或政治；相反，是由金钱、自我意识和冒险精神所驱动，是为了有机会将人类文明更好地延伸到太空中去。

他们已经迈开了自己的步伐，并且先驱者已经射出了第一枪。"野兔"不断向前冲，卷起一团尘埃。低头。穿过终点线。乌龟慢慢地走来，一步一个脚印，静静地反复着，慢就是顺，顺就是快。

这场比赛已经进行了多年，但它才刚刚开始。它将继续沿着这条漫长而不可预知的道路进行下去，直到几年、几十年甚至几代人之后，直到乌龟和兔子都消失了很久之后。这是一场超越他们想象力的比赛，它深入茫茫宇宙中去，去往没有终点线的地方。

致谢

这本书中提到的四位亿万富翁——埃隆·马斯克、杰夫·贝佐斯、理查德·布兰森和保罗·艾伦,都经营着多家公司,时间对他们而言是非常宝贵的。所以,我很感激他们所有人都慷慨地愿意和我坐下来分享他们的故事和见解。我也很感谢他们帮助我与他们的公司或合作伙伴的高管进行了诸多交流。所有这些都使本书的叙述变得更好。

实际上,这本书的主角之一,杰夫·贝佐斯,是我的雇主,也是《华盛顿邮报》的老板。让我再来阐述一下。我承认,写一本关于有权解雇你的人的书可能会很尴尬。但是,在执行编辑马蒂·巴伦的指导下,《华盛顿邮报》已经明确表示,它将报道杰夫的公司,就如其他任何公司一样。杰夫在这个过程中接受了相同的待遇——公平而坚定,没有害怕或偏袒。

在我 20 岁时,我被《华盛顿邮报》聘为新闻助理,并且我之后的大部分生涯都在这里工作度过,这有足够的时间让邮报的价值观在我的 DNA 上打下烙印,并且今天我也遇到了一些最杰出的记者在不断打磨这份手艺。非常感谢体贴的马蒂能让我放下工作去完成这本书。同样感谢卡梅隆·巴尔、埃梅里奥·加西亚-鲁伊兹、特雷西·格兰特和大卫·周。

我的三位编辑琳达·罗宾逊、丹·贝尔斯和凯利·约翰逊读了大量的草稿和手稿,并且和其他人一样大力帮助塑造了这本书。他们的支持是细致的,也是巨大的,我对他们每个人都怀有深刻的感激之情。我也很感谢戴尔·昆汀·威尔伯的有效建议、热情和诚恳的目光。

这里提到的公司都有极其耐心的、具有很高沟通素养的专业人员，他们以得体的态度经受住了我的质疑和问题。

感谢美国太空探索技术公司的约翰·泰勒、詹姆斯·格里森和肖恩·皮特；感谢亚马逊公司的德鲁·赫德纳和蓝色起源公司的凯特琳·迪特里希；感谢维珍银河公司的克里斯汀·崔和威尔·波莫兰特兹；感谢瓦肯公司的史蒂夫·隆巴迪和吉姆·杰弗里斯。还要感谢美国国家航空航天局的塔巴莎·汤普森和麦克·居里。

商业航天联盟的埃里克·斯塔尔默和汤米·斯坦福都是这个行业的忠实倡导者，他们帮助我了解这个领域，慷慨地付出了他们的时间，分享他们的专业知识。太空社区的许多人也帮助我了解政策、政治和太空方面的知识。我非常感谢詹姆斯·蒙西、洛丽·加弗、大卫·韦弗、乔治·怀特塞兹、布雷顿·亚历山大、蒂姆·休斯、麦克·法兰奇、斯图·威特和里奇·莱史勒。

本书的研究始于我在《华盛顿邮报》工作的时候，当时我记录了一个令人激动的新行业起步的实况。但本书也依靠了太空记者团队的许多同事的杰出报道，包括杰夫·福斯特、乔尔·阿肯巴克、埃里克·贝格尔、艾琳·克洛茨、弗兰克·莫林、洛伦·格拉什、艾伦·鲍伊、史蒂芬·克拉克、柯尼斯·张、米里亚姆·克雷默和詹姆斯·迪恩。

除了为这本书进行的几十次采访之外，我的研究也借鉴了许多文本，其中一些值得特别提及：阿什利·万斯的《硅谷钢铁侠》，布拉德·斯通的《一网打尽：贝佐斯与亚马逊时代》，以及朱利安·格斯里的《如何制造宇宙飞船：一群反叛者、一场史诗般的比赛以及私人航天的诞生》。

当我离开《华盛顿邮报》时，我很幸运地找到了另一个大家庭——威尔逊国际学者中心。它提供给我写作和反思非常需要的空间。我很感谢简·哈曼和罗伯特·利特瓦克的支持，是他们使这本书的出版成为现实。

我的经纪人雷夫·萨佳林是本书项目的主力倡导者。在公众事务上，我要感谢我的编辑约翰·马哈尼，他帮助我将这本书从设想构思实现成印刷出版。还要感谢艾丽斯·巴斯和桑德拉·贝里斯的精心编辑。

　　在这个有时艰苦的努力过程中，我很幸运地得到了父母和整个家庭的关爱和支持。我出色的孩子们——安妮、哈里森和派珀，都是我不间断的喜悦源泉，并时常提醒我什么是真正重要的东西。最后，我非常感谢我的妻子希瑟，她是一位坚定的支持者和富有洞察力的读者，并且每天都在激励我。爱你，爱你。

作者简介

克里斯蒂安·达文波特是《华盛顿邮报》的专职作者，负责为金融采访部报道太空和国防事业。他于 2000 年进入《华盛顿邮报》，曾报道华盛顿特区狙击手攻击案件、阿布格莱布监狱虐囚事件及阿灵顿国家公墓掩埋问题。他曾因报道退伍军人脑部精神创伤而获得皮博迪奖，并且参加过曾三次最终入围普利策奖的新闻团队。

在进入金融部之前，达文波特曾是都市采访部的编辑，负责审查当地政府报道和政治新闻。他曾在《每日新闻》《费城询问报》和《奥斯汀美国政治家报》工作过。他也是一名广播和电视评论员，作为常客出现在 MSNBC（微软全国有线广播电视公司）、CNN（美国有线电视新闻网络）、PBS（美国广播公司）的《新闻时刻》和几档 NPR（美国国家公共电台）的节目中，其中包括《全盘考虑》和戴安·蕾姆的节目。

图书在版编目（CIP）数据

下一站　火星：马斯克、贝佐斯与太空争夺战／（美）
克里斯蒂安·达文波特著；王文煌译 .—长沙：湖南
科学技术出版社，2018.12
ISBN 978-7-5357-9884-8

Ⅰ.①下… Ⅱ.①克…②王… Ⅲ.①航天 Ⅳ.
①V4

中国版本图书馆CIP数据核字（2018）第176806号

©中南博集天卷文化传媒有限公司。本书版权受法律保护。未经权利人许可，任何人不得以任何方式使用本书包括正文、插图、封面、版式等任何部分内容，违者将受到法律制裁。

著作权合同登记号：18-2018-128

THE SPACE BARONS by Christian Davenport
Copyright © 2018 by Christian Davenport
Simplified Chinese translation copyright © 2018 by China South Booky Culture Media Co., Ltd.
All rights reserved.

上架建议：商业·科技

XIA YI ZHAN HUOXING：MASIKE BEIZUOSI YU TAIKONG ZHENGDUOZHAN
下一站　火星：马斯克、贝佐斯与太空争夺战

作　　者：［美］克里斯蒂安·达文波特
译　　者：王文煌
出 版 人：张旭东
责任编辑：林澧波
监　　制：吴文娟
策划编辑：王叵咄
特约编辑：陈晓梦
版权支持：辛　艳
营销编辑：徐　燧　侯佩冬　左亚琦
装帧设计：@吾然设计工作室
图片来源：视觉中国
出版发行：湖南科学技术出版社
　　　　　（湖南省长沙市湘雅路276号　邮编：410008）
网　　址：www.hnstp.com
印　　刷：北京中科印刷有限公司
经　　销：新华书店
开　　本：700mm×995mm　1/16
字　　数：255千字
印　　张：17.5
版　　次：2018年12月第1版
印　　次：2018年12月第1次印刷
书　　号：ISBN 978-7-5357-9884-8
定　　价：59.00元

若有质量问题，请致电质量监督电话：010-59096394
团购电话：010-59320018